U0267060

环境污染与健康研究丛书 · 第二辑

名誉主编○魏复盛　丛书主编○周宜开

POLLUTION

臭氧污染与健康

主编○宋伟民

长江出版传媒　湖北科学技术出版社

图书在版编目(CIP)数据

臭氧污染与健康 / 宋伟民主编. —武汉：湖北科学技术出版社，2021.2
(环境污染与健康研究丛书/周宜开主编. 第二辑)
ISBN 978-7-5706-0836-2

Ⅰ.①臭… Ⅱ.①宋… Ⅲ.①臭氧—空气污染—影响—健康 Ⅳ.①X510.31

中国版本图书馆 CIP 数据核字(2019)第 300993 号

策　　划：冯友仁
责任编辑：程玉珊　李　青　徐　丹　　封面设计：胡　博

出版发行：湖北科学技术出版社　　电话：027—87679485
地　　址：武汉市雄楚大街 268 号　　邮编：430070
(湖北出版文化城 B 座 13—14 层)
网　　址：http：//www.hbstp.com.cn

印　　刷：湖北恒泰印务有限公司　　邮编：430223

889×1194　1/16　12.5 印张　330 千字
2021 年 2 月第 1 版　　2021 年 2 月第 1 次印刷
定价：98.00 元

《臭氧污染与健康》

编　委　会

主　编　宋伟民

副主编　阚海东　申河清　赵金镯

编　委（按姓名拼音顺序排列）

陈仁杰　复旦大学
戴海夏　上海市环境科学研究院
冯斐斐　郑州大学
阚海东　复旦大学
李湉湉　中国疾病预防控制中心
牛丕业　首都医科大学
申河清　厦门大学
宋伟民　复旦大学
王广鹤　上海交通大学
吴少伟　北京大学
夏永杰　复旦大学
闫美霖　北京大学
赵金镯　复旦大学
周　骥　长江三角洲环境气象预报预警中心

秘　书　杜喜浩　复旦大学

序

像保护眼睛一样保护生态环境，像对待生命一样对待生态环境。人因自然而生，人不能脱离自然而存在，人与自然的辩证关系，构成了人类发展的永恒主题。

生态文明建设功在当代、利在千秋，是关系中华民族永续发展的根本大计。党的十八大以来，我国污染治理力度之大、制度出台频度之密、监管执法尺度之严、环境质量改善速度之快前所未有，无疑是我国生态文明建设力度最大、举措最实、推进最快、成效最好的时期。

在这样的时代背景下，我国的环境医学科学研究工作也得到了极大的支持与发展，科学家们满怀责任与使命，兢兢业业，投入到我国的环境医学科学研究事业中来，并做出了许多卓有成效的工作，这些工作是历史性的。良好的生态环境是最公平的公共产品，是最普惠的民生福祉，天蓝、地绿、水净的绿色财富将造福所有人。

本套丛书将关注重点落实到具体的、重点的污染物上，选取了与人民生活息息相关的重点环境问题进行论述，如空气颗粒物、蓝藻、饮用水消毒副产物等，理论性强，兼具实践指导作用，既充分展示了我国环境医学科学近些年来的研究成果，也可为现在正在进行的研究、决策工作提供参考与指导，更为将来的工作提供许多好的思路。

加强生态环境保护、打好污染防治攻坚战，建设生态文明、建设美丽中国是我们前进的方向，不断满足人民群众日益增长的对优美生态环境需要，是每一位环境人的宗旨所在、使命所在、责任所在。本套丛书的出版符合国家、人民的需要，乐为推荐！

中国工程院院士 魏复盛

前 言

空气污染是当今人类共同关注的热点问题。臭氧作为空气中的主要污染物，是光化学烟雾形成的主要成分，也是评判光化学烟雾形成的重要标志。随着城市化进程的快速发展、机动车保有量的迅速增长及急剧的全球气候变暖趋势，臭氧污染已经成为继颗粒物污染之后最主要的空气污染，其对人类健康的危害也愈演愈烈。臭氧污染对健康的影响也受到国家环保部门、科研工作者和普通民众的广泛关注。《臭氧污染与健康》一书以臭氧研究工作者的角度出发，阐述了臭氧的形成机制、监测方法、人群暴露特征、健康危害、毒理学、流行病学研究方法、人群易感性、健康风险评估及与其他环境污染物及气象因素的联合作用等臭氧污染热点问题，融合了环境卫生学、环境医学、气象学、分子生物学等学科的相关理论和知识，对于当前主要关注的臭氧暴露问题和健康危害问题进行了深入的探讨。

本书内容旨在为相关专业读者提供系统的臭氧污染相关基础理论、基本知识及最新进展，可供预防医学、公共卫生、环境科学、气象学、医学等相关从业人员或读者提供参考或借鉴。本书编者均长期从事环境医学、城市环境研究、人群健康评价、环境气象预警预报的教学和科研工作，具有良好的理论知识及实践能力。通过编委会成员的共同努力，历经撰写、相互校阅、修稿及再修稿等编写过程，最终定稿。

目录

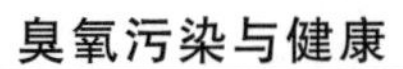

第一章　臭氧健康问题概述

第一节　我国臭氧健康研究

一、臭氧污染的主要健康问题

臭氧（ozone，O_3）是无色气体，分子式为O_3，有特殊臭味，因此得名“臭氧”。臭氧是地球大气中重要的气体，90%集中在10～30 km的平流层，仅有10%左右的臭氧分布在对流层中。平流层臭氧对太阳紫外辐射有强烈的吸收，从而起到保护地球生物圈的作用；在对流层，臭氧是一种重要的温室气体，也是大气污染的主要组分。欧美等发达国家于20世纪50年代经历了大气污染从一次性污染到二次性污染，但由于对二次性空气污染的认识不足，转型后的臭氧污染极其严重。此后经历了近50年的艰苦治理，目前臭氧污染问题仍是欧美等发达国家所要面临的难题。欧洲国家586个地面臭氧监测站数据显示约60%的居民暴露于超标的（120 $\mu g/m^3$）地面臭氧浓度。根据更严格的WHO《空气质量准则》臭氧限值100 $\mu g/m^3$（每日8 h最大平均浓度），暴露人口比例将升至98%。从地域分布看，欧盟地面臭氧污染主要集中在南欧，尤其是法国、意大利、西班牙和葡萄牙等国家，这显然与该区域夏季气温高、光照强等气候因素有关。欧盟地面臭氧污染也呈现明显的季节依赖性变化，夏季严重臭氧污染是光化学烟雾的代表性污染，影响人类健康。

由于工业化和城市化的迅速发展，我国臭氧前体物排放量不断增加。大气中氮氧化物和挥发性有机物浓度迅速上升，臭氧浓度超标现象频繁出现，我国京津冀地区、长江三角洲和珠江三角洲地区已呈现区域性光化学污染。在高速发展的城市群区域，地面臭氧已经成为其主要的大气污染物之一。此外，随着城市化进程的快速发展，我国大气复合型污染特征明显，臭氧污染与雾霾污染同时出现，导致城市复合大气污染问题日趋严重，臭氧也和大气细颗粒物一起成为城市复合大气污染的主要污染物。

臭氧污染虽然没有雾霾污染那么突出地引起广泛社会关注，但是臭氧污染近年来呈加剧趋势。据环保部门数据显示，2015年，我国74个重点城市臭氧年均浓度持续上升，上升比例为3.4%；达标城市比例持续下降，下降比例为5.4%。在京津冀地区，臭氧成为首要污染物的天数已超过PM_{10}，仅次于$PM_{2.5}$；在长江三角洲地区，臭氧成为唯一不降反升的污染物。分析表明，2016年上半年，全国地面臭氧平均浓度为89.8 $\mu g/m^3$，比2013年同期升高12.1%，比2015年同期升高8.2%。相对高值区域分布在东北地区中南部、华北、黄淮、江淮、江汉、西北地区东部。相对于2013年同期，中东部大部分地区地面臭氧平均浓度明显升高，其中河北中部、河南中部、甘肃中部升幅超过25 $\mu g/m^3$。

近年来我国部分城市及农村地区的1 h最大臭氧体积分数值均不同程度地超过了臭氧三级标准。与英国伦敦相比，其1992—2005年地面臭氧最高年均体积分数约27×10^{-9}，而我国一些地区的地面臭氧年均体积分数值均高于此值，如1999年广州郊区地面臭氧年均体积分数高达37×10^{-9}。

地面臭氧浓度升高会造成一系列不利于人体健康的影响。当臭氧被吸入呼吸道时，由于O_3的水溶性较小，易进入呼吸道的深部，具有强烈的刺激作用和强氧化性。会与呼吸道中的细胞、流体和组织很快发生反应，可刺激呼吸道，造成气道高反应性，导致气道炎症增加、组织损伤和肺功能降低。引起人体咳嗽、胸闷、气短等呼吸道症状。也可损伤肺的免疫功能，增加肺部感染的易感性，加重或诱发呼吸系统疾病。有研究显示，健康成人在 160 $\mu g/m^3$ 的 O_3 浓度下 4～6 h 即可出现肺功能降低等呼吸系统功能的改变，而儿童等敏感人群在 120 $\mu g/m^3$ 的 O_3 浓度下暴露 8 h 就可出现肺功能指标如肺活量（FEV_1）的下降。大气中的 O_3 浓度为 210～1 070 $\mu g/m^3$ 时可引起哮喘发作，导致上呼吸道疾病恶化，并刺激眼睛，使视觉敏感度和视力下降。高于 2 140 $\mu g/m^3$ 可引起头痛、肺气肿和肺水肿等。无论是急性效应研究还是慢性效应研究均发现 O_3 具有显著的健康危害，比如可显著增加人群的呼吸系统疾病的发病率和死亡率。

1. 臭氧污染对呼吸系统的影响

臭氧是一种高反应性、氧化性的气体。臭氧的这种高反应性使得其进入呼吸道时会启动氧化应激。引发炎症反应，影响肺的通气功能和非通气功能，引发哮喘加重、肺功能降低，以及咳嗽、胸闷、气短等不良反应，造成呼吸系统疾病死亡率和发病率增加。流行病学研究表明，短期臭氧暴露与呼吸系统功能和医院入院率增加及呼吸系统疾病死亡有明显关联。与心血管病死亡也存在一定程度的关联。多个城市有关臭氧水平和呼吸系统疾病入院率的大样本研究表明，随着臭氧浓度的增加，呼吸系统疾病引发死亡的危险将明显增加。臭氧形成过程依赖于温度，因此入院率和死亡率在温暖的季节明显上升。

国外学者首先报道了 1993—2006 年间英国 5 个城市及 5 个乡村地区每日臭氧暴露浓度与死亡率之间的浓度-反应关系。臭氧浓度每增加 10 $\mu g/m^3$，全因死亡率分别增加 0.48%（95% CI：0.35%～0.60%）和 0.58%（95% CI：0.36%～0.81%）。研究结果发现，短期臭氧暴露与每日死亡率增加相关。

2009 年美国加利福尼亚大学研究了长期暴露于臭氧是否增加心肺疾病引发的死亡，特别是呼吸系统疾病引发的死亡。研究对象选自 1982 年 9 月至 1983 年 2 月美国癌症协会开展的癌症预防研究Ⅱ队列。该研究从全美 96 个城市募集 448 850 万个志愿者作为研究对象。研究结果显示，18 年随访期间共有 118 777 人死亡，其中 9 891 人死于呼吸系统疾病。臭氧浓度每增加 10×10^{-9}（21.4 $\mu g/m^3$），呼吸系统疾病引发死亡的相对危险度增加 1.040（95% CI：1.010～1.067）。

阚海东等根据 2008 年上海市环境保护部门的每日 24 h 近地面臭氧监测数据，以每日 8 h（11:00—18:59）的最大臭氧浓度均值作为上海市居民的平均暴露水平，以该年上海市的全部常住人口作为臭氧暴露人口，计算近地面臭氧污染对上海市居民的健康影响和相关的健康经济损失。结果提示，2008 年上海市近地面臭氧每日 8 h 的最大年平均水平为 88 $\mu g/m^3$，其中市区为 78 $\mu g/m^3$，市郊区为 96 $\mu g/m^3$，这种近地面臭氧污染可致 10 891（95% CI：7 486～14 240）例居民因呼吸系统疾病住院，呼吸系统疾病引起的健康经济损失为 7.91 亿元。

志愿者实验表明，吸入（100～600）$\mu g/L$ O_3 的患者在 1～4 h 的主要急性反应包括：生命能力有时降低至暴露前的 50%，同时伴随不适和咳嗽，暴露结束后几小时逐渐回归正常。下呼吸道的嗜中性粒细胞炎症参数在暴露后 1 h 增加，约 6 h 达到最大，其清除速度比肺活量变化缓慢。受试者没有发热。嗜中性粒细胞增多的程度与肺活量急剧下降程度无明显关联。对吸入性支气管收缩剂的反应性增加，且在暴露后立即最大化。此外，即使在哮喘志愿者中，支气管收缩的程度也很严重。

Li H 等对中国北京 215 个家庭的 43 位慢性阻塞性肺疾病（chronic obstructive pulmonary disease，COPD）患者的肺功能、呼出气一氧化氮（fractional exhaled nitric oxide，FeNO），以及血压与大气臭氧浓度和室内臭氧浓度的线性混合效应模式评估分析表明，大气臭氧 8 h 最大浓度（80.5 $\mu g/m^3$，5 d）每增加四分位数间距，第一秒用力肺活量（FEV_1）减低 5.9%（95% CI：−11.0%～0.7%），最大呼气流速（PEF）降低 6.2%（95% CI：−10.9%～1.5%）；但是，大气 1 h 最大浓度和 24 h 平均浓度与 FEV_1、PEF 未见显著负相关。大气 1 h 最大浓度（85.3 $\mu g/m^3$，6 d）每增加四分位数间距，舒张压增

加 6.7 mmHg（95% CI：0.7～12.7）。估算的室内臭氧浓度与人群 FEV_1 存在显著相关。

急性肺损伤模型已被广泛用于研究氧化剂负荷增加引起的损伤和修复过程。这方面有基于前列腺素可评价臭氧诱导的炎症反应假说，评价了臭氧急性暴露对雄性 Fischer 大鼠血浆和尿中前列腺素的影响。

流行病学调查表明，短期暴露于 O_3 是加重成人和儿童哮喘发作的重要危险因素。在 AHSMOG 研究中，对 3 091 名非吸烟人群每个人的 15 年的随访及 20 年的臭氧暴露史观察发现，哮喘发作与臭氧长期暴露具有显著关联，其中男性具有 2 倍的风险。中国有关研究发现，控制其他污染物的混杂后，O_3 浓度每增加 10 $\mu g/m^3$，儿童因哮喘住院风险增加 1.63%（95% CI：0.20%～2.72%）。

臭氧暴露是哮喘的促发因素，有多种炎症介质和细胞因子参与了臭氧的毒性作用过程。臭氧暴露诱导免疫反应，调节免疫细胞功能，引发哮喘。臭氧暴露人群中 $CD4^+ CD25^+ Foxp3^+$ 调节性 T 细胞占 $CD4^+$ 细胞的比例下降。低浓度臭氧暴露可能在哮喘的发病过程中通过下调 $CD4^+ CD25^+ Foxp3^+$ 调节性 T 细胞数量并抑制其功能，进一步加重哮喘患者体内 Th1/Th2 比例失衡，促进哮喘发展。实验研究表明，哮喘组大鼠给予低浓度臭氧暴露后，血浆和肺组织 IL-4 含量持续升高，血浆 γ 干扰素（interferon-γ，INF-γ）含量进一步降低，说明低浓度臭氧暴露可以促进过敏源引起以 Th2 为主的体液免疫，从而加重哮喘的过敏反应，同时 Th1 细胞功能受到抑制，INF-γ 产生减少。

2015 年 Kasahara 等发现 Rho 激酶（Rho associated kinases，ROCK）在过敏性哮喘中的介导作用。Rho 激酶的亚型 ROCK1 或 ROCK2 的不足可降低气道高反应性进而不发生炎症反应。该结果表明，臭氧诱导的气道高反应性与该激酶活性或者部分与该激酶活性有关。

2. 臭氧致呼吸道影响的作用机制及易感性

由于臭氧具有高反应性和微溶于水的特性，经液体和固体的暴露是几乎可以被忽略的。臭氧暴露的主要途径是经呼吸道进入，主要的吸收部位是上呼吸道和联通到胸内的气道。虽然在高浓度臭氧暴露下，臭氧也与皮肤接触，但其经皮肤途径仅局限于停留在皮肤的表层，不可能被吸收。目前还没有证据显示，大气臭氧暴露会影响皮肤结构的完整性、皮肤的屏障功能和引起皮肤疾病。成年男性臭氧的吸收率至少可达 75%。由于不同人群气道的大小和其组织表面的差异，妇女和儿童的吸收率比较高。吸入的臭氧一部分被气道吸收，另一部分被肺泡吸收。虽然臭氧相对不溶于水，但是吸入的臭氧有 80%经气道摄入，其余到达肺泡。由于气道面积相对较小，因此其单位面积上的暴露量是比较大的，而肺泡则相反。研究表明，10%臭氧在上呼吸道吸收，65%在下呼吸道吸收，还有 25%在更远侧吸收。臭氧经口吸收低于经鼻吸收。由于臭氧的反应性决定了其在气道内会向上皮内衬液或气道表面液体（airway surface liquid，ASL）弥散，而直接与上皮接触似乎是很少的。上皮内衬液或 ASL 含有一些抗氧化基质如抗坏血酸、尿酸、谷胱甘肽、蛋白质和不饱和脂质，这些成分将会抵御臭氧介导的氧化反应，从而保护气道上皮免遭损伤。通过气道纤毛摆动，不断地提供新的生物活性物质来更新气道上皮内衬液中抗氧化成分，使其形成气道内的化学屏障，来抵御臭氧危害。但是，上皮内衬液或气道表面液体中某些成分的氧化也会产生有生物学活性的化合物如脂质过氧化物、胆固醇臭氧化产物、臭氧化物和甲醛等，从而引起炎症和细胞损伤。

臭氧与它的同类物氧气不同，其氧化能力的维持是由于其两个不成对电子具有相同的自旋状态，因此需要输入活化能将自旋状态转换成可以配对的电子。吸入的臭氧是一种强大的、高反应性的、非生理性的氧化剂，因此其即时效应仅限于呼吸道。由于臭氧的摄入取决于其与气道表面基质的化学反应（没有臭氧会被吸收到肺毛细血管），因此，这些化学物和其臭氧化产物的性质是重要的。再者，臭氧的水溶性低也表明其在气道液体中的扩散率较低，也意味着其不太可能在气道液体中与基质发生化学反应前就到达气道的顶端或肺泡上皮。下呼吸道中气道表面液体的正常深度从气管中的 10 μm 减少

到细支气管中的约 5 μm，而在肺泡中小于 1 μm。W. Pryor 计算出，吸入的 O_3分子不会渗透到 ASL 中超过 0.1 μm，该计算取决于可用底物的浓度和反应速率。Miller 等使用其他假设计算的臭氧穿透深度比 W. Pryor 估计值大 30 倍，即 3 μm，这将使分子臭氧到达细支气管上皮表面。由于臭氧与已知碳碳双键的迅速反应形成初级臭氧化物，并且这种化合物（磷脂、胆固醇和胆固醇酯）存在于气道和肺泡的 ASL 中，吸入的臭氧可能在气道组织中不直接与上皮细胞（或甚至睫状膜）的内皮反应。臭氧可以与上皮细胞（如膜中的磷脂和胆固醇）的底物反应，引起下游的促炎作用。

人体 ASL 中含有丰富和重要的蛋白质簇黏蛋白，主要是 MUC 5A、MUC 5C 和 MUC 5B（糖蛋白）。它们的正常浓度为 2 mg/mL（1 μmol/L）。可溶性黏蛋白层与纤毛上皮上端接触，并且对于缓解咳嗽及在气道中连续向黏膜纤毛转头侧发生转运是必不可少的。气道 ASL 中的总黏蛋白半胱氨酸浓度为250 μmol/L。其水平与尿酸盐、抗坏血酸盐和谷胱甘肽（glutathione，GSH）的浓度相似。在生理条件下，臭氧与 GSH 的半胱氨酰残基缓慢地发生反应。然而，由臭氧暴露引起的急性嗜中性粒细胞炎症可能会使 H_2O_2（骨髓过氧化物酶催化的）产生 HOCl，其可能能够促使黏蛋白中的二硫键桥形成，从而可能增加了黏蛋白弹性并阻碍其运输。GSH 是一种丰富的细胞内还原等价物的重要来源，它是谷胱甘肽过氧化物酶的底物。GSH 可作为大量谷胱甘肽转移酶家族的底物和白三烯合成底物。GSH 还与由氧化应激产生的蛋白质亚硫酸盐残基（R-S-OH）反应，从而保护亚硫酸盐不被进一步氧化并保持易于还原的状态。GSH 合成是由抗氧化核转录调节子 Nrf2 调节的。从其氧化形式 GSSG 再生到 GSH 需要由谷胱甘肽还原酶催化的还原型辅酶Ⅱ（nicotinamide adenine dinucelotide phosphate，NADPH）的参与。然而，GSH 可能不是吸入 O_3的最好清除剂。尽管早期研究报道其与 O_3的反应速率较高，但随后的研究发现它与 O_3反应比尿酸盐和抗坏血酸盐的速率要低得多。虽然 O_3 吸入对气道表面活性剂层的影响尚未见报道，但一般而言吸入的 O_3在进入呼吸道的浅层水相之前会遇到不饱和脂质，这些脂质可与臭氧反应。脂质臭氧化产物可能在水性介质中更具亲水性、可溶性和扩散性，因此能够作为 O_3信号的中间信使。

抗坏血酸通常被认为是一种臭氧清除剂。ASL 中抗坏血酸盐的生理水平可能会通过产生 O_3基团或单线态氧“激活”溶解的臭氧。在 pH 值＝7 的水溶液中臭氧与抗坏血酸纳米材料反应的电喷雾质谱研究表明，抗坏血酸确实被氧化成 DHA（2，3-二酮抗坏血酸）加单线态氧。

ASL 中主要能生成臭氧底物的是不溶于水的不饱和脂质。Sn-1 等离子体发生原子仅占约 1%，但其乙烯基醚基被认为与臭氧具有特别快的反应速率。O_3 作用于胆固醇能产生胆固醇环氧化物和 5，6 硫醇酯等物质。这些 O_3衍生的氧固醇增加了核转录因子 NF-κB 活性并且促进了炎症因子的表达（增加 IL-6 和 IL-8 表达）。

在 O_3所致危害中起重要作用的另一种炎症产物是前列腺素 E2（PGE2），这是肺泡灌洗液中由于 O_3暴露的早期标志物。用环氧合酶抑制剂如吲哚美辛或布洛芬预处理将显著降低（但不能完全预防）O_3吸入引起的急性肺功能变化。

急性臭氧吸入可引起气道和肺上皮损伤并伴随炎症反应。有较强的证据表明臭氧可引起任何动物模型的气道高反应性（AHR）。这种高反应性是以气道平滑肌收缩为主要特征的，但其机制目前尚不清楚。有证据表明 MAPK/JNK 通路在臭氧诱导的小鼠炎症细胞集聚、基因表达及气道高反应性中有的重要影响。也有认为与 TNF 受体有关。

急性 O_3诱发的中性粒细胞肺炎症的主要机制通常认为涉及激活重要的转录调节因子 NF-kB。也有研究指出涉及巨噬细胞体内 toll 样受体（toll like receptor，TLR）4 和上皮生长因子受体（epithelial growth factor receptor，EGFR）等其他机制。细胞外的 Prx1（二聚体）连接 TLR4（＋CO 配体

CD14、MD-2）通过 NF-κB 激活 MyD88 途径引起促炎性细胞因子的快速分泌。人类气道上皮细胞表达几种 TLR，但 TLR4 水平相对较低。这些受体的激活导致上皮NADPH氧化酶产生活性氧。这些活性氧激活膜结合的细胞外基质释放的金属蛋白酶（TACE），形成表皮生长因子受体（EGFR）配体和转化生长因子 α（TGF-α）。EGFR 激活诱导白细胞介素-8（IL-8）和血管内皮生长因子（VEGF）的产生。细胞质的非受体酪氨酸激酶 Src 对 EGFR 的反式激活显示 O_3暴露的人支气管上皮细胞中 IL-8 表达增加。

此外，臭氧诱导的系统（整体）效应是通过神经-激素应激反应通路的活化所调节的。通过肾上腺脱髓鞘化或肾上腺切除术可以抑制臭氧暴露引起的全身或肺效应。有研究证实臭氧诱导的肺损伤和嗜中性粒细胞性炎症需要循环系统中肾上腺素和肾上腺皮质酮的存在，其转导了炎症反应的信号机制。

即使处于相同的浓度水平，臭氧对人体的危害具有个体差异性。研究表明：肺部臭氧的吸收率跟年龄无关，而与上呼吸道和气道不同组织区域吸收率相关。营养不良导致上皮内衬液中抗氧化物质（如维生素 E）减少，从而导致臭氧吸收率升高。肺部的原有疾病如慢性支气管炎、哮喘或肺气肿导致气道不通畅，从而影响呼吸道组织对臭氧的吸收率。因此，不管周围环境中臭氧水平如何，臭氧对人体产生的毒性和相关病理机制取决于人体相关受体水平。与 TLR4 足够的 C3H /OuJ 小鼠相比，在 TLR4 的细胞质部分中具有失活突变的 C3H /HeJ 小鼠 O_3暴露后引起的炎症较少。

COPD 是美国导致居民死亡的第三位死因，而且在女性中更为明显。生命早期关键阶段的臭氧暴露可能增加生命全过程中 COPD 的发生。有文献报道，为了更好地了解生命早期臭氧等氧化剂暴露的易感性，采用雌性和雄性三个品系（F344、SD 和 Wistar）新生大鼠来进行评价。结果表明，出生后 14 d的大鼠最易受到臭氧的影响，尤其是新生的 SD 大鼠和 Wistar 大鼠。与相同年龄的雄鼠相比，雌鼠更容易遭受臭氧的影响。F344 新生大鼠与其成年鼠一样，对氧化性肺损伤都较不敏感。

3. 臭氧污染对心血管系统的影响

臭氧是大气中的强氧化剂，和生物分子起反应，形成臭氧化物和自由基。臭氧化物和自由基进入呼吸道直接导致入院率和日死亡率升高。同时，这些氧化物和自由基可通过血液进入全身循环系统进一步导致心血管疾病危害。国外大量研究已表明 O_3短期暴露与人群心血管系统疾病死亡风险的相关性。一项多城市的大规模研究报道了关于 23 个欧洲城市臭氧暴露与每日总死亡率和分死因死亡率的关系，发现 1 h 臭氧浓度增加 10 $\mu g/m^3$，心血管的死亡数增加 0.45%（95% CI：0.17%～0.52%）。国内外其他多个城市研究均发现臭氧短期暴露与心血管疾病死亡风险增加相关。阚海东等研究结果表明，2008 年上海地区近地面臭氧污染可致 512（95% CI：144～1 059）例居民因心血管疾病早逝和 15 158（95% CI：5 885～24 259）例居民因心血管疾病住院，心血管疾病引起的健康经济损失为 10.24 亿元。

臭氧暴露引起心血管疾病的机制目前尚不清楚。相关动物和人体试验证实环境相关浓度臭氧的暴露可对心肌产生影响，包括急性心血管功能紊乱、微观的心肌病理和异常的心肌蛋白合成等。一种科学假说是，臭氧暴露可调节炎症反应和增加心血管系统的氧化应激。分离人类外周血单核细胞进行体外研究发现，臭氧暴露和脂质过氧化及蛋白巯基含量的增加存在明显的关系。动物模型也表明，臭氧暴露引起系统氧化应激的增加。增加的氧化产物能引起一系列的细胞因子和相关的介质，这些物质可以扩散到循环系统，并且改变心脏的功能。

另一种假说是，臭氧通过局部的和中枢神经通路引起反射进而影响心脏的收缩和心率的变化。臭氧暴露可能启动刺激性受体激活，进而引起刺激性受体介导的刺激副交感神经系统通路。这一刺激的传出反应可能直接影响心脏起搏器活动、心肌收缩和冠状动脉血管张力，导致心脏收缩速率和肌力不

足。臭氧吸入可引起心率降低，表明这种变化可能是自主神经系统的改变造成的。此外，短暂接触到一定水平的臭氧可以调节交感神经元和中枢神经元中儿茶酚胺生物合成和使用速率。这表明，臭氧暴露相关的心率降低可能是由心脏副交感神经活性的提高引起的。

还有一种假设是可能通过扰乱血管的动态平衡导致心率变异性（heart rate variability，HRV）的降低和心肌梗死增加。这种假说主要基于臭氧和颗粒物的联合暴露对心血管疾病发病率和死亡率增加的流行病学观察。动物实验也表明，由臭氧和颗粒物联合暴露可引起大鼠及小鼠等实验动物的 HRV 和 HR 改变。臭氧暴露影响心血管系统细胞因子介导的炎症、内皮功能改变和血管收缩性的紊乱及心脏频率的自主控制。

二、光化学烟雾的主要危害

光化学烟雾（photochemical smog）是大气中的挥发性有机物（volatile organic compounds，VOCs）和氮氧化物等一次污染物在强烈阳光作用下发生光化学反应，生成 O_3、醛类和过氧酰基硝酸酯（PAN），同时还生成了其他氧化性物质和二次颗粒物（细粒子和超细粒子）等二次污染物。光化学反应过程中的一次污染物和二次污染物相混合形成的烟雾现象称光化学烟雾。由于该烟雾具有很强的氧化性，因此也称为氧化型烟雾。光化学反应中生成的 O_3、过氧酰基硝酸酯（peroxyacyl nitrates，PANs）、醛、酮、醇等统称为光化学氧化剂，其中，O_3 约占 90%以上，PAN 约占 10%，其他物质所占比例很小。PAN 中主要是过氧乙酰硝酸酯，其次是过氧苯酰硝酸酯。醛类化合物主要有甲醛、乙醛和丙烯醛。由此可见大气臭氧污染是光化学烟雾污染的主要标志。光化学烟雾形成的前体物是大气中的 VOCs 和氮氧化物。1996—2004 年的 GOME 和 SCIAMACHY 卫星观测数据表明，中国 50%的工业化地区 NO_2 的年增长率不断增加。目前，我国每年排放的 NO_x 量为 6.84 TgN，占世界总排放量的 16.4%。我国每年自然生态系统中植物排放量 VOCs 为 21 TgC，远高于人为排放量的 5 TgC。但在城市区域内，人为排放源，尤其是机动车尾气已成为 VOCs 的主要来源。全球化学运输模型（global chemical transport model，GCTM）研究表明，每年对流层臭氧可达 344 Tg，平均 48%来源于区域光化学反应，29%来源于区域外远距离传输，23%来源于平流层。由此，地面臭氧来源主要为前体污染物的光化学反应生产和风力因素的区域外远距离传输。光化学烟雾发生的另外一个必要因素是强烈太阳光照射。因此，其发生一般在夏秋季节的晴天，相对湿度比较低，天气处于静稳状况或有下沉式气温逆增，污染峰值一般在中午和午后。其污染物变化有一个循环过程，白天生成，傍晚消失。一次污染物 VOCs 及 NO_x 的最大值出现在上午时段。臭氧、多环芳烃（polycyclic aromatic hydrocarbons，PAH）和醛类等二次污染物随着阳光增强和 NO_2、VOCs 浓度降低而积聚。其峰值比 NO 峰值出现迟4～5 h。

光化学烟雾的光化学反应过程极为复杂，主要有以下过程：①污染空气中 NO_2 的光解是光化学烟雾形成的起始反应；②碳氢化合物（HC）被氢氧、氧等自由基和 O_3 氧化，导致醛、酮、醇、酸等产物及重要的中间产物 RO_2、HO_2、RCO 等自由基的生成；③过氧自由基引起 NO 向 NO_2 的转化，并导致 O_3 和 PAN 等的生成。

20 世纪 50 年代，美国加州大学的 Haggen Smit 初次提出了光化学烟雾形成的机制，其主要可归纳为以下几个过程：

（1）在日光下 NO_2 吸收光能分解为 NO 和原子态氧（O），O 和 O_2 反应生成 O_3。

（2）烃类化合物与 O、OH 及 O_3 等反应生成各种自由基，包括烷基、烷氧基、过氧烷基、酰基、

过氧酰基等自由基。

（3）自由基促使 NO 转化成 NO_2，NO_2继续光解形成 O_3；自由基与 O、NO、NO_2 等反应生成醛、酮、醇、酸类化合物及过氧酰基硝酸酯类化合物（PANs）；自由基还可与烃类发生反应形成更多的自由基。如此反复循环，直至一次性污染 NO 和碳氢化合物耗尽为止。

光化学反应的主要反应如下所示：

（1）NO_2光解与 O_3形成。

NO_2＋光能（290～300 nm）$\longrightarrow$NO＋O

$O+O_2+M \longrightarrow O_3+M$

式中：M 为吸收能量的物质，如 N_2、H_2O 等。

（2）HO·、HOO·等自由基形成。

HONO＋光能（290～300 nm）$\longrightarrow$HO·＋NO

HCHO＋光能（290～300 nm）$\longrightarrow$H·＋HCO·（甲酰基）

H·＋O_2＋MHOO·$\longrightarrow$HOO·＋M

HCO·＋$O_2$$\longrightarrow$HOO·＋CO$\longrightarrow$HCOOO·（过氧甲酰基）

式中：·表示自由基。

（3）O_3、自由基与烃类反应。

O_3＋RH（烃）$\longrightarrow$RCHO（醛）＋RCOO·（氧酰基）

HO·＋O_3＋O＋RH（烯烃）$\longrightarrow$HOO·＋RCOOO·（过氧烯基）

（4）光化学反应中的硫酸盐和硝酸盐等气溶胶微粒形成。

HOO·＋$SO_2$$\longrightarrow$$SO_3$＋HO·

$SO_3+H_2O+X \longrightarrow XSO_4$

HOO·＋$NO_x$$\longrightarrow$HO·＋$NO_2$

$NO_2+H_2O+X \longrightarrow XNO_3$

光化学烟雾的形成除了前体污染物影响外，还受到天气状况、风速、风向、相对湿度、气压、气温、太阳辐射等气象的影响。目前我国中心城区空气中臭氧生成可能受到前体污染物的浓度影响更大。由于臭氧浓度水平与前体物排放变化具有非线性的化学响应特征，并且各地区地理环境与污染物排放情况不尽相同，不同地区的臭氧光化学反应体系具有局地性特征，因此臭氧污染研究已成为当前大气环境化学研究的热点。

光化学烟雾的健康影响：引起人体危害的主要是 O_3、PAN 和丙烯醛、甲醛等二次污染物。强氧化性使其有强烈的刺激性，造成居民发生眼、鼻、咽喉及呼吸道刺激，表现为眼结膜充血、流泪、眼痛、喉痛、喘息、咳嗽，甚至呼吸困难。

光化学烟雾在洛杉矶、东京、悉尼、热那亚、孟买、北京、上海等城市都发生过。其中洛杉矶光化学烟雾是最经典的案例。在 1940—1950 年间洛杉矶几乎每年夏秋都会产生一种刺激性烟雾。1952 年夏季的一次最为严重，大批居民出现眼睛红肿、流泪、喉痛、咳嗽、喘息、呼吸困难、头痛、胸痛、疲劳感、皮肤潮红等症状，严重者心肺功能衰竭。1955 年美国洛杉矶发生烟雾事件持续一周多，引发人群哮喘和支气管炎的发病率急速增加，老年人群死亡率明显升高。这一事件史称“洛杉矶烟雾事件”。在洛杉矶光化学烟雾事件中有 3/4 的人因烟雾中氧化剂的刺激，出现“红眼病”。1971 年在日本东京的光化学烟雾事件中有 2 万人出现红眼病。我国兰州在 1980 年 8—9 月，有 2 d 大气中氧化剂浓度

达到 0.10×10^{-6}，最高达0.4×10^{-6}。在对 2 501 人的调查后发现，76.5%的人有眼睛干涩、流泪和畏光等症状，36%的人出现咳嗽、胸闷和呼吸困难。22%的人出现咽喉疼痛。在 1952 年的一次洛杉矶光化学烟雾事件中 65 岁以上老人死亡 400 多人。1955 年 9 月的一次光化学烟雾事件中也死亡老人 400 余人。

氧化剂浓度 0.05 μg/L 持续 1 h 以上可引起头痛，0.15 μg/L 可引起黏膜的刺激，0.27 μg/L 时可产生咳嗽等刺激反应，0.29 μg/L 时可导致胸部不适。大气中氧化剂浓度达 0.1～0.25 μg/L 时，可影响儿童肺功能，加重哮喘患者症状和降低运动员竞技状态。

光化学烟雾中引起眼睛和呼吸道黏膜刺激反应的主要是过氧酰基硝酸酯、醛类等化合物，这些物质是二次污染物，对眼睛有较强烈的刺激作用，是引起眼睛疼痛、流泪的主要因素。过氧酰基硝酸酯（PAN）是一种极强催泪剂，其催泪作用相当于甲醛的 200 倍。另一种光化学烟雾成分过氧苯酰硝酸酯（PBN）对眼睛的刺激作用比 PAN 大 100 倍。光化学烟雾中的甲醛、丙烯醛等醛类化学物也具有较强的刺激作用，尤其对眼睛内膜、咽喉和皮肤等具有较强的刺激作用。有研究表明暴露于空气中甲醛浓度 2.46～6.15 mg/m^3，可引起眼睛和气管的强烈刺激，12.3 mg/m^3 可导致呼吸困难，61.5 mg/m^3 以上可导致肺炎、肺水肿，甚至死亡。

光化学烟雾反应中由硝酸盐、硫酸盐等产生的细颗粒物能吸附臭氧等氧化剂，并将其带入深部呼吸道产生有害效应。

美国 48 个城市研究显示，在臭氧浓度最高的夏季，大气臭氧每增加 10 $\mu g/m^3$，人群死亡风险增加 0.98%（95% CI：0.75%～1.07%），而在冬季没有观察到这一效应。

我国自 20 世纪 80 年代开始在大气本底基准监测站进行了臭氧及其前体物的长期连续观测，取得了我国不同地区地面臭氧的浓度水平和季节变化特征。自 20 世纪末以来，我国京津冀地区、珠江三角洲和长江三角洲出现了比较严重的区域性光化学烟雾，一些特大城市（如北京、上海、广州等）臭氧超标很严重，且超标趋势在加剧。珠江三角洲地区以广州为中心的广大农村地区已经能检测到臭氧污染，个别监测点臭氧 1 h 平均最大质量浓度在夏季已出现超过一级标准（0.16 mg/m^3）的情况。2008 年夏季京津冀大气复合污染呈现高浓度臭氧与高浓度细粒子叠加的高氧化性区域污染特征，臭氧 8 h 平均最大值为（136±35）$\mu g/m^3$。在长江三角洲地区，夏季地面臭氧环境浓度呈上升趋势，臭氧 1 h 平均最大质量浓度超过 0.12 mg/m^3 的站点和频率均呈上升趋势。在这些经济发达地区，机动车保有量的快速增长、尾气排放臭氧前体物 NO_x 比重的迅速增加，是引起大气环境中臭氧浓度的增加的重要因素。

世界卫生组织和美国、日本等许多国家把光化学烟雾剂（O_3、NO_2、PAN 等）的水平作为判断大气质量的标准之一，并据此来发布光化学烟雾的警报。

第二节　问题与展望

从研究的对象来看，我国对地面臭氧污染对自然生态系统影响的研究相对较多，而对人体健康与建筑材料等影响的研究相对较少。由于研究的点位数量较少，空间代表性有所不足，仅根据有限点位一年的监测数据所得到的分析结果在其他地区的适用性须进一步跟踪验证。流行病学证据比较少，明确臭氧对心肺功能影响的暴露反应关系需要基于较大规模的人群队列研究，并且要有可比较的臭氧暴露数据。对于在研究结果上出现的差异性，考虑首先受到大气其他污染物的影响，包括光化学烟雾的其他成分。其次是难以准确评估个体暴露臭氧水平。未来的研究，要对引发臭氧污染的最低人体阈值

加以确定，进而对产生的人体危害加以评估，再进一步探索相关毒性作用机制。

对于颗粒物和臭氧联合暴露影响心率变异性的机制需要进一步调查，尤其在动物模型中。除大鼠外，颗粒物和臭氧暴露也可引起小鼠心率变异性和心率的改变。部分动物实验采用炭黑颗粒代替颗粒物，因为炭黑颗粒成分单一，与人类现实生活中每日的暴露组成不完全相同。尽管有几个可信的理论来解释这个机制和其他潜在的负面效应，但是可信的支撑实验证据很缺乏。

目前对于颗粒物和臭氧的毒性效应机制还不是十分清楚，参与机制假说包括臭氧暴露可调节炎症反应和增加心血管系统的氧化应激及调节自主神经系统。但是近年来颗粒物与臭氧污染对心肺功能的影响已经受到广泛的关注，随着研究的不断深入，我们可以更好地揭示这两种污染物对心肺功能的潜在危害，将会为减少呼吸道损伤和心血管损伤、保护人体尤其是保护易感人群提供理论依据。

由于大气臭氧污染的产生与气象因素有着密切关系，气候变暖在很大程度上影响大气臭氧污染。因此，要进一步开展全球气候变暖对大气臭氧污染的产生、光化学烟雾形成及其相关的健康影响研究。深入分析臭氧污染在城市尺度、区域尺度和全国尺度上时空分布的规律性，对于在全国范围内开展臭氧污染监测评估和预警具有一定指导意义。在人体健康的影响方面，应借助流行病学研究手段建立臭氧污染对人体健康影响的剂量-效应模型。臭氧污染往往与其他污染因素同时存在，因此，臭氧与其他污染因子对生态环境的综合效应也将是重要的研究内容之一。

（宋伟民）

第二章　臭氧层破坏及其健康影响

第一节　平流层臭氧的生成、破坏及其机制

一、平流层臭氧的生成和清除反应机制

臭氧是平流层天然大气最关键的组分，平流层集中了大气中约90%的臭氧分子（O_3），O_3浓度的峰值出现在离地面20～25 km处，峰值所处的高度随地理位置和季节的改变而变化。一般而言，O_3最大浓度从赤道至极地逐渐递减；且夏季浓度高于冬季。平流层内的典型O_3浓度为$5\times10^{-6}\sim10\times10^{-6}$（体积分数）。

（一）Chapman 机制

1930年，英国科学家 Sidney Chapman 以纯氧体系中氧的光解离和再结合的平衡模型为依据，首先提出关于平流层臭氧的形成理论。该理论至今仍被认为是平流层臭氧形成机制的经典理论。

Chapman 机制认为：太阳不断地向周围发射出高能量的紫外辐射，在它们到达地球表面之前，辐射中的高能紫外线能使高空的氧气分子发生分解；氧分子吸收波长小于240 nm的光后，转化成两个激发态的氧原子，其化学反应可表示为：

$$O_2+h\upsilon\ (\lambda<240\ nm)\longrightarrow 2O\ (^3P) \qquad (2\text{-}1)$$

激发态的氧原子具有很强的化学活性，能很快与大气中的氧分子进一步反应，生成臭氧分子：

$$O_2+O\ (^3P)+M\longrightarrow O_3+M \qquad (2\text{-}2)$$

同时，平流层中的臭氧分子也能吸收波长在240～320 nm范围内的紫外辐射而发生光降解，产生激发态氧原子；激发态氧和臭氧会进一步生成氧气分子：

$$O_3+h\upsilon\ (240\ nm<\lambda<320\ nm)\longrightarrow O_2+O\ (^3P) \qquad (2\text{-}3)$$

$$O\ (^3P)+O_3\longrightarrow 2O_2 \qquad (2\text{-}4)$$

平流层中与O_3有关的光解反应可总结为：生成反应，即$3O_2+h\upsilon\ (\lambda<240\ nm)\longrightarrow 2O_3$；损耗反应，即$2O_3+h\upsilon\ (240\ nm<\lambda<320\ nm)\longrightarrow 3O_2$，两种反应进程在平流层中同时存在。

由于 Chapman 讨论的是纯氧体系，未考虑大气层中其他痕量组分的传输和化学作用，因此，若单以此机制对O_3浓度进行估算，会出现计算值和实测值的偏差。

1974年，美国科学家 Johnston 对 Chapman 机制进行了定量计算，发现即使在考虑平流层向对流层传输的情况下，O_3的损耗值也远远小于O_3生成量；如果平流层中只有这两种相关的反应机制，O_3浓度将处于激烈的变化状态，无法达到平衡。由此，科学家推论，在平流层臭氧的动态平衡中，还存在其他更重要的臭氧损耗过程。

（二）催化机制

自20世纪60年代以来，不断有科学家进行研究，发现许多物质都能参与平流层中臭氧损耗的催化反应，这种催化反应机制补充了纯氧体系中臭氧的损耗途径，更好地解释了平流层中臭氧达到动态化

学平衡的内在机制。

Hampson、Hunt 等人分别在 1965 年、1966 年提出了含氢自由基与臭氧反应的机理及水蒸气损耗平流层臭氧的可能性，对 Chapman 机制进行了修正。

20 世纪 70 年代初，Crutzen 和 Johnston 分别提出 NO_x 分解 O_3 的催化机制，开创了 NO_x 污染臭氧层的研究。

1974 年，Stolarski 和 Cicerone 等提出了含氯自由基催化分解 O_3 的可能性。当时认为含氯自由基主要来源于火山爆发和海洋生物，但是计算显示，这两种来源所产生的原子氯量很少，不足以显著消耗低平流层的 O_3；之后，Molina 和 Rowland 提出人类活动排放的氟氯烃类化合物（CFCs），如氟利昂等可被输送进入平流层，在平流层紫外辐射作用下光解产生含氯自由基，从而损耗 O_3。

综上所述，平流层臭氧消耗的催化机制可以概括为：平流层大气中存在的一些微量组分（以物种 Y 表示），如水汽、含氮化合物和含卤族元素化合物等，在太阳光的作用下，这些物质能与 O_3 及活性氧原子 O 发生反应生成 O_2，但是其本身不被损耗，催化机制可以表达为：

$$Y+O_3 \longrightarrow YO+O_2 \tag{2-5}$$

$$YO+O \longrightarrow Y+O_2 \tag{2-6}$$

$$O_3+O \longrightarrow 2O_2 \tag{2-7}$$

目前已知的 Y 有奇氮化合物 NO_x（NO、NO_2）、奇氢化合物 HO_x（H、OH、HO_2）、奇氯化合物 ClO_x（Cl、ClO）和奇溴化合物 BrO_x（Br、BrO）。这些可直接参加破坏臭氧催化循环的物质被称为活性物种或催化物种。这些催化循环反应的重要性主要与 Y 的浓度和循环反应速率有关。尽管这些物质在平流层中的含量较低（浓度为 10^{-9} 体积分数），但它们能通过循环的方式不断消耗大量的臭氧分子。图 2-1 列出了氯原子作为催化剂消耗臭氧的循环反应。

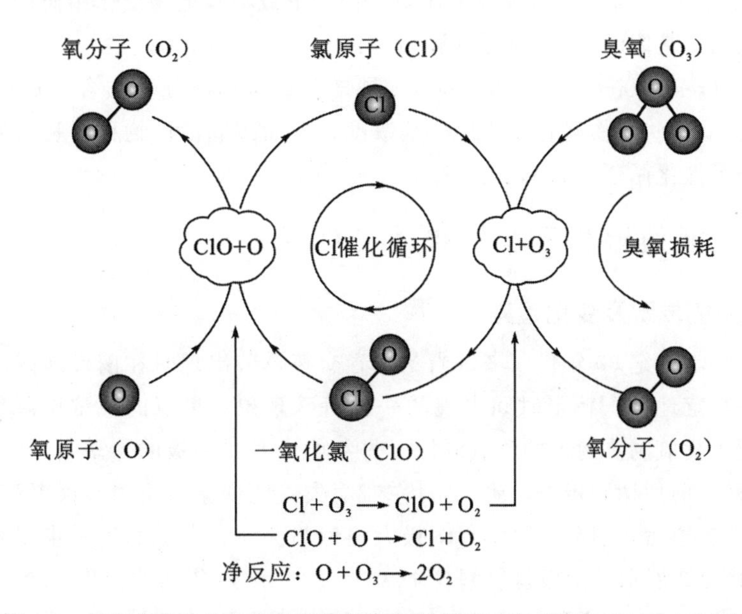

图 2-1　奇氯化合物作为催化剂消耗臭氧的循环反应（摘自 WMO，2014）

二、平流层中的气相化学

平流层中除 O_3 外，还存在多种其他痕量物质，主要族群和物种见表 2-1。这些物种间存在族内的组分反应和转化，速度较快；同时，也存在族间的反应和转化，时间较前者稍长。这些物质与O_3之间的化学过程构成了平流层中重要的气相均相反应化学，影响着平流层臭氧的生成和消耗。

表 2-1 平流层中痕量物质的主要族群和物种

族群	主要物种
奇氧族 O_x	O，O_3，O (^1D)
奇氢族 HO_x	H，OH，HO_2，HNO_2，HNO_3，HOCl，CH_3OOH
奇氮族 N_xO_y	N，NO，NO_2，NO_3，N_2O_5，HNO_2，HNO_3，$ClONO_2$，$BrONO_2$
氯族 Cl_x	Cl，ClO，ClO_2，HOCl，$ClONO_2$，HCl
溴族 Br_x	Br，BrO，$BrONO_2$，HBr
甲基族 CH_xO_y	CH_3，CH_3O，CH_3O_2，CH_3OOH，CHO
硫氧族 SO_x	SO，SO_2，SO_3，HSO_3，H_2SO_4

上述物种中最重要的是含奇氢族、奇氮族和含氯（溴）族三大类化合物。虽然它们在平流层中的含量很少，却能通过各种光化学反应控制平流层的臭氧分布。平流层化学可认为是 O_3-NO_x-HO_x-ClO_x/BrO_x耦合体系的化学。每个家族都含有 3 个基本类型的物种：源分子、自由基和储库（汇）分子。

源分子（source molecules）：是地表天然活动或人为活动过程排放出来，在对流层中寿命较长的物质。它们会全部或部分进入平流层，并在平流层解离产生活性自由基，是平流层自由基的来源，如H_2O、N_2O、CH_4、CFC_s。

自由基（radicals）：在平流层中由源分子在阳光作用下或与其他物质作用而产生的活性中间体，是平流层链反应的催化剂。它们活性高、寿命短，如HO_x、NO_x、ClO_x。

储库（汇）分子（reservoir/sink molecules）：是自由基与其他分子结合生成的寿命较长且相对稳定的物质（反应产物）。这些产物起着降低自由基浓度，从而减弱活性物种对臭氧破坏的作用。储库分子一旦生成，就终止了催化循环。如HCl、HNO_3、$ClONO_2$、N_2O_5。

三、臭氧层空洞的形成及非均相反应机制

（一）臭氧层空洞的发现及变化趋势

"南极臭氧洞"指 20 世纪 70 年代以来每当冬—春交替季节出现时在南极地区的平流层出现的臭氧极度损耗现象，是在特定地区、特定时间出现的一种特殊现象。臭氧的柱浓度降低到正常水平的 2/3 以下时，即认为出现了臭氧洞。南极的臭氧洞始于每年的 8 月（南极的冬季），然后臭氧的损耗逐步发展，到 10 月初（春初）前后达到极大，到 12 月左右消失。此现象由英国南极考察站的科学家 Farmen 等人在 1985 年发现并报道后，引起了科学界的极大震惊与关注，大量的进一步观测数据均证明了该现象的存在。图 2-2、图 2-3 展示了南极臭氧洞自 1970—2013 年 30 年间的变化趋势。

图 2-3（a）为在此期间臭氧空洞，即臭氧浓度低值区（总臭氧量为 220DU）的覆盖面积范围（单位：10^6 km^2）年日均值的变化趋势，图中右侧的大洲名称代表了臭氧低值区覆盖面积的等量参考大洲面积。图 2-3（b）为对应年份在南纬 40°测定的总臭氧量年日均浓度的最小值（DU）。这些数值来自于卫星观测值，并绘制于每年臭氧层消耗峰值时期，即每年的 9—10 月。臭氧层消耗的严重程度从 1980 年开始逐渐增加；除了 2002 年臭氧损耗水平超常下降外，在过去 20 年中，尽管每年损耗值有所波动，

损耗量年均值变化基本保持了一个稳定水平。随着臭氧层消耗物质（ozone depletion substances，ODS）的禁用，南极层臭氧消耗量将会逐渐减少。然而，预计到2050年之前，南极的总臭氧量很难回到1980年的水平。

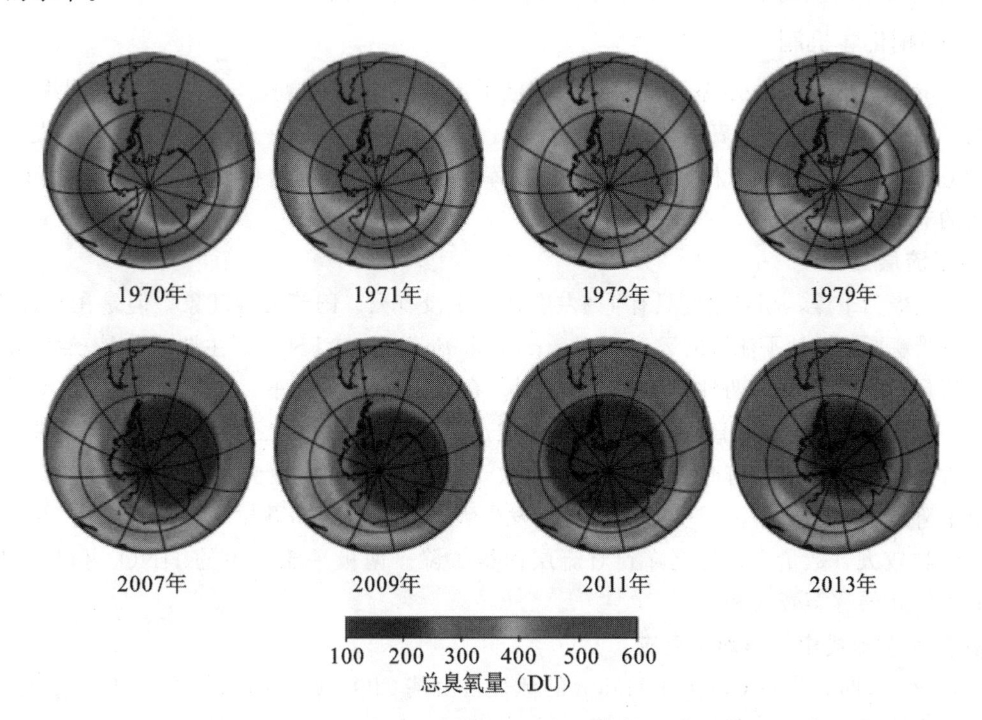

图 2-2　南极总臭氧量（摘自 WMO，2014）

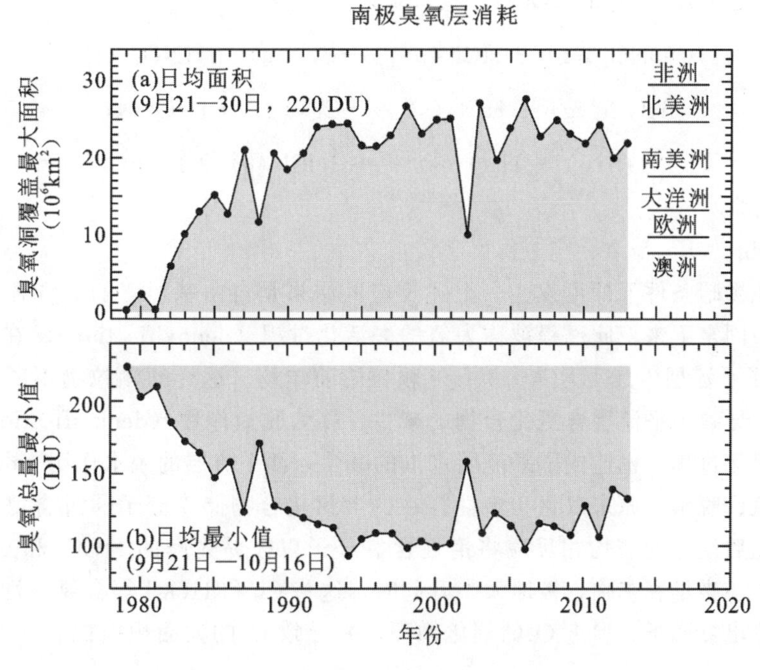

图 2-3　南极臭氧洞最大面积、损耗最大总量的历年变化曲线（摘自 WMO，2014）

（a）南极臭氧洞覆盖最大面积变化曲线；（b）南极臭氧总量最小值变化曲线

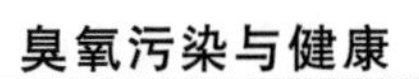

南极臭氧洞的形成机制一直激发着众多科学家的探索。其中主要的假说包括南极平流层的大气动力学天然变化、平流层氮氧化物的化学变化及由人为原因造成的含氯化合物的非均相化学变化等。科学家们通过长期大量的现场观测和模拟研究，证实了南极臭氧洞的非均相化学机制。

（二）非均相化学机制

S. Solomon 等和 McElroy 等基于观察到的南极平流层气溶胶的增长与臭氧减少之间很好的相关性，提出了极地平流层云中的冰晶表面可以使氯活化。Crutzen 认为这一过程尚不完善，提出如果能将 HNO_3 和 NO_x 由气相转移至颗粒相，就可以避免储库分子的形成。在这些思路的引导下，逐步形成了南极臭氧损耗的非均相化学机制。

1. 极地平流层云

平流层空气极为干燥，相对湿度只有1%左右，几乎没有云、雨等天气现象，但是在漫长的极地冬夜期间，仍会因严寒形成极地平流层的云（polar stratospheric clouds，PSCs）。主要成分是三水硝酸和冰晶。

极地平流层的云可以分为两种：①Type Ⅰ型，在－78℃的条件下，$HNO_3 \cdot 3H_2O$ 就会包围住直径约 0.1 μm 的硫酸微粒，形成直径约 1 μm 的颗粒，成为极地平流层云的主体。此类云颗粒细小，比较分散，常常大规模地生成，有时分布范围可达数千千米，组成一种肉眼看不见的云层。②Type Ⅱ型，当气温下降到－83℃，平流层中的水气直接发生大量凝结，冰晶颗粒可以长到粒径 10 μm。此类云的特点是，颗粒较大，数量少，易沉降到对流层而被去除。南极平流层中的 HNO_3 可以通过极地平流层云的形成由气相转移至颗粒相。

2. 南极臭氧洞形成中的非均相反应

当不存在 PSCs 时，来自 CFCs 和 Halon 的活性自由基 ClO、BrO 与 NO_2 和 CH_4 等作用，生成的储库分子可以大大降低这些自由基的催化作用。

而当 PSCs 生成时，Cl 的临时储库分子（如 $ClONO_2$ 和 HCl）可以在这些晶体表面发生非均相分解反应，释放出活性形态的氯（Cl_2 和 HOCl），其机制为：

$$ClONO_2(g) + HCl(s) \longrightarrow Cl_2(g) + HNO_3(s) \tag{2-8}$$

$$HOCl(g) + HCl(s) \longrightarrow Cl_2(g) + H_2O(s) \tag{2-9}$$

$$ClONO_2(g) + H_2O(s) \longrightarrow HOCl(g) + HNO_3(s) \tag{2-10}$$

式中：s——固相；

g——气相。

以上反应在极地黑暗条件下即可发生。上述反应的结果是自由基形态的 NO_2 不断转化为 HNO_3 并迁移到平流层的云中固定下来。此过程被称为氮的去活化过程（denoxification）。在上述过程中产生的 HNO_3 和 H_2O 提供了平流层生成 $HNO_3 \cdot 3H_2O$ 颗粒的前体物。这样的颗粒物不断长大后自平流层沉降至低层而被去除，导致了平流层含氮化合物的减少，称为脱氮作用（denitrification）。脱氮作用可以进一步加强氮的去活化过程，也造成了平流层水汽的减少，即平流层的脱水作用（dehydrate）。

通过上述的脱氮、脱水，原来以化学惰性存在的含氯化合物储库分子通过含氮化合物由气相转移到云中晶体表面，随后发生的非均相反应将惰性含氯分子以极易光解的 HOCl 和 Cl_2 气态形式释放出来，暂时存留在云中。当早春来临，极地太阳升起时，这些 Cl_2 和 HOCl 等含氯活性物种在可见和近紫外光的作用下，释放出氯原子，促进 O_3 的催化循环，并导致 O_3 的大面积损耗。含 Br 化合物的反应机制类似。

3. Cl 和 Br 的催化反应

Cl 不仅可以单独破坏臭氧，还可以和 Br 产生耦合作用，对臭氧进一步产生损耗作用。近年来的观

测和模拟计算结果证明，南极平流层中ClO浓度大小与臭氧耗损速率一致，非均相反应机制是臭氧空洞形成的主导过程，其中含卤素的碳氢化合物起主要作用。

（1）ClO-ClOOCl催化循环：此循环反应约造成总臭氧损耗的75%，主要反应式如下。

$$Cl+O_3 \longrightarrow ClO+O_2 \tag{2-11}$$

$$ClO+ClO \longrightarrow ClOOCl \tag{2-12}$$

$$ClOOCl+h\upsilon \longrightarrow Cl+ClO_2 \tag{2-13}$$

$$ClO_2 \longrightarrow Cl+O_2 \tag{2-14}$$

总反应：$2O_3+h\upsilon \longrightarrow 3O_2$

（2）BrO-ClO催化循环：此循环反应约造成总臭氧损耗的20%，主要反应式如下。

$$Cl+O_3 \longrightarrow ClO+O_2 \tag{2-15}$$

$$Br+O_3 \longrightarrow BrO+O_2 \tag{2-16}$$

$$ClO+BrO \longrightarrow Br+ClO_2 \tag{2-17}$$

$$ClO_2 \longrightarrow Cl+O_2 \tag{2-18}$$

总反应：$2O_3 \longrightarrow 3O_2$

（戴海夏）

第二节　臭氧层变薄与人群健康

臭氧层变薄的直接后果是UV-B波段的紫外辐射增强，因此臭氧层变薄所引起的直接健康影响也就是UV-B辐射增强的健康效应。UV-B暴露既有健康风险，也包含健康收益。截至2010年的证据总结如下：UV-B辐射的主要作用器官/组织是皮肤和眼睛；臭氧层变薄导致的紫外辐射增强可增大皮肤癌（鳞状细胞癌、基底细胞癌、黑色素瘤）、眼睛损伤（白内障形成）、免疫抑制和感染性疾病等的风险；同时，紫外线辐射能促进皮肤中维生素D的合成，这一过程是UV-B暴露的主要健康收益。通过“晒太阳”来促进皮肤维生素D合成，是避免机体钙代谢紊乱所导致的儿童佝偻病、成人骨软化或骨钙缺乏症的关键举措，因此阐明UV-B辐射的暴露模式和剂量效应是平衡健康风险和收益的关键。

臭氧层变薄的间接健康效应也与UV-B辐射的增强有关，是UV-B变化与其他环境因素（如全球气候变化）相互作用的后果。首先是臭氧层变薄和气候变化相互作用，引起空气质量和对流层成分改变，增加的紫外辐射会驱动光化学烟雾（包括近地臭氧水平和颗粒物）的形成；而近地面臭氧和颗粒物所引起的空气质量下降，会导致区域和全球尺度空气污染和健康问题。气候变暖和降水类型变化可能改变人们的出行时间和着装方式。近半个世纪以来，气候变化也改变了人们的诸多生活习惯（如延长日晒时间、着装暴露、喜欢晒成棕褐色等），这些改变对UV-B辐射暴露的贡献要远比臭氧层变薄大得多，也是相关健康效应的决定性因素。气候变化引起的云层覆盖度改变会降低或增加紫外辐射到达地面的强度；天气变化和紫外辐射变化结合，会影响地表水的致病微生物（水面消毒杀菌），进一步影响植物生长（从而影响食品安全）和水生生态系统平衡。以上变化都直接或间接地与健康息息相关。

一、臭氧层变薄导致的紫外线增加对健康的影响

暴露于臭氧层变薄所导致的UV-B辐射增加，既有健康风险，也有健康收益。较为明确的直接健

康风险是皮肤癌、白内障、免疫系统抑制所致的感染性疾病等；直接健康收益是维生素 D 的合成。对于个体来说，可能存在最佳暴露剂量，使得紫外辐射暴露的健康收益可以大于或等于健康风险；因为不确定性因素太多，估算人群的风险-收益平衡还存在很大的挑战，目前还较难给出确切答案。

（一）紫外辐射暴露增加皮肤相关疾病的风险

皮肤癌的流行病学研究显示：皮肤恶性黑色素瘤（CMM，简称黑色素瘤）和非黑色素瘤（NMSC）或角质化细胞癌（KCs）是白种人群最常见的癌症类型，角质化细胞癌主要包括皮肤基底细胞癌（BCC）和鳞状细胞癌（SCC）。1894 年首次发现了阳光暴露与非黑色素瘤皮肤癌的相关性，但是关于与皮肤黑色素瘤的相关性，直到 1952 年才得以确认。光放大系数（OAF）是臭氧浓度降低 1%导致的 UV-B 生物学效应的增加量，生物放大系数（biological amplification factor，BAF）是紫外辐射剂量增长 1%所致的皮肤癌发生率增长的百分率。流行病学数据显示：300 nm 紫外辐射的光放大系数（OAF）大约为 1.6%（致癌效应）；基底细胞癌的 BAF 大约为 1.7%、鳞状细胞癌的 BAF 大约为 3.0%。如果臭氧浓度损失持续达到 10%，基底细胞癌和鳞状细胞癌的发生率将分别增加 30%和 50%。

皮肤癌的发生率（incidence）在全球范围内均呈现上升趋势。在一些国家，皮肤癌在年轻人群中的死亡率却比较稳定或有所下降。年轻人群组的死亡率下降可能是太阳辐射防护计划的实施和更多的室内生活习惯综合产生的效果；然而，更多的低风险深色皮肤人群移民到高风险浅肤色人群为主的国家和地区，也是不能忽略的因素。老年人群中皮肤癌发生率持续上升，这可能与他们早期的高紫外辐射暴露有关。UNEP 和 WHO 估计，每 1%的大气臭氧减少将使皮肤基底细胞癌、鳞状细胞癌和黑色素瘤等发生率分别增加 2.7%、4.6%和 0.6%。鳞状细胞癌与紫外辐射累积性的总暴露剂量有关；基底细胞癌和黑色素瘤的风险高低与早期暴露（如 15 岁之前）相关，尤其是严重的皮肤晒伤。动物模型结果也支持青年期紫外线暴露的黑色素瘤风险较成年期暴露的风险更大。

紫外辐射风险评估模型（AMOUR）结合化学-气候模型（CCMs）评估了全球范围内《关于消耗臭氧层物质的蒙特利尔议定书》（以下简称《议定书》）执行所带来的皮肤癌风险降低收益。CCM-UKCA（UK chemistryand aerosols）模型的结果显示：到 2030 年，《议定书》实施可每年预防 200 万例皮肤癌患者；尽管如此，皮肤癌超额风险将在 2030 年后继续增加。CCM E39C-A 模型预测：21 世纪中叶臭氧层破坏的情景将达到峰值，21 世纪末将恢复或快速回复正常。比较臭氧层没有被破坏的情景（20 世纪60 年代的云层特征）时，完全执行《议定书》的内容，皮肤癌超额风险（每年每百万人中的超额病例数）：新西兰 100～150 例，刚果 0～10 例，巴塔哥尼亚地区 20～50 例，欧洲西部30～40例，中国 90～120 例，美国西南部 80～100 例，地中海地区 9～100 例，澳大利亚东北部 170～200 例。

1. 紫外辐射暴露与皮肤黑色素瘤

皮肤癌的发生是紫外辐射、易感性体质和其他环境风险因素暴露共同作用的结果。皮肤黑色素瘤发病率与人群肤色紧密相关，最近 30 年黑色素瘤是白种人群中发病率增长最快的癌症，发病率上升了 5 倍。其他易感性［（基因和家庭皮肤癌史、浅色易灼伤皮肤、多不良痣（dysplastic nevi）］也显著增加黑色素瘤发生风险；所以黑色素瘤可能源于良性或不良痣。黑色素瘤的发生也存在性别差异，2008 年德国的黑色素瘤在所有固态实体瘤中发病率，女性处于第 5 位，男性处于第 8 位。

黑色素瘤与紫外辐射的关系更复杂，除与暴露模式和年龄相关外，还存在国家或地区间差异。通过整合更精准的 UV-B 暴露测量（美国航空航天局的 Nimbus-7 总臭氧分光光度计和农业部的地面观察网站），基于生态流行病学的设计研究了黑色素瘤风险的时空分布复杂性和异质性，线性混合模型分析发现疾病风险与辐射暴露史（3 年或 4 年前的既往 3 年 UV 累积暴露）之间有很强的相关性。因为 UV

指数可能被太阳仰角、平流层臭氧、云层、雪和污染物反射等区域特征所改变，所以风险具有显著的区域特征；紫外辐射暴露的时空差异也可能导致黑色素瘤发生率的差异。北欧国家的所有年龄组人群的发生率都是上升的，1985—2012 年丹麦的上升率为 4%/年，老龄人群（70 岁以上）的上升速率更快；南欧人群的总发生率也在上升，但是一些地区表现稳定或正在下降（如加泰罗尼亚 30～34 岁人群的发生率表现平稳，20～29岁组则表现为下降趋势）。黑色素瘤总体上升和年青群体（<20 岁）下降的趋势也见于美国和新西兰人群。从 1970 年以来，南半球的地理位置使整个澳大利亚的地面紫外辐射都在增强，这被认为是 95%皮肤癌的诱因，每年也因此有将近 450 000 澳洲人患病。该地区成为高风险区的另一原因是其由浅色皮肤为主的人群构成。新西兰大陶兰加区 2003 年的黑色素瘤报告显示：非毛利族浸润性瘤的年龄标准化发病率是 79/100 000（全部区域人群为 70/100 000）、原位瘤年龄标准化发病率是 78/100 000（全部人群为 72/100 000）。这个风险与臭氧层变薄导致的紫外辐射增加有关，更和当地人的皮肤较浅、凉爽的夏季更喜欢户外活动等生活习惯有关。阳光灼伤和光敏性异常（sunburns and photosensitivity disorders）之间的关系研究表明：1986—2000 年，智利南部城市德蓬塔阿雷纳斯（Punta Arenas）上空或附近地区存在春季臭氧洞，人们重复暴露于急性、突发性的高水平 UV-B（<250 DU）。15 年累积的皮肤科病例中，阳光灼伤在 1999 年春季显著增加（$P<0.01$），这种增加尤其在臭氧洞高悬的周末（29/31 病例）为显著。虽然相应时刻的皮肤光敏性异常的发生不显著（非急性发作），但是从 1994—2000 年 7 年中增加了 51%。伴随强 UV-B 辐射的人群急性阳光灼伤病例多发于周末（93.5%），显示生活习惯等个人行为对暴露风险的决定性贡献。北极地区，近几十年在冬季和春季的臭氧层厚度下降了 10%～40%（估计臭氧每下降 10%，UV-B 增加约 20%，皮肤癌增加 40%）。例如，每年芬兰新增 4 000 例基底细胞癌、700 例其他皮肤癌（大多为鳞状细胞癌）、500 例黑色素瘤，这些增加与太阳浴习惯密切相关。一些国家和地区，皮肤癌已经列入职业病进行防护。针对巴西和意大利的数据进行汇总分析，职业的日光暴露与黑色素瘤风险上升显著相关，其他研究显示角质化细胞癌而非黑色素瘤与职业暴露相关。一些研究也显示飞行员和空乘人员的黑色素瘤发生风险较高，最近的荟萃分析显示飞行员比普通职业高两倍，但是，与空乘人员的风险趋势相近，这说明不是驾驶舱内的 UV 辐射高，而是他们经常到阳光灿烂的地区旅行的缘故。

随着国际社会对破坏臭氧层物质排放的限制和辐射预防计划的实施（如 1988 年澳大利亚的 Sun Smart 计划），在考虑了人群结构的老龄化因素后，2005 年起澳洲的年龄标化黑色素瘤发生率每年下降 0.7%；以色列每年下降约 3%。然而，全球范围内的皮肤黑色素瘤的发生率变化趋势并不一致。伊朗的发生率在上升；南非白种人群的发生率很高，并且也在不断上升。这可能是因为虽然国际社会已采取措施限制破坏臭氧层物质的排放且取得明显效果，但是平流层臭氧浓度要恢复到 1970 年以前的水平还需时日；臭氧层变薄与气候变化的相互作用可能延迟臭氧层恢复，或导致一些区域紫外辐射反而增强。温度在过去的 30 年也在升高，预计升温将持续到 2030 年。臭氧层恢复之前，预测澳大利亚的高紫外辐射和高皮肤癌发病风险将会持续下去，高温、户外活动增加和着装更暴露等因素相互影响，均会增加澳洲人皮肤灼伤暴露，最终提高皮肤癌风险。

2. 紫外辐射暴露与非黑色素瘤皮肤癌

主要包括基底细胞癌（BCC）和鳞状细胞癌（SCC）在内的角质化细胞癌（KCs）的原始病灶位于皮肤表皮的角质化细胞。虽然日光性角化症（solar keratosis）转化为浸润性肿瘤的假设被澳大利亚流行病学家严重质疑，但是毫无疑问的是角化症是阳光损伤的累积性标志物，也是被广泛接受的角质化细胞癌发展标志物；浸润性鳞状细胞癌的先兆损伤包括日光性角化症（actinic keratoses）和原位鳞状

细胞癌，基底细胞癌还无先兆损伤报道。角质化细胞癌的组织病理学确诊手段包括组织切片活检或穿刺活检；手术、放射治疗或其他皮肤科治疗能治愈90%的病例。因为其显著的致死性，角质化细胞癌已成为全球卫生系统所面临的挑战之一。

角质化细胞癌是阳光辐射暴露增加、户外活动增加、着装方式变化、老龄化、臭氧层变薄、基因易感、免疫抑制等因素共同作用的结果。儿童和青少年期的高强度紫外暴露（急性）是基底细胞上皮瘤（BCC）的致病原因。不同于黑色素瘤与高强度和间歇性日光暴露的相关关系，鳞状细胞瘤（SCC）的病原学指向紫外辐射的慢性暴露。年龄标化的角质化细胞癌发生率在全球范围内都是上升的，且女性高于男性。新的数据显示，北欧人群的角质化细胞癌发生率在所有年龄组人群中都在上升；加拿大和北加利福尼亚州年轻人群的发生率是稳定的。一个研究显示：户外工人的日光辐射暴露剂量是户内工人的2～3倍，户外工人的BCC风险比普通人群高43%，SCC则高于普通人群两倍。希腊北部农民的皮肤光损伤比其他工作高出6倍，他们不仅BCC发生率高于其他工种，而且发病年龄也更小；多属浸润性或硬斑型BCC，而非浅表型BCC。

3. 紫外辐射暴露与皮肤癌的预防

尽管学术研究提供了相应知识，许多国家也提出了公众健康计划和防日光伤害的行为导则，但是个体预防的积极态度和导则依从度仍不够理想，冒险晒太阳的行为和对棕色皮肤喜好仍然是流行观点。青少年尤其抗拒这些预防措施，他们对棕色皮肤的向往要远胜于对未来皮肤光老化和癌变的关注。匈牙利74%的12～19岁青少年至少有一次严重的皮肤晒伤经历，5%的人希望经常有日光浴，10%的人没有采取任何防护措施。爱尔兰的皮肤黑色素瘤（CMM）发生率在欧洲最高，Cork大学的学生人群研究显示，近50%的人有既往夏季把皮肤故意晒成棕色的行为。瑞典青少年太阳灯浴床（人躺在上面照紫外线太阳灯）研究比较了自然日光浴红斑效应和UV-A 315～400 nm效应，发现基于浴床销售量的估计值与青少年皮肤晒褐面积一致。浴床造成的皮肤红斑辐射剂量增加超过了10%臭氧层变薄所预测的辐射剂量增加；年轻人群使用浴床导致的黑色素瘤风险增加为每年大于或等于10。一个回顾性分析显示，CMM确诊患者中，2/3以上的人至少有一次日光浴、60%的人3年内至少有一次晒伤、1/4以上的人在室内让皮肤晒成棕色，这些人并没有对皮肤做自我检查。父母更多地让孩子使用防晒措施，而非自己使用。对于儿童CMM病例，28%有近6个月内的皮肤日光晒伤经历。童年期的日光暴露可能是生命后期CMM和BCC的重要风险因素，重视针对儿童、青少年和高风险人群的防护，才能防止皮肤癌的风险增加、晒太阳的健康收益反转。另外，气候变化也可能从根本上削弱许多国家和地区陆续实施的太阳辐射过度暴露的预防计划。鉴于初级预防的成果还不能尽快见效，未来10年欧洲的发病率会上升到每年（40～50）/100 000居民。早期诊断可以短期降低黑色素瘤死亡率，这是因为黑色素瘤的致死性取决于肿瘤浸润的深度。早期诊断也影响黑色素瘤和非黑色素瘤的预后效果。医疗的改善使得黑色素瘤的死亡率在美国、澳大利亚和欧洲国家都比较稳定。

研究发现防晒霜能保护皮肤免于DNA损伤和晒伤，可能降低皮肤癌风险。加泰罗尼亚地区的研究发现，定期使用防晒霜的儿童皮肤上的痣数目更少，皮肤痣是黑色素瘤的标志物。但是防晒霜的使用也可能鼓励过度的太阳光暴露。使用防日光系数（sun protection factors，SPF）15及以上的产品，比使用SPF＜15的产品，预防CMM效果更好。40～75岁的女性人群使用SPF15及以上产品，CMM的发生率降低了18%。防晒霜能降低SCC和黑色素瘤。随机人群实验的结果显示，日常使用防晒霜估计保护澳大利亚9%的SCC（2008年有14 190例肿瘤患者）和14%的CMM（1 730例患者）。然而，最新的系统分析强调了这个试验的一些局限性，并认为仍然缺乏高质量的数据得出相关结论。芬兰的一

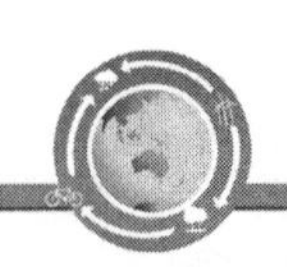

个更大样本研究发现：使用防晒霜的成年人群的皮肤有更多痣数（>50），这可能是使用防晒霜后鼓励了成年人享受更多的日光浴。以上结论与挪威女性人群研究结果一致：防晒霜虽然阻断了UV-B（290～320 nm），这些物质的使用也延长了晒太阳时间。流行病和毒理学实验显示，UV-A（也可能包括可见光）诱导黑色素瘤，所以爱晒太阳的生活习惯所带来的健康风险-收益需要仔细评估。

（二）紫外辐射暴露的免疫抑制效应

20多年的研究表明，UV-B（一定程度上包括UV-A）暴露调节了特异性和非特异性免疫反应。紫外辐射对免疫系统的抑制可以分为对曝光部位皮肤的免疫效应和对全身的系统性免疫效应。皮肤暴露阳光产生的免疫效应，会进一步促进皮肤癌和改变其对感染性疾病的抵抗。免疫抑制对一些疾病既有正面的健康促进效应，又有负面的健康风险效应，这些健康风险和收益的研究导致了光免疫学（photo-immunology）的产生。

紫外辐射导致免疫改变的本质和机制可能是紫外辐射引起的DNA损伤会促发一系列的级联反应事件，最终导致了一种抗原特异的、系统性T淋巴细胞介导的免疫抑制。级联效应中的关键事件是表皮细胞因子，它调节机体对抗原的免疫响应；当抗原侵入到遭受紫外辐照的受体时，免疫响应会转换到特异性抑制状态，从而改变免疫响应的方向。UV-B（280～320 nm）诱导小鼠皮肤癌的抗原特性研究发现，将这些皮肤癌移植到正常的同源受体后会产生强烈的免疫排斥。免疫方向的改变使受体从受动器（effector）变为抑制器（suppressor），这个现象使人们形成“免疫对感染的响应也会受到紫外辐射的影响”的假设说。

免疫抑制促进皮肤癌等疾病的发展和病毒感染性疾病复苏的效应是有害的。例如，药物诱导的术后免疫抑制和辐射引起的DNA损伤修复抑制的叠加效应可能导致皮肤癌发生；器官和干细胞移植后的免疫抑制会极大地增加各类皮肤癌的风险（尤其是皮肤鳞状细胞癌）；心脏移植后角质化细胞癌风险增加8倍、黑色素瘤风险增加2倍；造血干细胞移植人群中黑色素瘤和唇癌比普通人群更常见。一项研究报告了随周围环境UV辐射增强，澳大利亚佩斯的带状疱疹病例（herpes zoster 病毒复苏）增加的案例；这与之前波兰、韩国和台湾地区的研究结果一致。感染疱疹病毒HHV8是卡波斯肉瘤（Kaposi sarcoma）发病的必要但非充分条件。生活在高紫外辐射地区，感染了HIV（获得逆转录病毒疗法之前）的美国退伍老兵人群，KC确诊组（作为紫外辐射暴露的标志物）的卡波斯肉瘤发生率明显升高；另外紫外辐射也可能激活HIV。由于免疫力低下，器官移植患者和艾滋病患者是紫外辐射致癌的高风险人群。多形性日光疹（polymorphic light eruption）是一种常见的光过敏引起的皮疹，也是紫外辐射导致免疫失衡的直接后果。

光免疫学研究改变了我们对免疫系统在皮肤癌诱导中所起作用的认知，这些知识也被用来开发更有效的检测技术，用于预防过度暴露紫外辐射的危害。对紫外辐射导致免疫方向改变的认知也使人们尝试利用紫外的免疫抑制来消除不需要的免疫响应，如移植排斥和移植物抗宿主反应（graft-versus-host reaction）。紫外照射能抑制自身免疫的激活，对一些自身免疫疾病（如多发性硬化症）和过敏有一定疗效，但是紫外辐射诱导的免疫抑制的净健康风险-收益平衡还有待进一步评估。

（三）紫外辐射暴露对眼睛健康的影响

紫外辐射对眼睛的效应包括眼角膜、水晶体、虹膜、相关表皮和结膜组织的变化。联合国环境规划署（United Nations Environmental Programme，UNEP）针对臭氧层变薄增加的紫外辐射引起的眼睛疾病风险问题，评估了瘀肉攀睛、白内障、眼部黑色素瘤、老年黄斑变性。明确的证据是：紫外辐射的高剂量急性暴露能诱发光性角膜炎和光性结膜炎；低剂量慢性暴露则是白内障、眼角膜和结膜的

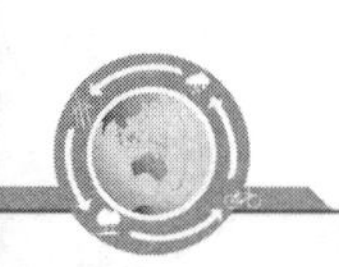

鳞状细胞癌的风险因素。证据较弱的关联是眼部黑色素瘤（目前研究证据在增加）和老年黄斑变性（证据模棱两可）。臭氧层变薄会增加棕色白内障发病率，但是对视网膜的影响或许可以被忽略。UNEP和WHO估计每1%的大气臭氧减少，将带来0.3%～0.6%的白内障增加。UV-B诱发白内障已得到定量评估，白内障发病率可能在21世纪中期到达峰值，额外发病率为3/100 000。

与紫外辐射暴露相关的眼部疾病非常普遍，所导致的急性和慢性效应均增加了全球疾病负担。最常见的急性眼睛伤害是日光性角膜炎（photokeratitis），在滑雪和其他户外活动中也叫雪盲症。大气模型预测几个百分数的臭氧变化对日光性角膜炎发生风险的影响微小，较大幅度的臭氧变化（如50%）将会产生显著效应。慢性暴露的伤害有白内障、眼部黑色素瘤、各种角膜/结膜效应（如结膜黄斑）。流行病学和实验科学均证实：紫外辐射至少是一些类型白内障（如皮质性白内障）的风险因素，尤其是UV-B波段辐射具有峰值效应。自由基形成及其引发的蛋白修饰和脂质过氧化可能是紫外辐射长期暴露形成白内障和视网膜变性的分子机制。慢性暴露与白内障和其他眼部疾病风险评估的准确性取决于辐照剂量（dosimetry）测定的准确性。简单测量值一般来自对周围环境紫外辐射的测定，综合的评估则考虑了地面反射、天空地平线位置、眼睑张开程度和边缘光谱成分等因素。另外，鲜活的眼角膜也可以用作生物辐照的量器，来直接评价眼睛的紫外暴露；该方法已被用来精确定义造成光敏性角膜炎的辐照剂量和阈值。生物辐照也可用来验证综合考虑环境因素后的眼睛辐照剂量的评估。室外活动时带太阳镜是防护紫外辐射伤害眼睛的有效措施之一；不同类型的眼部保护设备差异很大，效果取决于边沿设计对辐射的防护。

紫外辐射暴露也可能有视力的健康收益。近视影响着超过80%的东亚和东南亚青年，美国和欧洲地区有约一半的青年患近视；在另一些国家，近视患者的发生率增长也很迅速。一些研究发现：儿童延长室外活动时间，患近视的风险比较低。最近的两项大样本中国人群研究表明，通过1～3年的增加室外活动时间的干预，小学生（6～11岁）的近视风险明显降低。虽然还不清楚是什么因素在起作用，但是一些研究指明，紫外辐射和短波长可见光（蓝光）的高剂量暴露能预防近视的发展，作用是减缓眼睛的轴向生长。另外，近视与维生素D缺乏有关。儿童暴露尤其应当注意风险和收益的平衡，鼓励室外活动的同时，要通过着装等措施防护过多的太阳辐射。

（四）紫外辐射暴露的维生素D合成健康收益

紫外辐射暴露的主要健康收益是皮肤合成维生素D。人体生理活动所需的维生素D主要来源是晒太阳时皮肤合成，少量来源为膳食补充。维生素D是调节骨代谢和机体预防多种疾病的关键营养素，其功能包括可能预防各种癌症，其中对结肠癌的预防是最明确的；也可能对感染性疾病和冠心病有益处。维生素D对一些自身免疫性疾病的预防也已被认知，最令人信服的证据是保护多发性硬化（multiple sclerosis）。新的证据揭示了维生素D与哮喘之间的因果相关性。血清中的25-羟基维生素D［25（OH）D］是被广泛接受指示体内维生素D状态的生物标志物，其浓度取决于紫外辐射的近期暴露水平。母亲的低水平25（OH）D与子代增加的哮喘风险相关；荟萃分析发现儿童早期的低水平25（OH）D与持续的哮喘风险相关。另一荟萃分析发现补充维生素D能降低哮喘急性发作的入院治疗或系统性皮质甾醇类用药。这些结果显示了维生素D的特异性健康收益，但是还需进一步研究优化25（OH）D浓度来减低严重哮喘风险的措施。

在综述过往研究基础上，美国医学科学院（Institute of Medicine）于2011年提出25（OH）D达到50 nmol/L足以优化多数人的骨骼健康，低浓度25（OH）D与非骨骼疾病相关的证据并不充分。尽管另一些研究认为阈值应该更高，最近的一个研究显示，大约30 nmol/L足以优化骨骼中的矿物浓度。近期

的研究综述认为：在紫外辐射可以忽略的地区，成人可以保持25（OH）D >50 nmol/L长达数月之久，推测可能是前期的紫外暴露、维生素D的储存、紫外低暴露期的缓慢释放等因素起重要作用。考虑到皮肤暴露紫外辐射的剂量和血清中25（OH）D浓度之间的关系，在许多地区该值也可作为紫外辐射的暴露标志物。

一些证据表明：维生素D缺乏的状况与人群所处的纬度有关。过去对血液中25（OH）D浓度测定的准确性和严谨性方面存在差异，所以很难比较不同国家和不同历史时期的维生素D缺乏状况；现在开发的标准化测定流程已经使情况得到改善。在采用标准化测定的调查中，欧洲国家的维生素D缺乏（<50 nmol/L）为40%，其中13%为中度到严重缺乏（<30 nmol/L）。美国营养与健康调查（NHANES）数据显示：美国人群的维生素D水平在1998—2006年没变化，2007—2010年增长5 mmol/L，与营养补充有关；其中1988—1994年维生素D缺乏（<50 nmol/L）为30%，2009—2010年为26%；只有7%的人群是中度和重度缺乏。在澳大利亚，24%的人群25（OH）D<50 nmol/L，7%的人群<30 nmol/L；维生素D缺乏的分布有一定的纬度依赖性变化趋势，不过这种变化受到了低紫外辐射区域居民使用营养补充剂的影响（10%的最南方州居民和2%的最北方州居民）。无论如何，维生素D缺乏在世界范围内是一个普遍现象，进入发达地区的深色皮肤移民人群的缺乏更普遍。

阳光紫外暴露也可能有非维生素D介导的健康收益。最新研究显示：UV-A暴露疑似能临时降低血压，这可能与皮肤的一氧化氮库存释放有关；该结果与瑞典南部成年人群有意晒太阳与心血管疾病（CVD）风险降低、非癌症和非CVD死亡率下降等相关。一项研究表明，回避阳光的人群的期望寿命要比参照人群短0.6～2.1年，该研究中显示的回避阳光的风险影响量级与吸烟相似。这个因素还不能确定是归于维生素D形成、UV辐射的其他作用模式或其他隐变量（如体育锻炼等）。不同效应的大小决定了阳光暴露的风险-收益平衡，尽管已有一些暴露过度所致疾病负担的置信分析，暴露不足的疾病负担还不清楚。例如，维生素D在机体钙代谢过程中的关键角色除了与严重的钙缺乏导致儿童佝偻病和成人骨软化或骨钙缺乏症相关外，也可能涉及其他疾病如癌症和心血管病的发生，但是有关营养剂补充的循证医学研究结果并不理想。

（五）紫外辐射暴露的健康风险和收益平衡

紫外辐射亦敌亦友：臭氧层变薄主要引起UV-B（280～315 nm）辐射增加，可以降低多达20种癌症、细菌感染引起的呼吸系统疾病、自身免疫性疾病和几种其他疾病的风险，也包括众所周知的骨骼疾病。同时，UV-B也是非黑色素瘤皮肤癌和白内障的重要风险因素。虽然紫外辐射暴露本身也有维生素D合成等健康益处，过度的辐射暴露是澳洲和西太平洋地区疾病负担的显著性原因。无论有益还是有害结局，儿童期暴露的效应总比成年期大。另外，周围环境的紫外辐射水平并不能直接代表个人暴露水平，也不能直接关联所产生的生物效应，主要与个人生活习惯、行为和皮肤深浅等有关。

目前计算风险-收益的紫外辐射暴露阈值，还是基于国际照明委员会（CIE）的中波红斑作用光谱（晒伤）和维生素D_3合成。维生素D合成的作用光谱会随紫外辐射的暴露而变化，仅需暴露几个标准红斑剂量（SED），315～330 nm的合成作用就会由正变负（即降解而非合成维生素D）；另外，处于室内的玻璃后面晒太阳只能接收UV-A，不会对维生素D合成有任何益处。因此，基于红斑效应的辐射风险-收益平衡阈值的估计会有偏差。每周暴露数次低剂量的紫外辐射，维生素D合成最大化的同时，可使DNA损伤最小化。一项新西兰的研究表明，血清25（OH）D在经历每周1次、连续8周的全身日光暴露（个体UV传感器测定，强度为晒伤剂量的一半）后升到了最高水平；再增加暴露剂量，所增加的维生素D合成量很少；另有研究显示，给定暴露剂量下25（OH）D变化的个体差异也很大。在

一个曼彻斯特（北纬 53°）研究中，浅肤色人群重复剂量的紫外暴露可以将 25（OH）D 水平从 36 nmol/L提升至 54 nmol/L；同时也观察到了 24 h 内就会部分自然修复的皮肤细胞 DNA 损伤，6 周疗程辐射与单次辐射所引起的 DNA 损伤程度类似，显示非晒伤剂量的 DNA 损伤效应在重复暴露中不累积。最新的研究发现：老年人群的阳光暴露，皮肤中出现许多癌症相关基因的变异（一些乳腺癌和子宫癌等所具有的基因变异），由于有效的修复和抑制程序，这些变异并未引起临床疾病。尽管防晒霜能被设计为将 UV-B 辐射穿透最大化以便合成维生素 D，并有阻挡 UV-A 辐射的优异性能，考虑到可能会鼓励过度暴露 UV-B 辐射并引起严重 DNA 损伤，这类防晒霜并不推荐使用。

放大系数（anplification factor，AF）（臭氧每降低 1%所引起的增长率）被用于定量分析与臭氧层变薄相关的人类健康变化，包括急性效应（红斑、角膜炎、白内障、免疫抑制）和慢性效应（皮肤癌、白内障）。当臭氧变化小于 12.5%时，实际健康风险的 AF 随臭氧损耗的增大而增大，与纬度无关。急性风险：红斑＝1.9、角膜炎＝1.3～1.5、白内障＝1.7～2.3、免疫抑制＝0.9～1.1。慢性风险：非黑色素瘤皮肤癌 AF 与年龄无关、男性大于女性、鳞状细胞癌大于基底细胞癌，白人基底细胞癌＝2.7、鳞状细胞癌＝4.6；皮肤黑色素瘤发病率 AF＝1～2，死亡率为 0.3～2；白内障 AF＝0.3～1.2（优化估计 0.6～0.8）。流行病学研究也显示 UV-A 可能是比 UV-B 更重要的皮肤黑色素瘤风险因子。如果该结论成立，黑色素瘤就与臭氧层变薄无关；这种场景下评估目前水平的 UV-B 暴露，其净健康收益应该是正值。

预计在 21 世纪，周围环境的紫外辐射变化与纬度依赖性的臭氧层变薄和气候变化背景下的云层分布变化有关，这些改变可能打破紫外辐射的健康风险-收益平衡。气候变暖的背景下，周围环境的紫外辐射强度和皮肤癌发生率的关系将被气候相关的阳光暴露行为所改变。温度上升会改变人们的室外活动时间，待在室外的时间变化将增加评估 UV-B 辐射暴露的风险-收益平衡的不确定性。即生活在炎热气候地区的人们可能缩短室外活动时间，而生活在偏冷地区的人们可能延长室外活动的时间。适度 UV-B 暴露是促进健康的行为，但是延长的户外活动时间会同时增加 UV-A 和 UV-B 的暴露；考虑到不同肤色、地区、一年的不同季节和每天的不同时段等给平衡“晒太阳”带来的不确定性，给公众提供简单实用的方式和方法，目前还具有很大的挑战性。

（六）紫外辐射暴露的生物效应和作用模式

紫外波段是具有生物活性的波段，但是活性波段与氨基酸亚结构单元的吸光波段并非一一对应关系。一定剂量的紫外线照射到人的皮肤后，经过一个潜伏期，皮肤会出现红斑反应；出现有明显界线的红色斑痕，是紫外线照射使皮肤表层细胞分解产生组织胺等物质所引起的毛细管扩张造成的。紫外线照射人体产生红斑反应的机理是很复杂的，它同内分泌系统、神经系统和体液等均有关系。太阳光紫外辐射光谱波段为 200～400 nm，包括 200～275 nm UV-C、275～320 nm UV-B 和 320～400 nm UV-A。紫外辐射剂量一定时，红斑反应与紫外线的波长有密切关系；250～400 nm 范围内紫外辐射引发人类皮肤红斑的能力发生显著改变，最大可达 4 个数量级。红斑反应有两个最敏感的波段，即 297 nm波长和 254 nm 波长的紫外线最易造成皮肤红斑。在红斑深度、红斑界限、红斑温度、红斑潜伏期及消失时间、红斑色泽、人体烧灼感等方面，短波紫外线 254 nm 所致的红斑与中波紫外线 297 nm 所致的红斑均有不同。波段依赖的紫外辐射致癌性也源于对其生物活性的认知。虽然不能直接在人群中测定波段依赖的生物活性，但是已经在裸鼠实验得以验证。针对人的生物活性光谱（actionspectrum）可以在校正人-鼠间表皮的光波传输差异后获得。在分子水平，紫外辐射所致生物学损伤的重要分子特性是 DNA 效应（如形成环丁烷嘧啶二聚体）及其下游的核苷酸剪切和修复响应。

环丁烷嘧啶二聚体（cyclobutane pyrimidine dimmers，CPDs）生成是紫外辐射产生基因毒性的主体。利用质粒DNA样品暴露于人工紫外辐射和太阳光照，研究辐射诱导DNA损伤的基因毒性，可进一步利用特异性DNA修复酶［如Escherichia coliMBL50菌株中对携带DNA损伤的一段抗氯霉素的突变目标基因（pCMUT）进行复制］评价光生产物CPDs和DNA氧化损伤；损伤的生物效应可以用DNA失活速率和变异频率来衡量。随着UV-C、UV-B、UV-A和日光的暴露剂量增加，CPDs显著上升；CPDs与质粒的失活和基因变异的相关性很好，氧化损伤则与它们的相关性非常差。最新研究显示：UV-A辐射抑制DNA损伤的修复过程，并可促进肿瘤细胞的浸润；以上过程和UV-A及UV-B诱导的免疫抑制一起可能强化皮肤癌的发展和转移。因为日光中的UV-C会被臭氧层完全吸收，UV-B的大部分被臭氧层所吸收（低于300 nm被吸收，不足2%能到达地球表面），穿透力极强的UV-A（黑斑效应紫外线）就构成了日常皮肤接触的95%紫外辐射。臭氧层变薄主要导致UV-B辐射增强，而太阳辐射的人类致癌谱接近其UV-B谱或诱导红斑谱（太阳灼伤），这些提供了臭氧层变薄致皮肤癌的风险认知。

皮肤对紫外辐射损伤的适应与颜色变异的基因基础（SNP等位基因频率）相关。测定122名高加索人（俄亥俄州Toledo）的背部和脸颊皮肤黑色素特征，提取和分析了他们口腔上皮细胞（buccal-cells）的DNA。结果显示：多对基因组间的单基因多形态（SNP）等位片段（不局限于同一染色体）均对个体间的皮肤颜色差异有贡献，提示肤色决定基因的高度连锁不平衡；结果为进一步的紫外辐射与SNP等位基因频率之间的相互作用提供了借鉴。例如，着色性干皮病（xeroderma pigmentosum）患者携带特殊基因，对日光诱导的皮肤癌特别敏感。James Cleaver发现这些人的皮肤细胞DNA修复机制缺陷，显示DNA损伤是紫外辐射诱导皮肤癌的第一步。回交杂种鱼（backcross hybrid fish）实验结果显示：DNA不吸收长波段的紫外辐射，但是该波段有诱导黑色素瘤的风险；提示了黑色素瘤不同的生物物理学路径。建立太阳光波长与皮肤癌关系的认知，也有助于理解臭氧破坏带来的非黑色素瘤皮肤癌风险。

紫外辐射能经光动力学作用［生成活性氧（ROS）］产生显著的光毒性效应（phototoxiceffect）。蚯蚓皮肤中的许多生物分子与人相似，如四烯和三烯甾醇（tetraene and triene sterol）。通过研究紫外辐射对蚯蚓表层覆盖物的ROS、脂类光氧化和组织病理变化的影响，发现皮肤产生显著量的单态氧（singlet oxygen）、超氧阴离子、羟基自由基和脂质光氧化产物。这些ROS和脂质过氧化产物与表皮的紫外暴露呈现剂量-效应相关。暴露1～2 h出现组织学异常（如皮肤变厚、空泡化、表皮细胞肥大），3 h暴露引起圆形肌和纵形肌退化，3 h以上出现致死现象。许多研究也显示了表层抗氧化剂应用的健康收益，进一步增进了对外源性抗氧化剂保护机制的理解。另外，表皮永久性和临时性的微生物群落产生的ROS及其与表层抗氧化剂的相互作用也是皮肤氧化还原特性的相关因素。生育酚（α-维生素E）是人类表皮的主要抗氧化剂，也是非常早期的环境诱导氧化性变化的敏感性标志物。脂肪腺分泌生育酚，然后被转运到皮肤表面，该生理机制决定了这类物质的分布、活性和生理调节作用。将碳基引入皮肤表面的角蛋白也受氧化诱导。越接近皮肤表面，蛋白的氧化水平越高；皮肤表层的氧化梯度存在，有助于理解皮肤角质化和脱落等复杂生物化学过程。总之，外在环境刺激或皮肤的预氧化处理，表面或系统施加抗氧化剂，可保持或恢复健康的皮肤屏障机制。以上结论对UV辐射导致的皮肤癌和皮肤老化等有积极的预防意义。

最新关注的紫外辐射效应是对正常生物周期的影响。光周期依赖的季节性信号和生物钟节律具有物种保守性，生命发育关键阶段的季节性偏移的后果是生物体适应性和调节能力的改变；而生物钟节律的干扰和癌症风险增加之间具有因果关系。如紫外辐射调节皮肤细胞内Ⅰ相和Ⅱ相代谢反应的转录因子、芳烃受体

(AhR) 和核受体 Nrf2，可引起代谢偏移和癌症风险。新的研究显示 AhR 和 Nrf2 转录调节可能是紫外辐射引起动物和人体内节律和自平衡失调的靶标。除在调控包括昼夜节律（circadian rhythm）和维生素 D 的合成等多路径生理过程中的重要作用外，眼睛部位免疫优势（immune privilege）获得与调节性 T 细胞的产生有关，该过程依赖于视网膜色素上皮细胞的视黄酸（维生素 A 酸）合成。

二、臭氧层变薄与气候变化相互作用对健康的影响

臭氧层变薄与气候变化的相互作用异常复杂。首先是穿透平流层的 UV-B 增加，会加剧低层大气的氧化活性（如近地臭氧浓度），直接影响人群健康；但是，臭氧浓度变化的归因分析认为，这部分增量在区域性排放中仅占很小部分。NO_x（$NO+NO_2$）的垂直分布、VOCs 排放和高水蒸气浓度是更重要的近地臭氧影响因素。穿透平流层的 UV-B 增加，在受污染地区带来的臭氧增加要比在清洁地区多。相对干净地区的 5 年测量数据显示，近地臭氧相关的羟基自由基浓度可以用太阳的紫外辐射强度来预测。除温度、云层覆盖、大气传输条件等物理因素外，气溶胶等大气化学成分的变化会改变 UV-B 辐射量，UV-B 也能反过来增加对流层的羟基自由基含量。在受污染地区，甲烷、一氧化碳和 VOCs 等排放量的增加将叠加羟基自由基的大气清洁功能，在对流层形成沉淀池效应，最终改变大气成分和质量。另外，源于气候变化的气溶胶改变会影响臭氧光降解率，从而降低或增加对流层臭氧浓度。臭氧层变薄与气候变化相互作用，对健康的影响既包括近地面臭氧污染改变，又包括近地面紫外辐射改变。紫外辐射的最大健康风险是皮肤癌，因此有必要研究气候变化和臭氧层变薄的相互作用对近地面紫外辐射的影响。紫外辐射和污染物暴露之间也可能发生相互作用：UV-A 和包括吸烟在内的污染结合，显著增大皮肤癌风险。先于紫外辐射暴露臭氧，会强化紫外因素诱导的维生素 E 在皮肤角质层内的损失；苯并芘等多环芳烃具有光敏性，皮肤表面的苯并芘（benzopyrene，Bap）在 UV-A 照射下产生 ROS，引起氧化应激和基因毒性，可导致光损伤和致癌。

人类排放的破坏平流层臭氧物质（ODS）使臭氧层变薄，即使是《议定书》最理想的实施情景，臭氧恢复到 1970 年的水平也需要 90 年时光。相对低污染的南极，南美洲南部和北半球中、高纬度地区上空臭氧层变薄已被确认。北半球人口稠密的地区的臭氧层变化受气象系统和低空臭氧污染等因素影响，比较难以确证；直到 2011 年才首次明确北极区域平流层“臭氧洞”正威胁跨越北美、欧洲和亚洲地区的北半球人群。除直接的皮肤癌、眼睛损伤、免疫抑制和相关感染性疾病增加等有害效应外，臭氧层变薄也会带来间接的健康风险，这些风险源于气候变化、大气化学组成变化、粮食供应变化等。

当在全球气候变化的大背景下考虑《议定书》执行带来的臭氧层恢复时，其过程要比预想的更加复杂；因此，臭氧层变薄的健康影响也更具有持久性和区域性。首先是气候变化会干扰臭氧层的恢复过程。例如，2015 年观察到了接近有记录以来最高水平的南极春季紫外辐射，臭氧损失被加强的部分原因是智利 Calbuco 火山喷发；与 1955—1975 年的水平相比，紫外辐射水平在中、高纬度将会因为 ODS 排放的降低而降低，而热带地区的变化将取决于排放变化。未考虑云层、气溶胶或地面反射的情景下，温室气体（GHGs，如二氧化碳、甲烷、一氧化二氮）排放将逐渐成为平流层臭氧浓度变化的主要驱动力；反过来，平流层臭氧变薄也是南半球气候变化（南大洋表层水常年暖化和南极海冰消融、南半球亚热带的常年降水变化）的主要驱动力。臭氧层变薄和 GHGs 浓度上升共同驱动了热带 Hadley 环流的向极偏移（臭氧变薄主导了南半球春夏季节的环流偏移、GHGs 导致的偏移会由于臭氧浓度恢复而放缓、气候带边界偏移引起更高纬度亚热带的干旱）。因为 ODS 也是温室气体，所以《议定书》的实施不仅带来了平流层臭氧恢复和紫外辐射降低，还减缓了气候变暖所致的热带气旋灾害加剧。事

实上，最近一二十年北半球中纬度的紫外辐射增加主要受控于降低的云层和气溶胶影响，而非较弱的臭氧层效应（臭氧效应主要体现为每年紫外辐射的变异）。

因为人类介入或对未来预测的简化过程，研究全球气候变化的健康效应需要整合生态学和流行病学模型，如气候变化对媒介传播疾病的效应、对热浪相关死亡的效应、臭氧变化导致紫外增加对皮肤癌的效应。当在全球气候变化的大背景下考虑臭氧层变薄时，其过程要比预想的更加复杂，臭氧层破坏的健康影响更具有持久性和区域性。2015 年欧洲环境保护署（Europe Environmental Protection Agency，EEPA）发布了第七次报告，两次正式报告之间，EEPA 发布了简短的进展报告，公布了 UV 辐射、大气过程和气候变化之间直接和间接相互作用的科学新观点和亮点，定量评估于 2018 年发布。可预测的澳大利亚州长期气候变化（温室效应）和臭氧层变薄的健康效应是紫外辐射导致的皮肤癌和眼睛损伤，一些呼吸系统疾病，媒传疾病和水传疾病，自然灾害和社会经济重建中的社会和物理效应；易感人群包括老人、儿童和早期儿童、慢性患者、与规划很差的地区为邻、室外工作或重工业从业人员。因为对臭氧层变薄的大气效应已有较深入的认知，可以进行定量风险评估；但是对全球变暖的大气效应还知之甚浅，还不足以建立定量评估模型。定量研究全球环境变化引起的系统性风险对人类健康的潜在威胁，必须将生态学模型纳入流行病学方法之中。臭氧层变薄与气候变化相互作用对健康也可能存在有益效应，但是还没被关注。

臭氧层变薄和气候变化的相互作用，最终会通过人类活动这个环节施加其健康影响。气候变化会导致极端气温和夏季高温频发，使得人们更多地改变着装和其他生活习惯，增加阳光紫外辐射的暴露风险，从而影响人类的皮肤癌发病风险。估计到 21 世纪中期，英国的臭氧破坏相关的额外皮肤癌风险峰值是5 000例/a。利用卫星反演的紫外监测数据可以有很广的空间覆盖率，通过普及手机的数据传播，这些数据可以被公众利用来预防过度暴露。受云层厚度、气溶胶浓度和地面冰雪覆盖物反射等因素的影响，这些数据会出现正偏差或负偏差。总体来说，卫星的长波 UV-A（320～400 nm）数据比中波 UV-B（275～320 nm）准确，地面紫外辐射观察站的数据更可靠。

（申河清）

第三节　臭氧层保护行动的政策和方法

一、国际公约

（一）《关于保护臭氧层的维也纳公约》

1985 年 3 月，UNEP 在奥地利首都维也纳举行了有 21 个国家政府代表参加的“保护臭氧层外交大会”。会上通过了《关于保护臭氧层的维也纳公约》（以下简称《公约》），标志着保护臭氧层国际统一行动的开始。《公约》的宗旨是：为了保护人类健康和环境，各缔约方应采取适当措施，控制改变或可能改变臭氧层的人类活动，使人类免受臭氧破坏造成的不利影响。《公约》还对缔约方提出要求：①通过系统地观察、研究、资料交流和合作，以期更好地了解和评价人类活动对臭氧层的影响，以及臭氧层的变化对人类健康和环境的影响；②采取适当的立法和行政措施，通过合作和协调政策对本国的某些已经或可能对臭氧层造成不利影响的人类活动加以控制、限制、削减或禁止；③通过合作来制定和执行本公约所商定的措施、程序和标准，以期通过有关控制措施的议定书和附件。《公约》虽然没有任何实质性的控制协议，却也为国际社会采取氯氟烃（chlorofluorocarbons，CFCs）控制措施做了必要的准备。《公约》在 1985 年 3 月 22 日的全体大会上一致通过，并于 1989 年 9 月生效。

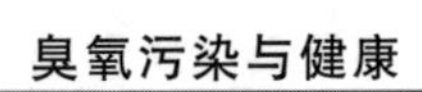

中国政府认为《公约》的宗旨是积极的，于1989年9月11日正式提出加入《公约》，并于1989年12月10日生效。

（二）《关于消耗臭氧层物质的蒙特利尔议定书》

1987年9月，由UNEP组织的“保护臭氧层公约关于含氯氟烃议定书全权代表大会”在加拿大蒙特利尔市召开。1987年9月16日，24个国家签署了《关于消耗臭氧层物质的蒙特利尔议定书》（以下简称《议定书》），自1989年1月1日开始生效。中国政府认为，《议定书》虽然明确了受控物质的种类、控制时间表及有关措施，并提出发展中国家受控时间表应比发达国家相应延迟10年，但没有体现出发达国家是排放CFCs、造成臭氧层耗减的主要责任者，对发展中国家提出的要求不公平，因此当时没有签订这个《议定书》。

1989年5月，在赫尔辛基召开缔约方第1次会议之后，UNEP开始《议定书》修正工作。1990年6月，在伦敦召开的缔约方第2次会议通过了《议定书》修正案。由于修正案基本上反映了发展中国家的意愿，包括印度、中国在内的许多发展中国家，都纷纷表示将加入修正后的《议定书》。此修正案提出，为实施《议定书》建立一个多边基金，接受发达国家的捐款，并向发展中国家提供资金和技术援助。同时对发达国家和发展中国家淘汰消耗臭氧层物质（ozone depleting substances，ODS）的时间要求有所不同。发展中国家缔约方在必须实施淘汰时间表之前有一个宽限期。1991年6月，在缔约方第3次会议上，中国代表团宣布中国政府正式加入修正后的《议定书》，自1992年8月10日起开始对中国生效。

《议定书》至今已经过了4次修正和2次调整：包括1990年6月第2次缔约方会议上形成的《伦敦修正案》、1992年11月第4次缔约方会议上形成的《哥本哈根修正案》、1997年9月第9次缔约方会议上形成的《蒙特利尔修正案》、1999年11月第11次缔约方会议上形成的《北京修正案》、1995年12月第7次缔约方会议上形成的《维也纳调整案》和1997年第9次缔约方会议上形成的《蒙特利尔调整案》。《议定书》及不同的修正案中规定了相关的受控物质和淘汰时间表，只有批准加入某修正案的国家才履行该修正案提出的受控义务。截至2014年，全球加入《议定书》的国家达197个，是联合国数百个公约中唯一一个获得所有国家参与的国际公约。

《议定书》中控制的主要臭氧层消耗物质及其臭氧消耗潜势见表2-2。由于《议定书》的作用，大气中臭氧消耗物质的总蕴藏量在过去超过10年的时间里在不断下降。如果世界各国继续遵守《议定书》的规定，这种下降趋势将会延续；大气中仍在增长的气体，如哈龙-1301和含氢氟氯烃（HCFCs），也将在未来的10年中开始下降。然而，根据预测，仅在2050年之后，ODSs的有效丰度值才能跌至1980年初南极地区臭氧空洞首次被发现时的水平。

表2-2　《议定书》中控制的主要长寿命卤代烃的臭氧消耗潜势（ODPs）[①]

物质名称	缩写	《议定书》ODP	半经验臭氧消耗潜势（semi-empirical ODP）	
			WMO（2011）	《臭氧消耗评估报告2014》[②]
附件A-I				
三氯氟甲烷	CFC-11	1	1	1
二氯二氟甲烷	CFC-12	1	0.82	0.73（0.81）
1，1，2-三氯三氟乙烷	CFC-113	0.8	0.85	0.81（0.82）
二氯四氟乙烷	CFC-114	1	0.58	0.5
一氯五氟乙烷	CFC-115	0.6	0.57	0.26

续表

物质名称	缩写	《议定书》ODP	半经验臭氧消耗潜势（semi-empirical ODP）	
			WMO（2011）	《臭氧消耗评估报告 2014》②
附件 A-Ⅱ				
溴氯二氟甲烷	Halon-1211	3	7.9	6.9（7.7）
一溴三氟甲烷	Halon-1301	10	15.9	15.2（19）
二溴四氟乙烷	Halon-2402	6	13.0	15.7
附件 B-Ⅱ				
四氯化碳	CCl_4	1.1	0.82	0.72
1，1，1-三氯乙烷	CH_3CCl_3	0.1	0.16	0.14（0.17）
附件 C-Ⅰ				
一氯二氟甲烷	HCFC-22	0.055	0.04	0.034（0.024）
二氯一氟乙烷	HCFC-141b	0.11	0.12	0.102（0.069）
一氯二氟乙烷	HCFC-142b	0.065	0.06	0.057（0.023）
附件 E				
甲基溴	CH_3Br	0.6	0.66	0.57

①臭氧消耗潜能（ozone-depleting potential，ODP）：在稳态条件下，单位质量的某种气体在大气中引起的臭氧总量变化量相对于单位质量的三氯氟甲烷（CFC-11，或简称 R-11）在大气中引起的臭氧总量变化量的比值。多用于估测消耗臭氧层物质对平流层臭氧的影响。

②世界气象组织（World Meteorological Prganization，WMO）和联合国环境规划署（UNEP）根据多国科研机构的研究成果编纂了对臭氧消耗的评估报告 *Scientific Assessment of Ozone Depletion*，报告经多次修订，最新的臭氧消耗潜势数据发表于 2014 年版。

《关于保护臭氧层的维也纳公约》及其《关于消耗臭氧层物质的蒙特利尔议定书》的生效和实施，为之后《联合国气候变化框架公约》及其《京都议定书》的签订提供了指导，特别是其中考虑发展中国家的需要而建立的多边基金在《京都议定书》中也得到了延续的体现。据了解，上述两项公约行动实施至今，全球已经成功削减了 98%以上的消耗臭氧层物质，预防了上亿例癌症及白内障病患，实现了巨大的环境和健康效益；同时，各国通过引入更加先进的环保技术，履约过程也为相关行业的可持续发展和技术创新提供了动力，并极大地提高了企业的环保和社会责任意识。

二、中国保护臭氧层行动

（一）政策法规体系

中国国家保护臭氧层领导小组成立于 1991 年，由 18 个部委联合组成，是中国政府跨部门间的协调机构，负责履行《关于保护臭氧层的维也纳公约》和《关于消耗臭氧层物质的蒙特利尔议定书》，组织实施《中国逐步淘汰消耗臭氧层物质国家方案》（以下简称《国家方案》），并审核各项执行方案和提出决策性意见。在国家保护臭氧层领导小组的领导下，我国保护臭氧层工作逐步走上了规范化管理，政策建设基本完善，在对国际公约所做承诺的基础之上，形成了一个层次比较清晰的涵盖 ODS 生产限制、消费和进出口的政策法规体系。

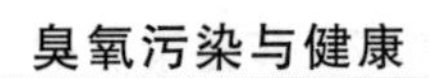

经国务院批准，中国分别于1991年6月和2003年4月正式加入了《关于消耗臭氧层物质的蒙特利尔议定书》伦敦修正案和哥本哈根修正案。《议定书》是国际社会需共同遵守的国际法，也是国内相关立法的渊源。在国内，《中华人民共和国环境保护法》（以下简称《环保法》）和《中华人民共和国大气污染防治法》（以下简称《大气法》）是中国淘汰ODS行动所依据的国内基本法。其中，《大气法》2000年修正案专门针对ODS淘汰和管理问题增加了第四十五条和第五十九条，之后，《大气法》2015年修正案中第八十五条在原有要求上进一步完善，提出“国家鼓励、支持消耗臭氧层物质替代品的生产和使用，逐步减少直至停止消耗臭氧层物质的生产和使用。国家对消耗臭氧层物质的生产、使用、进出口实行总量控制和配额管理”。这一款原则性的规定为现行管理体系提供了明确的、原则性的国内立法支持。

我国政府为了履行《公约》和《议定书》的义务，及时获得多边基金资金支持。1993年1月批准了《国家方案》之后，根据中国当时ODS生产消费状况和发展趋势，多边基金执委会增加费用的技术指南与行业整体淘汰机制的运行、替代技术路线的选择等因素完成了《国家方案》修订稿（1999年）。《国家方案》及其修订稿是经国务院批准并得到《议定书》多边基金执委会认可的国家行动计划。该方案虽然没有通过正式的立法程序体现为法律的形式，但是从国际法与国内法关系的理论及方案本身的承诺效力来看，它在实质上是中国实施《议定书》的基本行动纲领，对中国淘汰ODS物质的行动作了全面的原则性规定，在整个政策法规体系中占有核心地位，是制订和实施各行业淘汰计划及各种相关政策措施的首要依据。

2010年4月8日国务院第573号令公布的《消耗臭氧层物质管理条例》（以下简称《条例》），是我国首部专门规定消耗臭氧层物质管理活动的行政法规，也是我国首次将所加入的国际环境公约转化为专门的国内法，具有重要历史意义。在《条例》中建立了ODS总量控制和配额管理制度。其颁布实施为我国逐步削减和淘汰消耗臭氧层物质，切实履行保护臭氧层国际公约义务提供了明确的法律依据，强化了执法手段和法律责任。

在《国家方案》《条例》之下，形成了ODS进出口管理、ODS生产控制、ODS消费控制、ODS监督管理和多边基金赠款管理等政策体系。在蒙特利尔多边基金的支持下，分别制订了各行业的ODS淘汰计划。并依据各行业计划，分别制定了相应的具体政策。在制定推进CFCs的生产、消费和淘汰的政策时，我国政府充分考虑了中国所面临的CFC生产、消费和淘汰形势，CFC替代品的生产现状等因素，建立了一套完整的政策和措施支持体系，充分体现了《国家方案》中“生产、消费、替代、政策”四同步的战略思想。

与此同时，以《环保法》为根本依据，依托现有环境保护领域的政策法规，结合《国家方案》的要求，又在排污申报登记制度中增加了有关ODS排放的申报登记要求，在建设项目环境影响评价制度中增加了对多边基金赠款项目环境影响评价的特别要求，在环境标志制度中增加了鼓励ODS替代品或替代产品生产的内容，在保护臭氧层工作的监督管理职能中增加了对地方环保部门的要求等。我国臭氧层保护政策法规体系如图2-4所示。

（二）工作进展

十几年来，在实施《议定书》多边基金的支持下，中国政府积极组织实施保护臭氧层、淘汰和替代消耗臭氧层物质（ODS）项目。按照《议定书》的要求，中国在1999年7月1日已经成功地实现了冻结CFCs生产和消费的目标。

1. CFCs生产和消费淘汰

CFCs包括一些最具破坏性的含氯ODSs，其中CFC-11和CFC-12单个的ODP都接近1，由于历史

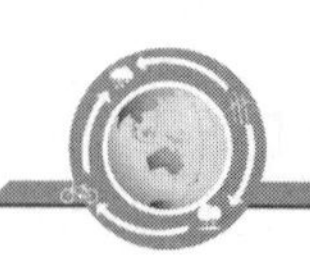

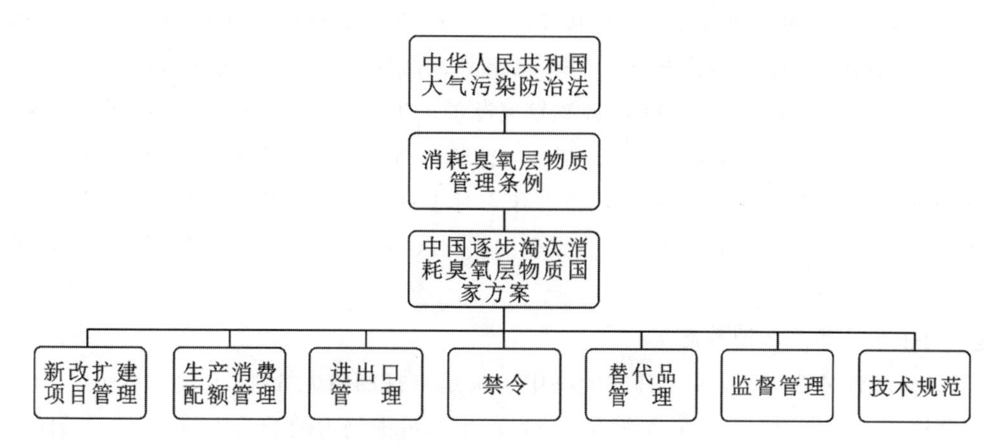

图 2-4　我国臭氧层保护政策法规体系

上的大量排放和很长的大气寿命（50～100 年），它们成为大气层中含量最丰富的 ODSs。在我国，涉及 CFCs 生产和消费的行业包括 CFCs 化工生产、清洗、烟草、泡沫、汽车空调、家用制冷、工商制冷、维修、气雾剂、化工助剂 10 个行业，这些行业已经基本完成了淘汰任务。

（1）CFC 生产行业整体淘汰。

1999 年 3 月中国与多边基金执委会达成了《关于“中国生产行业的协议”》，批准一个总体 1.5 亿美元的资金，来资助中国逐步削减和关闭全部的 CFC 生产能力，用于永久关闭并拆除设备，以及提升 CFC 替代品的开发和生产能力。

CFC 生产行业依照《中国化工行业 CFC 生产整体淘汰计划》，历时 10 多年，逐步削减并最终淘汰了 CFC 的生产（除必要用途外），至 2017 年，全面关闭了 36 家生产企业的 CFC 生产线，淘汰了约 50 351 ODP（消耗臭氧层潜力）CFC 的生产，为中国提前淘汰 CFC 目标的实现做出了突出贡献。此外，为保证淘汰目标的顺利实现，在环境保护部的统一规划下，化学工业部组织编制了《中国化工生产行业削减消耗臭氧层物质战略》，开展了对“CFC 装置关闭补偿费用”计算方法的研究；提出了生产行业应与消费行业具有同等获得多边基金资助权利的主张，并获得国际社会执委会的认可。中国还开展了支持 CFC 生产淘汰的技术援助项目和特别机制项目——HFC-134a（四氟乙烷）生产装置的建设和对履约中心建设的支持。

（2）烟草行业 CFC-11 整体淘汰。

2000 年 3 月，中国政府制订的《中国烟草行业 CFC-11 整体淘汰计划》，在第 30 次《议定书》多边基金执委会的会议上获得批准。2000 年 12 月，国家烟草专卖局发布了《关于开展氟利昂（CFC-11）淘汰工作的通知》，并发布了《CFC-11 消费配额管理办法》，确定了烟草行业年度 CFC-11 消费配额总量和各卷烟加工企业的消费配额。烟草生产行业通过实施 CFC-11 消费配额制度，从 2001 年开始有效地控制和削减 CFC-11 的消费，2003 年完成了总削减量的一半，2007 年实现了全行业淘汰 1 090 t CFC-11 消费量的目标。按计划部署并全部拆除了消费 CFC-11 的 73 条烟丝膨胀设备。在淘汰 CFC-11 烟丝膨胀技术与生产线的同时，开发和推广了烟丝膨胀替代技术和替代设备。2007 年 7 月 1 日，在“中国全面淘汰 CFCs 和哈龙总结大会”上，国家烟草专卖局荣获“淘汰 CFCs/哈龙贡献奖”。这标志着中国淘汰 ODS 工作取得了阶段性成果。

（3）PU 泡沫行业 CFC-11 整体淘汰。

《中国 PU 泡沫行业 CFC-11 整体淘汰计划》于 2001 年 12 月第 35 次多边基金执委会会议上得到批

准，计划在2010年前逐步削减并完全淘汰中国PU泡沫行业使用的CFC发泡剂，CFC-11淘汰目标为10 651 t。从2002年开始，《中国PU泡沫行业CFC-11整体淘汰计划》实现CFC-11淘汰量11 384.073 t，达到了淘汰目标。全面销毁了使用CFC-11的各类发泡设备，防止了CFC-11消费的转移；《中国PU泡沫行业CFC-11整体淘汰计划》行动完善了《消耗臭氧层物质管理条例》和CFCs的生产、消费、进出口管理、产品标准管理等一系列政策措施。自2008年1月1日起，中国PU泡沫行业完全停止了CFC-11的消费，提前两年实现了在中国PU泡沫行业完全淘汰CFC-11的目标，为国际保护臭氧层事业做出重要贡献。

2. 哈龙（Halons）生产和消费淘汰

哈龙是最具破坏性的含溴ODSs。其在大气中含量最丰富的哈龙-1211和哈龙-1301，比CFC-11和CFC-12的含量约低100倍，但是它们在所有ODSs产生的溴中仍占较重的比例。《中国消防行业哈龙整体淘汰计划》于1997年11月第23次《议定书》多边基金执委会上获得批准，它是我国也是全球范围内的第一个行业消耗臭氧层物质（ODS）整体淘汰计划，批准赠款总金额6 200万美元，用于淘汰消防行业的哈龙生产和消费。该计划在国家环保总局（SEPA）和公安部（MPS）的规划、组织及中国化工建设总公司（CNCCC）和国家审计署（CNAO）等单位共同协助下开展。在总量控制的前提下，通过配额管理和招标机制，于2006年之前完成了哈龙-1211的生产淘汰，共计淘汰哈龙-1211产量11 644 t。2010年前完成了哈龙-1301受控用途的生产淘汰，共计淘汰哈龙-1301产量618 t。消费领域的控制进展也很快，到2006年哈龙-1211的消费量已经下降到0，淘汰量为10 849 t。而哈龙-1301消费量在2010年也减到0，淘汰量为618 t。共完成61家哈龙灭火器和14家哈龙灭火系统生产企业的淘汰。为不削弱中国的消防能力，中国政府非常重视淘汰过程中替代技术的研究、替代品的生产建设和履约能力建设等工作。中国消防行业哈龙整体淘汰是中国第一个实施的行业整体淘汰，具有开创性，推动了中国履约模式的改变，为中国保护臭氧层工作做出了巨大贡献。在2007年7月1日“中国全面淘汰全氯氟烃（CFC）/哈龙（HALON）总结会”上，MPS消防局等部门荣获履行联合国保护臭氧层公约《淘汰全氯氟烃/哈龙贡献奖》。

3. 四氯化碳（CTC）生产和消费淘汰

四氯化碳在发达国家（1996年1月）和发展中国家（2010年1月）中都已被淘汰。因此，四氯化碳的大气丰度已经持续下降了20年。然而，它的下降幅度比预期的略小，这说明实际的排放比报告的量更多，或其大气寿命比估算的更长。中国CTC和加工助剂淘汰计划（Ⅰ期）于2002年12月第38次《议定书》多边基金执委会上获得批准，它对我国顺利实现CFCs的生产和消费淘汰，特别是避免CFCs的非法生产起着重要的作用。我国于2004年申报中国CTC和加工助剂淘汰计划（Ⅱ期）项目，实现对CTC的生产和消费进行整体控制和削减。

4. 含氢氟氯烃（HCFCs）生产和消费淘汰

《议定书》最初允许使用HCFCs作为CFCs的短期过渡替代物质，因为它们的ODP值较小。但是在2007年《议定书》中进行了调整，要求发达国家在2020年前，发展中国家在2030年前完成HCFCs淘汰。HCFC是目前剩余的主要消耗臭氧层物质之一，也是强效的温室气体；因此，HCFC的淘汰将产生巨大的臭氧-气候协同效益。中国是目前全球最大的HCFC生产国、使用国和出口国。其用途主要包括空调制冷剂、工业与商用制冷剂、起泡剂和溶剂等。

2013年4月在《议定书》多边基金执委会第69次会议上批准了我国HCFC生产行业第一阶段淘汰基线水平10%的补偿资金为9 500万美元，全面淘汰HCFC的总体补偿资金不超过3.85亿美元。通过

行业计划的实施，实现到 2015 年削减 10% HCFCs 使用的目标，2030 年前，中国将（累计）减少约 430 万 t HCFC 生产和排放，到 2030 年，累计可减少温室气体排放约 80 亿 t 二氧化碳当量。

5. 1，1，1-三氯乙烷（TCA）生产行业淘汰

2004 年 7 月中国政府制订的《中国 TCA 生产行业淘汰计划》在第 43 次多边基金执委会上得到批准，标志着中国 TCA 生产行业淘汰行动的正式开始。国家环保总局和中国化工建设总公司设立了 TCA 行业工作组。在中国国家保护臭氧层领导小组的指导下、国家消耗臭氧层物质进出口管理办公室和保护臭氧层多边基金项目管理办公室的协助下，TCA 行业工作组得以全面、稳步、按计划地推进行业淘汰行动，将《议定书》中的截止时间从 2015 年提前至 2010 年。截至 2010 年 1 月，中国在不到 6 年的时间内兑现了将国内 TCA 生产削减直至完全淘汰的国际承诺。在淘汰过程中，共关闭 TCA 生产企业 4 家，淘汰了 ODP 113 t TCA 生产量。随着淘汰进程的推进，TCA 清洗用途的替代品也得到了逐步发展。TCA 生产行业淘汰行动是中国保护臭氧层履约行动不可或缺的组成部分，淘汰行动的完成标志着中国行业计划新的里程碑。

TCA 主要作为溶剂使用，且没有明显的由生产引起的长期储存。发达国家的 TCA 生产和消费在 1996 年 1 月前终止，而发展中国家计划在 2015 年 1 月前终止。在发展中国家的逐步淘汰完全实施之后，它将几乎完全从大气中被去除。TCA 的淘汰过程展现了其 ODS 大气丰度的最大降幅（相对于其峰值为 96%）。

6. 清洗行业消耗臭氧层物质整体淘汰

《中国清洗行业 ODS 整体淘汰计划》（以下简称《清洗行业计划》）于 2000 年 3 月第 30 次多边基金执委会上获批，资助金额 5 200 万美元，标志着中国清洗行业的 ODS 淘汰活动进入了一个新的重要阶段。为确保《清洗行业计划》目标的实现，从 2000 年开始，通过采取生产和消费同步淘汰的策略，严格控制 ODS 清洗剂的生产和供应，分别于 2003 年 6 月 1 日、2006 年 1 月 1 日和 2010 年 1 月 1 日彻底淘汰了作为清洗剂使用的 CTC、CFC-113 及 TCA；通过企业与项目管理办公室（PMO）签订淘汰合同及企业自主淘汰两种方式实现了《清洗行业计划》规定的淘汰目标，共淘汰 CFC 1 134 125 t、TCA 6 210 t、CTC 100 t，为保护臭氧层做出了巨大贡献。在计划实施过程中，针对不同规模的企业采取区别对待策略，分别开展了招标项目、票证体系项目及回补项目的淘汰活动，完成了共计 380 家企业的 ODS 淘汰；多种技术援助活动的开展也有力地促进了清洗行业淘汰目标的实现，并保证了行业自身的健康发展。

（戴海夏）

参考文献

[1] 唐孝炎，张远航，邵敏. 大气环境化学[M]. 北京：高等教育出版社，2006.

[2] 鲍雷，黄伟. 城市光化学污染自动监测技术综述[J]. 环保科技，2014,20(3):40-44.

[3] 谈建国，陆国良，耿福海，等. 上海夏季近地面臭氧浓度及其相关气象因子的分析和预报[J]. 热带气象学报，2007,23(5):515-520.

[4] Abarca J F, Casiccia C C, Zamorano F D. Increase in sunburns and photosensitivity disorders at the edge of the Antarctic ozone hole, Southern Chile, 1986-2000[J]. Journal of the American Academy of Dermatology, 2002,46(2):193-199.

[5] Ando, Mitsuru. Risk evaluation of stratospheric ozone depletion resulting from chlorofluorocarbons(CFC) on human health. [J]. Nippon Eiseigaku Zasshi (Japanese Journal of Hygiene), 1990,45(5):947-953.

[6] Anno S, Abe T, Sairyo K, et al. Interactions Between SNP Alleles at Multiple Loci and Variation in Skin Pigmentation in 122 Caucasians[J]. Evolutionary bioinformatics online, 2007,3(6):169-178.

[7] Ashby M A, McEwan L. Treatment of non-melanoma skin cancer: A review of recent trends with special reference to the Australian scene[J]. Clinical Oncology, 1990,2(5):284-294.

[8] Bentham, G. Depletion of the ozone layer: consequences for non-infectious human diseases[J]. Parasitology, 1993, 106(S1):S39-S46.

[9] Burke K, Wei H. Synergistic damage by UVA radiation and pollutants[J]. Toxicology and Industrial Health,2009,25(4-5):219-224.

[10] Chang N, Feng R, Gao Z, et al. Skin cancer incidence is highly associated with ultraviolet-B radiation history[J]. International Journal of Hygiene and Environmental Health,2010,213(5):359-368.

[11] Charman W N. Ocular hazards arising from depletion of the natural atmospheric ozone layer: a review * [J]. Ophthalmic Physiol Opt, 2007,10(4):333-341.

[12] Cullen, P A. Ozone Depletion and Solar Ultraviolet Radiation: Ocular Effects, a United Nations Environment Programme Perspective[J]. Eye & Contact Lens: Science & Clinical Practice,2011, 37(4):185-190.

[13] de Gruijl F R, Longstreth A J, Norval B M, et al. Health effects from stratospheric ozone depletion and interactions with climate change [J]. Photochemical & Photobiological Sciences, 2003,2(1):16-28.

[14] de Gruijl F R, Van der Leun J C. Estimate of the Wavelength Dependency of Ultraviolet Carcinogenesis in Humans and Its Relevance to the Risk Assessment of a Stratospheric Ozone Depletion[J]. Health Physics,1994, 67(4): 319-325.

[15] Diffey B. Climate change, ozone depletion and the impact on ultraviolet exposure of human skin[J]. Physics in Medicine and Biology, 2004,49(1):R1-R11.

[16] Dugo M A, Han F, Tchounwou P B. Persistent polar depletion of stratospheric ozone and emergent mechanisms of ultraviolet radiation-mediated health dysregulation[J]. Reviews on Environmental Health, 2012,27(2-3):103-116.

[17] Ewan C, Bryant E A, Calvert G D, et al. Potential Health-Effects of Greenhouse-Effect and Ozone-Layer Depletion in Australia[J]. Medical Journal of Australia,1991,154(8):554-559.

[18] Garssen J , Loveren H V . Effects of Ultraviolet Exposure on the Immune System[J]. Critical Reviews in Immunology, 2001, 21(4):359-397.

[19] Gloster H M , Brodland D G . The Epidemiology of Skin Cancer[J]. Dermatologic Surgery, 1996,22(3):217-226.

[20] Hajrasouliha A R, Kaplan H J. Light and ocular immunity[J]. Current Opinion in Allergy and Clinical Immunology, 2012, 12(5):504-509.

[21] Jones R R. Ozone depletion and its effects on human populations[J]. Br J Dermatol, 1992,127(S41):2-6.

[22] Kripke M L. Ultraviolet Radiation and Immunology: Something New under the Sun-Presidential Address[J]. Cancer Res,1994,54(23):6102-6105.

[23] Leiter U, Eigentler T, Garbe C. Epidemiology of Skin Cancer[M]. Sunlight:Vitamin D and Skin Cancer,2014.

[24] Longstreth J. Anticipated public health consequences of global climate change. [J]. Environmental Health Perspectives,1991,96(1):139-144.

[25] J L, de Gruijl FR, ML K, et al. Health risks[J]. J Photochem Photobiol B,1998,46(1-3):20-39.

[26] Lucas R M, Norval M, Neale R E, et al. The consequences for human health of stratospheric ozone depletion in association with other environmental factors[J]. Photochem. Photobiol. Sci,2015,14(1):53-87.

[27] Lucas R M, Ponsonby A. Ultraviolet radiation and health: Friend and foe[J]. The Medical journal of Australia, 2002,177(11-12):594-598.

[28] Makin J. Implications of climate change for skin cancer prevention in Australia[J]. Health Promotion Journal of Aus-

tralia,2011, 22(4):39-41.

[29] Marks R. An overview of skin cancers[J]. Cancer (Philadelphia),1995,75(Supplement S2):607-612.

[30] Martens W J. Health impacts of climate change and ozone depletion: an ecoepidemiologic modeling approach. [J]. Environmental Health Perspectives,1998,106(suppl 1):241-251.

[31] McMICHAEL J A. Global Environmental Change and Human Population Health: A Conceptual and Scientific Challenge for Epidemiology[J]. International Journal of Epidemiology, 1993,22(1):1-8.

[32] Misra R B, Lal K, Farooq M, et al. Effect of solar UV radiation on earthworm (Metaphire posthuma)[J]. Ecotoxicol Environ Saf,2005,62(3):396.

[33] Norval M, Cullen A P, de Gruijl F R, et al. The effects on human health from stratospheric ozone depletion and its interactions with climate change[J]. Photochem Photobiol Sci, 2007,6(3):232-251.

[34] Oikarinen A, Raitio A. Melanoma and other skin cancers in circumpolar areas[J]. International Journal of Circumpolar Health, 2000,59(1):52-56.

[35] RN S, AN P. The causes of skin cancer: a comprehensive review[J]. Drugs Today, 2005,41(1):37.

[36] Salmon P J, Chan W C, Griffin J, et al. Extremely high levels of melanoma in Tauranga, New Zealand: Possible causes and comparisons with Australia and the northern hemisphere[J]. Australasian Journal of Dermatology, 2007,48(4):208-216.

[37] Schuch A P, Menck C F M. The genotoxic effects of DNA lesions induced by artificial UV-radiation and sunlight[J]. J Photochem Photobiol B,2010 ,99(3):111-116.

[38] Setlow R B. Shedding light on proteins, nucleic acids, cells, humans and fish[J]. Mutat Res, 2002,99(3):111-116.

[39] Sliney D H. UV radiation ocular exposure dosimetry[J]. J Photochem Photobiol B,1995,31(1-2) :69-77.

[40] AD S. Biomedical and economic consequences of stratosphere ozone depletion[J]. Radiats Biol Radioeco,1998,38(2): 238.

[41] Thiele J J, Schroeter C, Hsieh S N, et al. The Antioxidant Network of the Stratum corneum[J]. Current problems in dermatology, 2001,29(1):26-42.

[42] Thiele J J. Skin Cancer Risks Avoided by the Montreal Protocol—Worldwide Modeling Integrating Coupled Climate-Chemistry Models with a Risk Model for UV[J]. Photochemistry and Photobiology, 2013,89(1):234-246.

[43] Van Kuijk F J. Effects of ultraviolet light on the eye: role of protective glasses. [J]. Environmental Health Perspectives, 1991,96(1):177-184.

[44] Wester U, Boldemann C, Jansson B, et al. Population UV-Dose and Skin Area—Do Sunbeds Rival the Sun? [J]. Health Physics, 1999,77(4):436-440.

[45] Woodhead A D, Setlow R B, Tanaka M. Environmental Factors in Nonmelanoma and Melanoma Skin Cancer[J]. Journal of Epidemiology, 1999,9(6sup):102-114.

[46] Young A R. The biological effects of ozone depletion[J]. British journal of clinical practice Supplement, 1997,89(5): 10-15.

第三章　臭氧的形成、监测与暴露

第一节　对流层臭氧污染的形成机制和前体物转化过程

在大气圈中，仅有约10%的臭氧分布在对流层中。对流层臭氧通过吸收地-气系统的长波辐射，对大气产生加热作用，是一种重要的温室气体，同时也是光化学烟雾的组成部分之一。尽管对流层臭氧浓度相对很低，但由于它容易对人类健康产生不良影响，因此是一个亟待解决的大气环境污染问题。

一、对流层臭氧的来源

对流层臭氧来源问题是国内、外学者讨论的热点问题，主要认为其来源有两种机制：平流层的向下传输和对流层的光化学反应。

（一）平流层的向下传输

在一定的大气条件或特殊地形地势下，平流层和对流层原有的温度梯度会遭到破坏，出现“对流层顶折叠”现象，导致平流层的O_3输送到对流层，从而造成局部地区O_3浓度升高。

平流层O_3向对流层的输送常常发生在对流层上部的气旋发生地区，靠近急流、槽和切断低压，并且随着空间和季节的变化有明显的波动。据研究，中纬度地区高空中尺度气旋生成过程使得对流层顶不连续，触发平流层O_3向下输送。高空切断低压及其伴随的高空急流等典型天气现象可以使对流层O_3在短期内迅速增加。低纬度地区由于副热带急流的作用也有类似极锋急流的平流层向对流层输送O_3的动力机制。地面锋生过程造成平流层低层O_3进入对流层中高层，然后通过反气旋中的下沉运动O_3被输送到低纬度近地面。热带地区发生的深对流能将平流层O_3注入对流层。同时，光化学模拟计算发现，夏季对流层中光化学反应产生的O_3比平流层的输入量要大很多，光反应强度较高；由于冬季的光照时间减少，温度下降，二者的差距缩小，甚至可能贡献相近。

（二）对流层的光化学作用

光化学作用是对流层中最重要的臭氧（O_3）生成源，即大气中氮氧化物（NO_x）、一氧化碳（CO）和挥发性有机物（VOCs）等臭氧前体物质在太阳光的作用下，发生光化学反应生成O_3。工业废气、汽车尾气、有机溶剂使用、生物质燃烧等人为排放源是O_3前体物的主要来源；此外，植物产生的挥发性萜烯类有机物和一氧化氮（NO）也能对对流层O_3的生成造成轻微影响。尽管这些排放源大都集中在城市中，但一些物质（如NO_x）可以借助风力扩散到数百千米之外的人口稀疏区，在那里形成臭氧源。

二、对流层臭氧的形成机制

对流层臭氧是指近地面氮氧化物（NO_x）、挥发性有机物（VOCs）、CO、CH_4等物质经光化学反应生成的二次污染物，是光化学烟雾的主要成分。对流层臭氧的形成机制和第二章阐述的平流层臭氧的形成机制有很大不同。

NO_x在大气环境，尤其是污染大气中的化学过程中，起着很重要的作用。NO和NO_2与臭氧之间存

在的化学循环是大气光化学过程的基础，可以由下列公式表示。

首先，NO_2具有光解特征，在波长小于 420 nm 的光辐射下被分解，O_3就作为NO_2光解的产物而生成：

$$NO_2 + h\upsilon \ (\lambda < 420 \text{ nm}) \longrightarrow NO_2^* \longrightarrow NO + O \ (^3P) \tag{3-1}$$

$$O \ (^3P) + O_2 + M \longrightarrow O_3 + M \tag{3-2}$$

式中：hυ——光能，O——自由基，M——空气中的N_2、O_2或其他分子介质，这里作为反应的载体起催化作用。

同时，O_3是一种强氧化剂，一旦生成，可以与 NO 再反应，重新生成NO_2：

$$NO + O_3 \longrightarrow NO_2 + O_2 \tag{3-3}$$

假设仅有上述 3 个反应在大气中发生，则三者会达成稳态，不会造成O_3累积。但大气中的 OH、RO_2等活性自由基，会与 NO 发生如下反应。

$$RO_2 + NO \longrightarrow NO_2 + RO \tag{3-4}$$

$$HO_2 + NO \longrightarrow NO_2 + OH \tag{3-5}$$

它们与式（3-3）形成竞争反应，不断消耗式（3-1）光解产生的 NO；由此，过氧自由基HO_2、RO_2、H、OH 引起 NO 向NO_2转化，使式（3-1）、式（3-2）、式（3-3）达到的动态平衡遭到破坏，从而导致O_3的累积。

对流层中臭氧生成的关键在于：NO_2的光解导致了O_3的生成；VOCs 的氧化生成了活性自由基，尤其是HO_2、RO_2等；过氧自由基HO_2、RO_2引起 NO 向NO_2转化，进一步提供了生成O_3的NO_2源。

臭氧生成的简化机制见图 3-1。图中存在两个循环：NO_x循环和HO_x循环。$NO_2 + hv \leftrightarrow O_3 + NO$是一个快速循环，很快处于光稳态，但仅有此循环$O_3$不能积累，浓度较低。$HO_x$循环（OH、$HO_2$、RO、$RO_2$）是一个相对的慢循环，在 HO 循环中各种自由基相互转化，氧化 VOCs 并抑制了O_3与 NO 的反应。NO_x循环和HO_x循环相互耦合作用，不断将 NO 转化为NO_2，从而使O_3逐渐积累，直到自由基被清除，整个循环才终止。

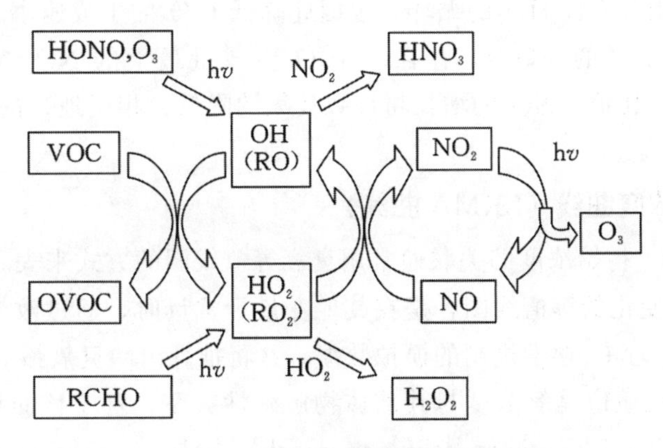

图 3-1　臭氧生成的简化机制

三、臭氧前体物的转化过程

相关观测和研究表明，对流层O_3的生成不仅与日照、垂直混合、温度和风速等气象条件有关，还与前体物NO_2和 VOCs 的浓度呈现高度的非线性关系。

（一）VOCs/NO_x比值在臭氧形成中的作用

不同大气环境条件下，臭氧生成对NO_x和VOCs的敏感性是不同的。OH自由基是臭氧生成过程中关键的活性物质，VOCs-OH的反应开启了大气光化学系列反应过程。在与OH自由基反应的过程中，VOCs和NO_x之间存在着竞争关系。当VOCs/NO_x比值较高时，OH自由基将主要与VOCs反应，臭氧生成对NO_x浓度比较敏感；当VOCs/NO_x比值较低时，OH自由基与NO_x的反应将占据主要地位，臭氧生成对VOCs浓度比较敏感；当VOCs/NO_x比值为一个特定的数值时，OH自由基与VOCs的反应速率和其与NO_x的反应速率相等。由于OH自由基与不同VOCs物种的反应速率常数不同，这个特定数值由VOCs的具体组分、浓度所决定。

在一般环境条件下，OH+NO_2反应的二级反应常数在混合比单位中大约为$1.7\times10^4\ ppm^{-1}min^{-1}$。考虑到VOCs在城市中的平均混合情况，表达于每一个碳原子基础上的VOCs-OH反应的平均速率常数大约为$3.1\times10^3\ ppmC^{-1}min^{-1}$。使用这个值作为VOCs-OH反应的平均速率常数，OH-NO_2和OH-VOCs反应的速率常数之比约为5.5∶1；因此，在VOCs浓度的表达建立在一个碳原子基础上，VOCs∶NO_2浓度比约为5.5∶1时，VOCs和NO_2与OH的反应速率相等；当VOCs∶NO_2浓度比小于5.5∶1，OH与NO_2的反应将比OH与VOCs的反应更占优势；OH-NO_2的反应将OH自由基从活性VOCs氧化循环中去除，从而进一步阻滞了O_3的生成。另一方面，当比值超过5.5∶1时，OH优先和VOCs反应。在最低限度上，不会有新的自由基生成或湮灭；然而，实际情况是OH-VOCs反应产生的中间产物会发生光解，形成新的自由基，从而加快了O_3的生成。

想象反应从VOCs与NO_x的给定混合物开始进行。由于OH与NO_2的反应比OH与VOCs的反应快5.5倍，NO_x往往比VOCs更快从系统中被清除；当系统中不产生新的NO_x时，随着反应的进行，VOCs/NO_2比值将随时间的推移而增大。随着OH-NO_2反应不断地将NO_x去除，最终NO_x的浓度将变得足够低，以至于OH优先与VOCs反应以保持臭氧生成循环的继续进行。在NO_x浓度非常低的情况下，过氧自由基之间的反应开始变得重要。在低水平NO_x限制的情况下，O_3形成速率会随NO的增长而线性增长；在高水平NO_x限制的情况下，O_3的形成速率随NO_x的增长而降低。高水平NO_x限制下的这种行为的解释是：在NO_x充足时，随NO_x的增长，OH+NO_2终止反应的速率也增长，将HO_x和NO_x都从系统中去除，限制着OH-HO_2的循环，也因此降低了O_3的生成速率。

综上所述，对于给定水平的VOCs，存在一个O_3生成量最大的NO_x浓度，以及一个最适宜的VOCs/NO_x比值。低于这个比值，NO_x的增长将导致臭氧的降低；相反地，高于这个比值，NO_x的增长将导致臭氧的增加。

（二）臭氧生成的等浓度曲线（EKMA曲线）

O_3生成与VOCs和NO_x初始浓度的关联通常用臭氧等值线图的方式来表示。这种图是O_3最大浓度随VOCs和NO_x初始浓度变化的等值线图，是在其他变量为常量时，通过改变VOCs和NO_x的初始浓度来获取大量的大气VOCs/NO_x化学机制的模拟数据，并将推算出的臭氧最大值绘制成等值线而生成。O_3等浓度曲线早期用来研究城市臭氧浓度与其前体物敏感性关系，基于该曲线来制定臭氧控制对策的方法被称为EKMA（emipirical kinetic modeling approach）方法。

EKMA方法中的化学反应模式最早使用Dodge模式，后来改用碳键模式，集总模式等。图3-2反映了在控制O_3生成上，VOCs及NO_x相对关系的重要性。将图中各等浓度线的转折点连成一线，即VOCs/NO_x≈8，为脊线，脊线将图分为上下两部分。在脊线下方，O_3生成处于NO_x控制区，即当NO_x浓度固定时，VOCs浓度改变对O_3影响不大，当固定VOCs浓度时，NO_x的减少会导致O_3减少；如果两者同时减少，O_3也会减少。在脊线上方，O_3生成处于VOCs控制区，即当NO_x维持不变时，降低

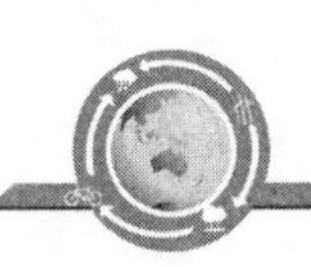

VOCs 浓度，O_3会显著降低；若两者同时降低且维持同一比值，则 O_3 也降低；但是当 VOCs/NO_x 比值低于4 时，减少 NO_x 浓度反而使 O_3 增加，直至达到脊线，即存在 NO_x 减少的不利效应。一般而言，在 VOCs/NO_x 比值较低的地方，比如市中心区和 NO_x 源的下风向区域，臭氧的生成处于 VOCs 控制区域，NO_x 浓度增加会导致臭氧浓度的降低。

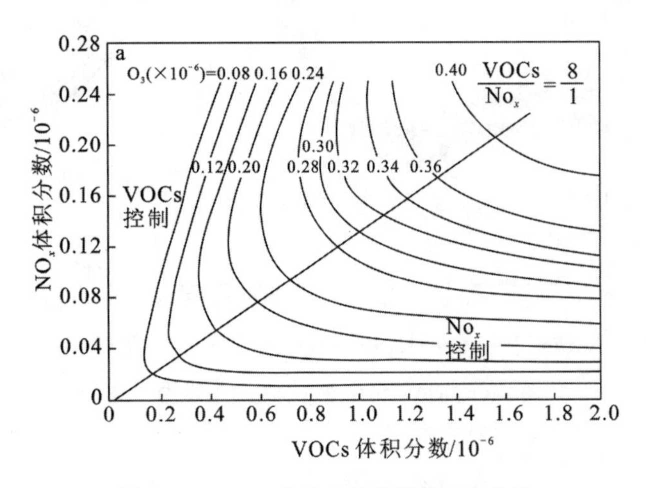

图 3-2　EKMA 方法中的臭氧等浓度曲线

EKMA 曲线采用了经验动力学的模拟方法，使防控臭氧有定性和定量的依据。EKMA 曲线的绘制有两种方法，一种是基于源排放清单的模型方法（emission based model，EBM），一种是基于观测数据的方法。基于排放的方法是利用空气质量模型，基于源排放清单、气象条件、化学机理来对光化学敏感性进行预测。基于观测数据的手段有 OBM（observation based model）方法、敏感性化学指标法等。观测数据可对模型结果进行验证，也可快速判断出研究区域的光化学敏感性特征。

四、对流层臭氧污染的主要影响因素

（一）日照

臭氧是由一次污染物在太阳辐射下通过光化学反应生成的，日照中紫外线波段的光直接参与臭氧的生成反应，因此日照强且云量少时，光反应强烈，臭氧生成较快。

从季节变化规律来看，O_3的形成与太阳辐射、高温等气象因素有关。夏季的强太阳辐射、高温气象条件易造成高浓度 O_3形成，冬季辐射强度、温度等均有所降低，大气活性逐渐减弱，O_3在此种条件下浓度相应降低。从 O_3浓度 24 h 变化情况来看，夜间光照较弱，臭氧浓度低，白天阳光照射强烈，臭氧浓度上升。2010—2015 年间，上海市臭氧逐小时年均浓度的日变化显示，近地面环境空气中臭氧日变化呈明显的单峰状，臭氧的日最大 1 h 平均值（1 h-O_3）从 8 时开始增加，在 14－15 时达到最高（图 3-3）。

由于近地面 O_3的形成与太阳辐射所引起的光化学反应关系密切，云层状况、辐射条件对 O_3浓度均有影响。总（低）云量与 O_3小时浓度呈显著负相关，而能见度、日照小时数、总辐射辐照度和净辐射辐照度与近地面 O_3浓度呈显著正相关。O_3浓度随能见度升高而增大，能见度较高时，对应天气晴朗、总（低）云量较少、太阳辐射强或日照时间长，有利于生成 O_3的光化学反应进行，O_3浓度随之增加；反之，能见度降低时，常对应降水或多云（阴）天气、总（低）云量较多、太阳辐射弱或日照时间短，光化学反应速率降低，O_3浓度随之降低。

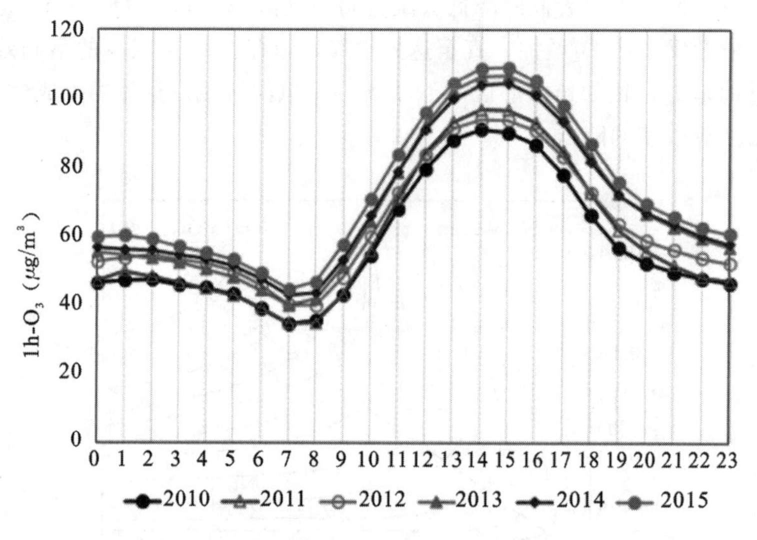

图 3-3　2010—2015 年上海市 1 h-O_3 日变化

（二）垂直混合

大气层的气团结构决定了臭氧的扩散效率。稳定的大气层结构不利于臭氧的扩散，易造成局部的积累现象；逆温层高度和混合层厚度越小，近地面的臭氧越难向上扩散。

近地面的 O_3 也有相当一部分来自对流层上部富含 O_3 的空气垂直向的湍流输送。上、下层的湍流交换会增加近地面 O_3 浓度，这种垂直扩散过程有着明显的昼夜变化。在一天的正午或午后的一段时间湍流活动较强，大气最不稳定。不稳定的大气将上层高浓度的 O_3 向低层输送；同时，风速和湍流作用的增强也有利于光化学反应速率的提高，造成午后近地面层 O_3 浓度升高。夜间的边界层出现辐射逆温，湍流活动减弱。近地面 O_3 的衰减远远超过了上层 O_3 浓度的向下输送，致使夜间的地面层 O_3 浓度较低。

（三）温湿度

气温与臭氧浓度变化存在明显的正相关。已有研究表明，对流层温度越高，臭氧生成越快。随着气温的升高，太阳光中的紫外辐射加强，提高了光化学反应的反应速率，加速臭氧的生成。此外，当温度升高时，OH、HO_2 生成也会增加，OH 增加有利于非甲烷总烃的氧化和自由基（RO_2）的生成，HO_2、RO_2 则促使 NO 氧化为 NO_2，进而导致了臭氧生成量的增加。除了对流层顶折叠可能引起 4—6 月份地面 O_3 浓度较高外，近地层的臭氧浓度最大值一般随着日最高温度的升高而逐渐增大。同时，污染物在大气中的扩散和输送受温度空间分布的制约，气温的垂直分布表征决定了大气层结构的稳定度，直接影响湍流活动的强弱，进而支配污染物在大气中的分布。

不同季节的空气湿度不同，对臭氧浓度影响也不同。相对湿度是指空气中水汽压与相同温度下饱和水汽压的百分比。当空气湿度增大时，空气中的气溶胶、O_3 等污染物易凝结于尘埃颗粒的表面，在扩散条件好的情况下，随沉降而去除；扩散条件差时，则会使大气污染加重。相对湿度与臭氧浓度的负相关关系由多方面原因造成：一是大气中的水汽通过消光机制影响太阳辐射，导致紫外辐射衰减，从而影响光化学反应发生；二是湿度较高情况下，空气中水汽所含的自由基 H、OH 等迅速将臭氧分解为氧分子，直接降低 O_3 浓度；三是相对湿度增加有利于 O_3 的湿清除。因此，相对湿度在 O_3 的生成、消除过程中扮演着重要的角色。研究显示，相对湿度在 60％～90％时，臭氧浓度与湿度的负相关性较明显；在小于 60％和大于 90％时，则无明显相关性。

(四) 风速

在一定大气压范围内，风速低的区域容易形成臭氧的局部积累。研究显示，日最大臭氧浓度与500 hPa以下各层风速均呈显著负相关，其中以925 hPa的相关性最为显著。

在春、夏两季，气温高，风速小，静风频率高，不利于污染物的扩散；外加强紫外线的照射，容易产生臭氧。因此，春、夏两季出现以臭氧为首要污染物的概率较高。在秋、冬季，气温低，风速大，有利于空气中的二氧化氮的扩散，加之紫外线照射强度弱，不易产生臭氧。所以秋、冬季节较少出现以臭氧为首要污染物的大气污染。

风速对近地面O_3的影响是比较复杂的，既有水平扩散的稀释作用，又有因对流引起的上层O_3向下输送的叠加效应。风速在一定程度上反映了大气边界层湍流的强度。较大的风速抬升了大气边界层高度，使上层O_3向地面处混合；同时，风速较大时的水平扩散作用又稀释了一定量的O_3。这两种作用同时发生，当风速较小时向下的O_3混合作用强于水平扩散作用，造成O_3在近地面不断累积；随着风速的增加，扩散作用逐渐增强，直至两种作用相当，抵消了混合作用。因此，当风速在1.1～2.0 m/s时，最有利于O_3的形成。研究表明：不利的风速（≤3.0 m/s）是造成近地层O_3污染的必要条件；风向对污染形成的影响也较大，当地面和高空吹偏北风且风速较小时，容易产生高浓度的臭氧污染。

综上所述，产生高浓度臭氧污染是多种因素共同作用的结果。一般而言，高浓度臭氧污染出现在高压系统控制、(低) 云量少、辐射较强、相对湿度低、气温较高和风速较小的天气情况下。

（戴海夏）

第二节　臭氧的污染状况

一、臭氧污染的现状和趋势

天然臭氧（O_3）是大气中非常重要的成分之一，大气中约有90%的臭氧位于离地面15～50 km的平流层区域。臭氧浓度在离地面20～30 km的平流层的较低层区域最高，被称为臭氧层。臭氧层通过吸收太阳光中的短波紫外线有效保护地球上的生命。近地面1～2 km中存在的臭氧主要由大量的人为活动（如石油化工、燃煤发电和汽车尾气）产生的氮氧化物和挥发性有机物在阳光照射下，经一系列光化学反应生成。因此，臭氧层变薄导致的紫外辐射增加可以反过来增加近地面臭氧的浓度。

近地面臭氧是一种大气污染物。20世纪50年代，美国发生的著名的洛杉矶光化学烟雾事件，臭氧就是元凶之一。目前欧美发达国家针对臭氧污染问题，采取了一系列的控制措施，臭氧前体氮氧化物得到了有效控制。来自美国南部中心城市1986—2015年和欧洲1990—2015年间有关臭氧监测数据显示，过去几十年欧美发达国家的臭氧均呈现显著下降趋势，但还存在比较普遍的超标现象，臭氧污染控制在欧美发达国家依然面临严峻挑战。我国“十二五”末已对臭氧污染加强重视，并将其纳入大气污染防治工作议事日程。“十三五”时期，国家相关部门又把挥发性有机物纳入总量控制范围。目前，环保部审议并通过《“十三五”挥发性有机物污染防治工作方案》，编制修订了石油炼制等14项涉及挥发性有机物的行业排放标准。我国2013年修订实施的《环境空气质量标准》增加了臭氧控制标准，8 h浓度日均值限值为160 $\mu g/m^3$。2015年中国环境状况公报显示，在全国338个地级以上城市空气中O_3日最大8 h平均值90%浓度范围为62～203 $\mu g/m^3$，平均为134 $\mu g/m^3$，日均值超标天数占监测总天数的比例为4.6%。在所有未达标的城市中，以细颗粒物（$PM_{2.5}$）、O_3和可吸入颗粒物（PM_{10}）为首要污染物的居多，其中O_3污染占超标天数的16.9%。2015年，74个新标准第一阶段实施城市（包括京

津冀地区、长江三角洲、珠江三角洲等重点区域地级城市及直辖市/省会城市和计划单列市）监测结果显示，O_3日最大 8 h 平均值 90%浓度范围为 95～203 μg/m³，平均为 150 μg/m³，比 2014 年上升 3.4%；达标城市比例比 2014 年下降 5.4 个百分点。其中长江三角洲地区污染最为严重，25 个地级以上城市中有 16 个城市超标；O_3日最大 8 h 平均值 90%浓度为 163 μg/m³，比 2014 年上升 5.8 个百分点。2016 年中国城市 O_3日最大 8 h 浓度 90%空间分布情况，全国 338 个城市臭氧日最大 8 h 平均浓度为 138 μg/m³，71%的城市（239 个）臭氧浓度为 120～180 μg/m³，接近标准值。338 个城市有 59 个超标，主要分布在京津冀及周边地区、长江三角洲区域等经济发达地区。当前我国臭氧污染问题开始凸显，三大重点区域如京津冀及周边地区 2016 年近 60%的城市臭氧污染程度不降反升，长江三角洲地区基本稳定，珠江三角洲总体达标。

虽然，我国重点区域臭氧污染水平与美国加州南海岸地区大致相当，全国平均污染水平大致相当于美国 10 多年前的平均水平，均远远低于发达国家光化学烟雾事件频发时期的历史水平。我国政府高度关注发达国家历史教训，切实加强全国臭氧监控和治理工作，国务院 2013 年 9 月出台的《大气污染防治行动计划》（简称《大气十条》）明确提出，要“加强灰霾、臭氧的形成机理、来源解析、迁移规律和监测预警等研究，力促国家空气质量改善”。尽管当前全国范围内空气质量改善取得初步成效，但随着城市化进程的加快和机动车保有量的急剧增加，臭氧前体氮氧化物排放量迅猛增长，臭氧污染问题已成为全球性的环境问题之一。

二、与温度和光照强度相关的臭氧污染时间变化特征

对流层中臭氧含量只占大气中臭氧总量的 10%，但臭氧在对流层，特别是近地面光化学过程、大气环境质量及生态环境变化中扮演着重要的作用。对流层臭氧是太阳光与某些化学物质［氮氧化合物（NO_x）及挥发性有机化合物（VOCs）］之间发生光化学反应生成的。近地面 O_3则与太阳辐射和气象因素有密切关系，近地面 O_3呈现时间和空间的变化规律，随季节、地区、地形的变化而呈现不同的变化规律。大气中的多种因素包括温度、光照强度、湿度、风及其他化学物质对近地面 O_3的生成与消耗都会产生一定影响。由于一年四季不同纬度、不同区域的温度、光照强度和湿度不同，臭氧污染呈现显著的区域分布特征和时间变化特征。温度的增加会促进对流层光化学反应速率的加快，一般来说，白天的温度和光照强度高于夜间，高浓度的臭氧污染一般发生在温度较高的白天；夏季的温度和光照强度高于冬季，因此夏季的臭氧浓度一般高于冬季。

段玉森等分析来自 2010 年臭氧试点 4 个直辖市（北京、天津、上海、重庆）、2 个地级市（沈阳、青岛）和广东（珠江三角洲区域）组成的“4+2+1”的臭氧试点监测网络数据，数据显示，南方城市均 ＞0.05 mg /m³，北方城市大部分点位年均值＜0.05 mg /m³。臭氧污染主要出现在下半年，臭氧质量浓度总体呈现夏季高、冬季低的特征。与北方城市比较，南方城市污染时间跨度大。北方城市月变化规律呈现倒“Λ”字形，4 月后逐渐上升，到 6 月份达到最高值，之后逐渐降低。而南方城市臭氧质量浓度月变化基本呈现“M”型，上海和广州从 3 月开始上升，5－6 月出现最大值，之后逐步下降，至 10 月份出现第二个高峰值。北方城市臭氧超标出现在 6 月，与臭氧月均质量浓度变化一致。南方城市普遍 8 月臭氧超标天数最多。日变化特征明显，浓度最大值出现时间存在东西部差异。除重庆外，其余试点城市和地区臭氧日变化特征表现为平均状态下最大值一般出现在 14:00～16:00，而重庆臭氧峰值出现时间明显滞后于东部地区，出现在 16:00 以后。结果表明，我国臭氧污染呈现显著的区域分布特征和时间变化特征。南方城市臭氧质量浓度高于北方，超标时间跨度大，全年都可能出现臭氧超标。由于太阳最大辐射值的时间差异，导致东西部城市臭氧最大小时质量浓度值出现时间差异。

段晓瞳等根据 2015 年全国 189 个城市的近地面臭氧浓度数据，使用 ArcGIS 等软件处理，从不同

时空、地形特征和温度等方面综合分析了中国近地面臭氧浓度的变化特征。2015年中国近地面的臭氧浓度变化呈先增高后降低的趋势，夏季大于冬季，在7月份达到全年最高值。其中，华东、华南、华北地区的臭氧污染较为严重。温度和近地面臭氧浓度的变化呈现良好的正相关关系，气温高能加快O_3的形成，导致O_3浓度升高。因为O_3在太阳辐射下通过光化学反应由一次污染物经过反应而生成，而温度则是随着太阳辐射强度的增加而升高的。由太阳短波紫外辐射引起的温度变化，在很大程度上直接影响着近地面层O_3浓度的改变。我国日照时间随时间变化规律为在冬至时，日照时间最短，随着时间变化日照时间逐渐增长，在夏至时达到全年日照时间的最大值，夏至过后，日照时间再逐渐减短。由于O_3的形成与太阳辐射、高温等气象因素有关，而夏季的高浓度O_3主要是强太阳辐射、高温等气象条件造成的，在冬季辐射强度、温度等均降低，大气活性逐渐减弱，在此种条件下O_3浓度相应降低。

李霄阳等研究了2016年中国364个城市O_3浓度的时空变化特征，并采用Global Moran's I和Getis-OrdGi指数，揭示了2016年中国城市O_3污染的空间集聚和冷热点区域的时空特征。数据显示，在全国尺度上，2016年中国城市年均O_3浓度为100.2 $\mu g/m^3$，北方城市和南方城市O_3浓度分别具有显著的倒“V”和“M”形月变化规律，且呈现夏季高、春秋居中、冬季最低的特征；中国城市O_3浓度具有显著的空间差异规律，中部和东部是O_3污染最为严重区域，西部地区和黑龙江省的O_3污染处于较低水平；中国城市O_3浓度具有显著的集聚性特征，东部沿海及中部内陆地区是O_3污染的核心区域。且呈现1－7月O_3污染区域由东部沿海逐步向北、向西扩张，7－9月污染范围开始向长江以南缩小，10－12月主要聚集在华南地区。重点污染地区主要位于我国经济比较发达的华北、华中和华东地区。

总之，由于O_3的浓度与光照和温度密切相关，太阳辐射强度越大，生成臭氧的光化学反应越剧烈，臭氧总量增加的幅度也越大；相反，太阳辐射强度减弱，臭氧总量增加的幅度也相应地减小。中国城市O_3浓度具有季节性和月度周期性变化特征。由于O_3污染的形成机理复杂，前体物浓度、排放强度及气象条件等诸多因素均可影响O_3的浓度分布，因此需要通过研究各影响因子间的相互作用关系，充分揭示不同区域O_3的成因及来源，量化O_3污染的主导因子，才能提出有效的O_3污染的防控措施。通过加强我国近地面臭氧的监测，研究多时空尺度下不同区域臭氧污染的形成机理与主导因素，是未来应对臭氧污染亟待解决的科学问题。

三、与前体物来源相关的臭氧污染区域变化特征

最初，人们认为对流层臭氧主要通过平流层臭氧的输送而来。之后逐渐认识到，对流层中人类或自然排放的污染气体，在太阳紫外辐射的作用下发生光化学反应生成O_3。1952年洛杉矶光化学发生后，Haagen Smit提出大气中氮氧化物（$NO_x=NO+NO_2$）和挥发性有机物（VOCs）是对流层臭氧产生的主要前体物。大气中臭氧前体物的人为来源主要来自化石燃料燃烧，城市大气中的O_3主要来自机动车尾气排放，少部分来自化工厂废气排放及植物源排放等固定源排放。对流层臭氧尤其是近地层臭氧，是城市光化学烟雾的主要成分之一。

欧美发达国家在臭氧污染与其前体的关系方面做了比较全面深入的研究。Sather等人研究了美国南部中心城市1986－2015年间有关臭氧及其前体（NO_x和VOCs）的浓度变化趋势，结果显示，过去30年，由于美国在燃料品质升级和机动车尾气排放方面有效措施的实施，臭氧和臭氧前体浓度均呈现显著下降，其中臭氧浓度下降了18～38 $\mu g/L$，NO_x下降了31%～70%，VOCs下降了43%～72%，此研究仅单独分析了臭氧及臭氧前体的变化，而没有研究臭氧及其前体间的相互作用关系。Geoger等人探讨了从大陆到城市的多空间尺度下，美国大气中臭氧前体变化趋势与臭氧浓度变化的相互关系。臭氧浓度大体上随着臭氧前体（NO_x和VOCs）释放和浓度的降低而减少。年最高峰值8 h臭氧平均值（$n=4$ d）与年平均值或98分位最大的NO_2浓度呈现显著的线性关系（$P<0.05$），且斜率小于1，截距

在 30～50，结果与目前臭氧光化学经验关系相吻合。另外，低浓度的 O_3 与 NO_2 不呈现显著的线性关系，未来 10 年 O_3 的浓度不可能降低到 65 μg/L，表明低浓度的臭氧与其前体存在更复杂的关系。Verstraeten等人结合卫星数据和化学传输模型，比较了中美两国 2005—2010 年臭氧柱和臭氧前体 NO_x 的变化，结果发现，中国臭氧柱年均增加 1.08%，臭氧前体 NO_x 期间增长了 21%；相反，美国西部 2005—2010 年间臭氧前体 NO_x 下降了 21%，臭氧浓度却没有明显下降。研究者认为中国的臭氧增加抵消了美国臭氧的减少，表明臭氧污染物可能呈现全球性区域性特征。

国内学者也在这方面开展了系列工作，单源源等人基于 OMI 卫星资料，分析了 2005—2014 年我国中东部地区对流层低层 O_3 密度、对流层 NO_2 柱浓度及甲醛总柱浓度的时空演变趋势及相互关系。结果显示，近 10 年我国中东部地区对流层低层 O_3 浓度呈上升趋势，2005 年及 2014 年分别为 60.6 μg/m³ 和 69.43 μg/m³，年均增长率为 1.6%；对流层低层 O_3 浓度增长的区域面积不断扩大，部分地区增长超 23 μg/m³；呈春、夏季高，冬季低的分布特征。2005—2012 年，对流层 NO_2 柱浓度呈上升趋势，2005 年及 2012 年分别为 4.41×10^{15} mol/cm²、5.90×10^{15} mol/cm²，年均增长率为 4.8%；2012 年后呈下降趋势，下降的区域面积逐步扩大，部分地区降低约 15×10^{14} mol/cm²；呈冬季最高、夏季最低的分布特征；2005—2010 年甲醛总柱浓度呈上升趋势，2005 年及 2010 年分别为 9.74×10^{15} mol/cm²、1.59×10^{16} mol/cm²，年均增长率为 12.6%，2010 年后呈下降趋势；呈夏季最高、冬季最低的分布特征；甲醛总柱浓度增长的区域面积逐渐扩大。通过甲醛与 NO_2 柱浓度比值分析臭氧控制区的空间分布特征，发现鲁豫晋、京津冀、长江三角洲及珠江三角洲地区中心城市属于 VOCs 控制区，周围城市属于 VOCs-NO_x 协同控制区，其他地区属于 NO_x 控制区。

王宇骏等基于 2009－2015 年广州国家控制的空气质量观测站点及广州塔的在线观测数据，结合代表性站点典型时间段 VOCs 的离线采样观测，探讨了广州市 O_3 浓度的时空变化和污染特征，并初步分析了 O_3 生成对前体物 VOCs 和 NO_x 的敏感性。结果显示，2009－2014 年间广州市近地面 O_3 浓度年均值波动上升，每年 6—10 月份 O_3 污染的高发时期，10 月份污染最严重；O_3 浓度日变化呈单峰特征，每日 14:00 左右达到峰值；空间分布上 O_3 浓度呈现中心城区低、南北郊区高特征，而 2015 年，1—5 月份浓度垂直观测发现距离地面 488 m 高度的 O_3 浓度显著高于 168 m、118 m 和 6 m 高度，且其峰值相对延迟 1 h 左右；广州中心城区 O_3 生成属 VOCs 敏感型，秋季南部近郊区以 VOCs 敏感型为主，北部和离中心城区较远的南部郊区属于过渡型；夏季南部远郊属于过渡型，且对 NO_x 敏感型的时间相对较多。一般认为，中心城区的 O_3 污染一般比较严重，但 O_3 污染浓度与臭氧前体的浓度、气象和地形等多种因素密切有关。因此，明确与前体物来源相关的臭氧污染区域变化特征，臭氧来源及不同贡献方式的作用，结合臭氧生成机制的区域时空变化规律，通过有效的前体物排放控制措施，从而对降低臭氧的污染具有重要的科学指导意义。

（申河清　刘良坡）

第三节　臭氧的监测方法

一、臭氧监测技术体系

臭氧监测数据对于认知其大气浓度水平和制定相关环境控制政策具有非常重要的意义。大气中的臭氧含量监测技术主要利用了臭氧独特的光学和化学特性，可以分为基于地面和高空的测量系统及遥感系统（图 3-4）。

（一）本地观测体系

本地观测体系包括地面和高空观测体系。地面观测系统主要利用了紫外光或化学发光的原理，用仪器测定采集到的空气样本中的臭氧含量。近期发展起来的臭氧探测器技术，体积小、重量轻，可以安置在探测气球上；当气球上升到足够高时，可以实时地在线测定平流层的臭氧浓度。臭氧监测仪器还可以安置在研究用途的飞机中，测定臭氧在对流层和平流层底部的含量。高空研究飞机可以上升到全球大部分区域的臭氧层，也能够测到高纬度的臭氧层中臭氧的含量。

（二）遥感体系

遥感监测技术不与待测物体进行直接接触，主要是通过测定待测物体对各种频率电磁波的辐射或反射，远距离辨识及测量目标对象的一种监测技术。臭氧的遥感测量多依赖于臭氧对 UV 辐射的特定吸收光谱。例如，卫星利用大气对太阳光紫外辐射的吸收或地球表面太阳光散射的吸收来测量全球的臭氧浓度。激光雷达则大多数安置在地面站或研究飞机上，通过背散激光源测定来检测光源通道中数千米远的臭氧浓度。还有一些仪器，利用臭氧吸收红外光、可见光或其在不同高度发射出微波或红外辐射的特征性变化，来测定其垂直高度的分布情况。

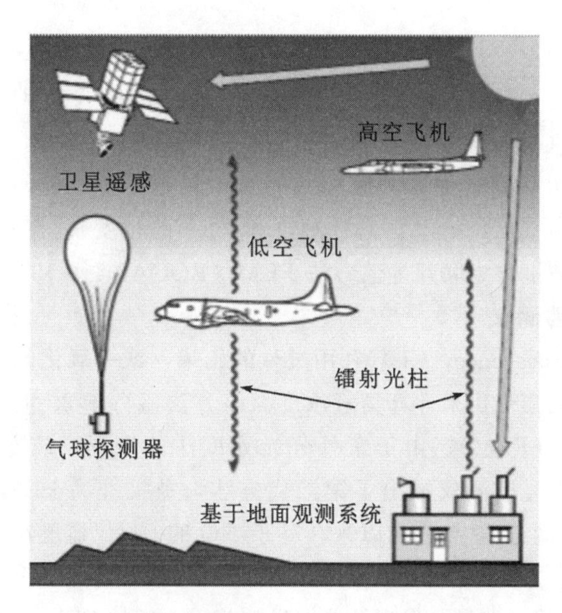

图 3-4　臭氧的测定体系（摘自 WMO，2014）

二、臭氧浓度分析和监测方法

（一）臭氧浓度常规检测方法

1. 硼酸碘化钾分光光度法

该方法属于化学分析法，是较为常用的臭氧测定方法。其原理为空气中臭氧被含有 1%碘化钾的 0.1 mol/L硼酸溶液吸收，并置换出碘；通过比色测定游离碘的浓度，并进一步换算成空气中臭氧的浓度。该方法是测定臭氧浓度比较准确的方法，与紫外光度法的测定结果一致。美国环保局规定此法是标定 O_3浓度的传递标准方法。但是碘和臭氧都是活性很强的化学物质，该方法在用于现场测定时，需要考虑其他还原性气体和氧浓度化性气体的干扰问题（即方法的特异性问题）。

2. 靛蓝二磺酸钠分光光度法

该方法属于物理化学方法，其测定原理为：空气中的臭氧在磷酸盐缓冲溶液存在时，与吸收液中蓝色的靛蓝二磺酸钠等摩尔反应，褪色生成靛红二磺酸钠；在 610 nm 处测量吸光度，根据蓝色减退的程度来定量测定空气中臭氧的浓度。这种方法操作比较复杂，用于检测环境中臭氧浓度或作为基准用来标定其他物理方法。该方法也被定为国家标准（HJ 504—2009），适用于环境空气中臭氧浓度的测定。相对封闭环境（如室内、车内等）的空气中臭氧，也可参照本标准的方法来测定。空气中的二氧化氮会产生干扰，使臭氧的测定结果偏高，约为二氧化氮质量浓度的 6%。

3. 紫外分光光度法

紫外分光光度法属于物理分析法，是目前国际上臭氧监测的主流方法。其原理为利用臭氧对 254 nm波长的紫外线特征吸收的特性，依据郎伯-比尔（Lambert-Beer）定律，由透光率计算臭氧浓度。测定的浓度范围是 0.003～2 mg/m^3。该方法于 1977 年被批准为联邦等效方法（FEM）；由于易于操作、成本低、可靠性高、符合美国国家空气质量标准的相关规定等，很快被美国认可并被普遍采用。该方法也是我国环境空气中测定臭氧的标准方法（HJ590－2010），既适用于环境空气中臭氧的瞬时测定，也适用于连续自动监测。

（二）其他自动监测技术

1. 便携式紫外线监测仪

此类仪器的特点是低功耗、小型、轻便、可携带。原理也是基于 O_3 对 254 nm 处 UV 的特征性吸收。此类监测仪可以放置在气球、风筝或轻型飞机这些空间受限的场合，用于垂直剖面的臭氧监测；它们也被用于在诸如国家公园等偏远地区的监测。便携式仪器与常规仪器之间的现场测量比较显示，总体精度偏差在可接受范围内（±4 μg/L 的总体精度和±6%的精度）。在美国，一款特定的便携式 O_3 监测仪在 2010 年 4 月 27 日被批准为联邦等效方法 FEM（EQOA-0410-190）（75 FR 22126）。

2. 基于 NO 的化学发光监测仪

化学发光法（chemiLuminescence，CL）利用过量的乙烯（或一氧化氮）与臭氧发生化学发光，用光电倍增管接收发光，通过光强变化来计算臭氧浓度。该方法盛行于 20 世纪七八十年代，曾被指定为 O_3 测量的美国联邦参考方法（FRM）。由于紫外分光光度法的出现，该方法已逐渐被取代。2011 年 10 月7 日，基于 NO 的化学发光监测仪推出了第二代方法，被批准为 FEM（EQOA-0611-199）。虽然第二代方法较新，但是自 20 世纪 70 年代初以来，基于 NO 的 CL 仪器已经为各种现场研究所定制。基于 NO 的 CL（类似于 FEM 方法）定制仪器，Williams 等人在美国休斯敦、德克萨斯、纳什维尔、田纳西州和沿着新英格兰海岸的船上进行测试，发现检测结果与基于 UV 的 FEM 和定制的 DOAS 完全一致。

3. 被动空气取样装置和传感器

被动臭氧取样装置的分析结果取决于空气中的 O_3 向收集或指示介质扩散的情况。一般来说，由于平均采样时间（通常为一周或更长）的局限性，基于被动采样器很难做到对 O_3 的合规监测。然而，这些设备对于人群中个体暴露的监测和传统紫外监测仪难以覆盖的农村地区的监测是有价值的。美国 EPA 分别在 1996 年和 2006 年发布的《臭氧和相关光化学氧化物空气质量标准》技术报告中，对 O_3 被动采样器进行了详细讨论，阐述了从 1989—1995 年在文献中评估的采样器的局限性和不确定性，描述了这些采样器对风速、标志位置和其他污染物干扰的敏感度和所导致的测量误差。

欧洲关于被动式采样器的评估结果是：与传统的紫外分光光度法 O_3 监测仪的结果有良好的一致性，但是被动采样器有高估 O_3 浓度的趋势。还发现 O_3 扩散管的偏差随着浓度、季节和暴露持续时间的变化而变化。欧洲报道了不少简易、廉价的被动式 O_3 测量装置的研发案例，这些装置的发展主要依赖于 O_3 检测纸和传感器的技术改进；存在的问题主要包括传感器和检测纸的气流依赖性和相对湿度干扰等，

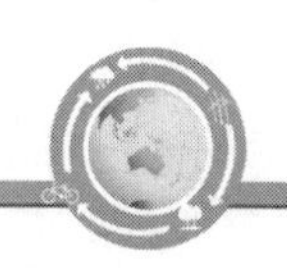

技术进步可以提高时间分辨率（采样数小时而不是数周）和灵敏度等。

4. 差分光学吸收光谱仪

与传统的单点UV监测器相比，光学遥感方法可以在广域或开放的路径上提供直接和灵敏的O_3具体测量值。光学遥感数据源于差分光学吸收光谱仪（differential optical absorption spectrometry，DOAS），是一种新颖的大气痕量污染物实时监测仪器。该仪器的基本原理是根据气体分子对光辐射的差分吸收（吸光度随波长变化程度中的快变化部分）强度来反演出气体的浓度。DOAS的基本测量对象是光束，测得的值是光线所穿过区域内的污染物的平均浓度。该技术具有监测范围广、灵敏度高、成本低、测量迅速、自动化程度高等优点。1996年美国EPA《臭氧和相关光化学氧化物空气质量标准》技术报告中简要讨论了DOAS的测量结果，包括灵敏度（在1 min的平均时间里为1.5 μg/L）、与UV O_3监测仪的相关性（r=0.89）和一致性（大约10%）等。2006年技术报告提供了DOAS的更新结果，指出存在着由于未识别物质吸收而引起的正干扰。

Williams等人在2006年对UV分光光度计的准确性进行研究时，比较了两个城市位点的UV和DOAS测量数据。为了使开放路径测量和UV测量具有可比性，将数据组周期设置为30 min，并且有仅当边界层预期混合良好时（上午10时至下午6时CST）的数据进行评估。结果显示：两者存在不超过±7%的变化（在20～200 μg/L的浓度范围内基于线性最小二乘回归的斜率）和良好的相关性（R^2=0.96和0.98）。Lee等人在2008年评估了韩国的DOAS和UV O_3测量结果，发现平均DOAS浓度较UV点测量值低8.6%，具有良好相关性（R^2=0.94）。

5. 卫星遥感

O_3的卫星观测可实现多目的研究，包括模型评价、减排量评估、污染物传输等，是正在日益发展的重要的空气质量管理的数据源。卫星遥感仪器不直接测量大气的组成，而是使用太阳反向散射或热红外发射光谱数据，结合各种算法进行反演。大多数卫星测量系统已经能用于测量平流层总O_3柱浓度。OMI和全球臭氧监测实验（GOME）已经报道了从太阳背散射紫外光谱中直接反演的全球对流层O_3分布。对流层发射光谱仪（TES）是另一个卫星测量系统，用热红外辐射测量了对流层O_3的全球尺度垂直浓度分布。专门设计的TES已经绘制了从地表延伸到10～15 km高度的全球对流层O_3的分布。

为了提高数据的质量和可靠性，已经在多项研究中比较和验证了卫星观测的总柱和对流层O_3浓度，使用的参比技术有飞机观测、臭氧探针、化学传输模型和基于地面的光谱仪等。例如，Antón等人（2009年）将两个不同算法（OMI-DOAS和OMITOMS）计算的卫星数据与来自地面光谱辐射计的5个位置的总O_3柱浓度进行了比较，卫星总O_3柱浓度与地面测量值相比，低估的量小于3%。Richards等人（2008年）比较了使用机载差分吸收激光雷达（DIAL）和TES测定的对流层O_3浓度，发现TES的结果相对于DIAL，具有十亿分之七总体积的正偏差。

卫星也可用于测量O_3的前体物，如CO、NO_2和HCHO。这些测量可用于研究O_3前体物排放和远距离传输估算模型的收敛性。例如，使用CO、NO_2和O_3的卫星测量数据研究亚洲的O_3前体物背景值和估算长距离传输中产生的O_3。

三、区域光化学污染监控网络的建设

（一）欧美光化学污染监测网络

1990年初，欧洲臭氧超标形势严峻。1993年欧洲环境委员会（EEA）成立，同时成立了欧洲环境信息和观测网络（Eionet），截至2014年，有32个成员国和6个合作国建立了586个地面臭氧监测站，开展了30多项针对光化学污染的监测研究。在加强地面臭氧污染监测的同时，欧盟还加强了对形成臭

氧的前体物质排放量的统计和监测。

美国EPA要求各州或地方政府在臭氧污染严重地区必须建立光化学评估监测站（photochemical assessment monitoring stations，PAMS），以全面监测臭氧、臭氧前体物、部分含氧挥发性有机物，从而了解臭氧高污染发生的原因。除了PAMS以外，美国有州和地方空气监测网和国家空气监测网。目前美国有约1 200个臭氧监测站，形成了光化学污染常规监测网，用以光化学污染状况监测评估、污染预警及前体物的监测和区域输送分析。

（二）我国区域光化学污染监控建设进展

为了应对复合型大气污染和城市光化学污染，区域光化学污染监测网的建设正在我国逐步开展。根据国务院《大气污染防治行动计划》和国家《生态环境监测网络建设方案》的总体部署，环保部于2016年10月启动了大气颗粒物组分及光化学监测网（简称“组分网”）的建设，实现了我国环境空气监测从单纯的质量浓度监测向化学成分监测的重大推进。组分网的建设将为我国的复合型大气污染研究、光化学污染特征研究、精细化污染来源解析及大气污染治理等工作提供科技支撑。

组分网包括大气颗粒物组分监测网和光化学监测网，采用手工与自动相结合的方式开展监测。监测站点将逐步扩展为城市空气质量监测子站、区域空气监测子站、超级站、农村站、道路交通站和移动监测子站等。

具体的建设规划为：2016—2017年，重点建设京津冀区域（2＋26）城市的监测网络；2018年全面建成覆盖京津冀及周边、长江三角洲及周边、珠江三角洲及周边、成渝地区4个区域性监测网络；2019－2020年，建成包括京津冀、长江三角洲、珠江三角洲、成渝、华南、东北、西北、华中等地区的省会城市、重点城市和大气传输通道关键点的75个手工监测站和68个自动监测站。远期拟建成覆盖全国的287个手工监测站和137个自动监测站。

国家光化学监测网的必测组分包括56种臭氧前驱体（如乙炔、苯、正丁烷、1-丁烯等）、O_3、二氧化氮（NO_2）、太阳紫外辐射（UV辐射）。选测组分包括过氧酰基硝酸酯类（PANs）的光解速率、非甲烷总烃（NMHCs）、氮氧化物等。

要做好区域光化学网络建设，需不断完善监测手段，开发新型的特征污染物监测方法，推动相关监测方法的标准化，建立统一的质量保证与质量控制规范。

（戴海夏）

第四节　臭氧的人群暴露特征（暴露评估）

一、臭氧污染的人群暴露评估方法和模型

臭氧污染已成为影响人群健康的重要因素之一。臭氧的健康危害与人体的接触时间、剂量和暴露途径等密切相关，因此，如何准确评估臭氧污染物的人群暴露水平，是准确评估臭氧污染与健康效应的重要前提。理想状况下，通过纳入更多更广泛的个体样本可以确保暴露评估的准确性，但人数的增加带来了诸如个体暴露浓度的监测问题、投入的时间和经费难以承受等问题。因此，采用暴露评估模型进行大气污染物浓度的预测是目前获得个体臭氧污染物暴露浓度的主要方法。多种暴露评估模型被研究学者建立和应用。

1. 临近模型（proximity model）

是区分城市内部人群暴露大气污染最常用的方法，这种方法基于距离污染源远近和人群健康结果

相关的假设来解释大气污染与健康的关系。临近模型具有简单、经济实用等特点，利用地理信息系统软件就可实现。临近模型主要应用在城市尺度范围上，通过交通量和与道路的距离这两种主要因素来评估人群暴露。英国人等通过GIS地理信息系统和常规数据收集相结合的策略，采用交通污染排放模型对居住地周围不同半径区域内的污染物进行暴露评估，用于研究空气污染与哮喘疾病的关系，发现污染能够加重患哮喘患者的症状。临近模型为研究大气污染长期暴露评估提供了一种行之有效的方法，但是该模型纳入的变量有限，忽视了交通污染源以外地点（如住所、学校和办公室等）的人群暴露和车辆种类对污染排放物的贡献差异。

2. 地理插值模型（interpolation model）

基于确定性和随机性地理统计模型技术，采用分布在研究区域的各监测站点的污染物浓度来估计其他没有获得监测数据位置的污染物浓度。克里金（Kriging）模型是一种最优插值方法，其采用最佳线性无偏估计来估算任何一个点的变量，可同时获得未知点的预测值和相应的标准误差，并且通过标准误差来量化未知点的预测不确定性。Kinney等采用插值模型和人群居住信息研究人群长期O_3暴露，发现O_3暴露分布特征可以通过模型很好地预测。插值法依赖于数据的空间分布连续性，结果依赖于包括全球趋势的广泛性数据和局部地区数据点间的距离。其他的方法还有依据确定性或地理算法的样条函数（spline）插值和反距离权重法（inverse-distance weighting，IDW）插值。这些方法更容易应用，且更适用于监测网点较少且距离较大的区域。我国学者采用这种模型开展了相关研究，Yang等人分析了苏州市2006—2008年短期O_3暴露与每日死亡率的关系，发现8 h平均O_3浓度或每小时最大O_3浓度与死亡率密切相关。地理统计插值模型的局限在于监测数据的获得性。污染物的变化尺度、局域污染物排放源分布、估计误差大小、研究区域的地形和主要气象条件等均对模型所需监测网点密集性有要求。

3. 扩散模型（diffusion model）

一般指基于高斯方程，运用排放源、气象条件和地形学的数据进行空气污染空间分布的评估。近年来，扩散模型开始结合GIS，使得研究区域的经验采样系统和人口分布数据有效结合；进一步可结合研究区域的地形特征、道路和交通网、获得的观测数据等来建立模型。Hruba等利用空气颗粒污染物在污染源和居住区的污染分布，建立了美国EPA的工业园区复合长期暴露模型，并将此模型应用于欧洲空气污染和儿童呼吸健康研究。但扩散模型也有一些不足之处，比如数据输入比较复杂、扩散方式估算不准确（如存在非高斯扩散）、交叉验证需要较多的检测数据、数据的时间差异可导致估算误差等。

4. 土地利用回归模型（land use regression model）

是基于观测点周围的土地利用和交通信息来预测污染物的模型。以某点的污染物浓度为因变量，该点的土地利用数据为自变量，土地利用回归模型是评价交通源污染物排放评估的有效方法。Larkin等收集了2011年全球58个国家5 220个空气监测点的臭氧前体NO_2监测数据，检验这种模型的可靠性，结果发现土地利用回归模型分析的数据可以用于大气污染影响健康的研究，特别适用于目前还没有污染物监测点或模型的国家。Jerrett等基于美国加州政府的空气污染物监测数据，采用土地利用回归模型和反距离权重法评估了美国加州地区大气细颗粒物、NO_2和O_3的人群居住地背景暴露和区域的个体暴露水平，并进一步采用多水平Cox生存分析统计法研究了大气污染物暴露对死亡率的影响，发现空气$PM_{2.5}$、NO_2和O_3暴露具有导致过早死亡的风险。国内采用土地利用回归模型研究环境暴露与健康的工作开展较晚，张浩等2003年采用土地利用回归模型研究了上海土地利用和覆盖对区域空气变化的影响，Chen等采用多元线性土地利用回归模型预测了天津市NO_2和PM_{10}的污染状况。Meng等采用土地利用回归模型评估了上海2008—2011年NO_2浓度分布，并对比了其他预测模型，发现结果优于克里金模型和反距离权重模型。土地利用回归模型是采用不同的监测数据来建立模型，一般在大尺度范围的模型研究常采用常规监测网点的监测数据。与其他方法相比，土地利用回归模型的使用成本较低，但这种方法仅限于土地利用、气象和交

通状况类似的地区。因此，当模型运用到其他土地利用和地形不同的地区时，就受到限制。土地利用回归模型属于经验关系的半定量模型，与扩散模型不同，仅能在拥有相似变量的区域进行应用。由于土地利用回归模型一般仅在城市间采样建模，被限制在单个城市内或区域内，很难应用在其他城市或区域，因此，近年来越来越多的学者利用高质量的遥感卫星数据来提高土地利用回归模型的大区域适用性。

5. 混合模型（mixed model）

是采用个体采样和区域采样相结合的大气污染暴露评估方法。欧洲和美国圣地亚哥做过许多此类模型的研究。有一些研究利用个体采样法和室外固定点采样来比较它们与健康的关系；一般将个体采样器佩戴在参与者的身上，在特定时间进行采样。利用混合模型有利于测量校准，但是将个体监测数据与模型结合还比较困难，而且获得数据的成本较高（被动 NO_x采样是相对成本较低的 O_3污染物预测采样方法）。Brown 等采用混合模型考察了每日个体暴露与其生活的室内、外环境中 $PM_{2.5}$、NO_2、O_3和 SO_2等多种污染物的相互关系，发现室内湿度和通风等因素对个体空气污染暴露相关。Green 等采用纵向混合模型分析了一年中不同时间点暴露 $PM_{2.5}$和 O_3对心血管疾病标志物的影响，发现年平均 $PM_{2.5}$和 O_3暴露对心血管疾病标志物存在显著影响。

6. 时空模型（spatiotemporal model）

用来预测污染物在时间和空间上的变化，可对前瞻性队列进行长期暴露评估研究。时空模型的原理是利用当地地理信息数据、气象数据和污染监测数据等信息，将区域的污染物浓度分成若干个时空域，每个时空域的浓度在时间和空间上存在变化，在充分考虑各种不确定性因素的情况下，利用贝叶斯函数算法模拟得到每一个研究对象所在地的浓度，通过室内污染物监测的数据，结合建筑物特征和渗透参数模拟得到住宅的室内浓度，然后基于室内外活动时间比，加权得到每个研究对象的暴露浓度值。近几年，时空模型在一些研究中得到应用。Hystad 等基于病例-对照研究，从全国的尺度上探讨了加拿大长期 $PM_{2.5}$、NO_2和 O_3大气污染物的时-空变化与肺癌的关系，发现 $PM_{2.5}$和 NO_2污染能够增加肺癌发病率，而 O_3影响不明显。Buteau 等采用多种评估模型［如空间插值法、土地利用回归法和贝叶斯最大熵模型（bayesian maximum entropy model）等］预测个体每日暴露 NO_x和 O_3的时-空分辨浓度及其变化特征，结果表明不同评估模型获得的结果间存在差异，建议研究大气污染与健康效应时采用多种评估模型同时进行，从而找到最有效的暴露评估方法。我国学者 Yang 等采用贝叶斯分层模型对东亚 21 个城市 1979—2010 年空气污染物 O_3与死亡率的关系进行了分析，发现 O_3短期暴露导致死亡率升高，且不同城市之间存在差异，冬季 O_3暴露与死亡率更加明显。

二、全生命周期的暴露分析和敏感人群暴露风险

生命周期分析（life cycle analysis，LCA）起源于 1969 年美国中西部研究所受可口可乐委托对饮料容器从原材料采掘到废弃物最终处理的全过程进行的跟踪与定量分析。生命周期分析作为一种决策支持工具，是对产品或服务从摇篮到坟墓全生命周期过程的资源消耗和全面的环境影响分析和评估。LCA 已成为 21 世纪最有发展潜力的可持续发展工具，已被纳入国际标准化组织 ISO4000 环境管理标准体系。1997 年 6 月国际标准化组织在环境毒理与环境化学学会（society of environmental toxicology and chemistry，SETAC）框架的基础上，颁布了 ISO4040（环境管理－生命周期分析－原则和框架标准）标准。此标准将寿命周期分析分为 4 个步骤：目标和范围定义、生命周期清单分析、生命周期影响评价和生命周期解释。其中生命周期评价是其中最困难和争议最大的一步。环境影响是各种环境因素共同作用的结果，环境因素的分类与影响评价相关，并直接影响 LCA 的评价效果。根据 SETAC 方案，环境影响包括资源耗竭、环境污染和生态系统退化三大类，主要考虑产品系统的全球性和区域性影响。借鉴 LCA 的理念，越来越多的学者认为，应该考虑环境污染物影响人类整个生命周期健康的风

险问题，尤其是生命早期的暴露可能影响整个生命周期的健康。

人体健康风险评价是通过估算有害风险因子对人体发生不良影响概率来评价与该因子暴露相关的人体健康效应。由于污染物种类繁多，其毒性与浓度受其在环境中的迁移、转化、富集和降解等多种过程的影响。暴露于污染环境的人/次数、持续时间和暴露途径变化均能影响污染物对人体健康危害的准确定量描述和预测模型。目前有关生命周期评价方法在大气污染物暴露与健康效应方面的应用还鲜有报道。Kassomenos 等考察了 O_3 短期和长期暴露对死亡率和心肺有关疾病发病率的影响，以劳动丧失修正寿命作为污染物健康损害指标，采用全生命周期模型量化分析环境 O_3 和细颗粒物 PM_{10} 对死亡率和发病率的影响，发现慢性暴露 PM_{10} 导致寿命缩短，城市或城郊的 O_3 污染对死亡率和心肺有关疾病发病率和死亡率的影响比 PM_{10} 的影响弱。

生命早期的环境因素不仅影响胎儿和婴儿的生长和发育，同时还可能引起机体生理功能的紊乱，并且这种影响一直延续到成年甚至老年期。胎儿期和婴儿期机体呈现细胞快速增殖分化、信号转导模式复杂、激素分泌和能量代谢高速运转等特点，无疑是个体生长与发育的重要时期，也是机体健康受污染物暴露影响的敏感期。Morakinyo 等探讨了采用生态学研究策略评价 PM_{10}、SO_2、NO_2 和 O_3 等空气污染物对不同年龄人群的健康影响，结果发现，婴儿和儿童人群的健康比成人更易受大气污染的影响。Lee 等基于时-空克里金插值模型预测研究人群的大气污染物暴露，采用多变量逻辑回归模型分析了孕早期暴露 $PM_{2.5}$ 和 O_3 对子痫前期、妊娠高血压、早产和低体重儿等的影响，结果发现，孕早期暴露 $PM_{2.5}$ 和 O_3 暴露具有增加子痫前期发病、妊娠高血压、早产和低体重儿的风险。一些研究发现大气污染物可导致新生儿死亡率、宫内生长受限和老年人心肺病、肺癌等的风险增加；另一些研究则发现大气污染物对人群的健康无明显影响。这些研究结果的不一致性可能与研究设计、人群污染暴露水平和评估手段差异等多种因素有关。由于目前全球大气污染，尤其是 O_3 污染形势非常严峻，有必要开展广泛而深入的研究来确保公众的健康。

目前臭氧污染对人群的健康效应研究主要集中在心血管系统疾病、呼吸系统疾病和死亡等方面，少量研究涉及孕妇和婴幼儿等易感人群。将来的研究应涉及更多的健康结局和终点，探讨更广泛的健康结局与 O_3 污染的关系，能够更科学和系统地评价 O_3 暴露的人群健康危害。

（申河清　刘良坡）

参考文献

[1] Brown K W, Sarnat J A, Suh H H, et al. Factors influencing relationships between personal and ambient concentrations of gaseous and particulate pollutants[J]. Science of the Total Environment, 2009, 407(12):3754-3765.

[2] Buteau S, Hatzopoulou M, Crouse D L, et al. Comparison of spatiotemporal prediction models of daily exposure of individuals to ambient nitrogen dioxide and ozone in Montreal, Canada[J]. Environmental Research, 2017, 156(1): 201-230.

[3] Chen R, Cai J, Meng X, et al. Ozone and Daily Mortality Rate in 21 Cities of East Asia: How Does Season Modify the Association? [J]. American Journal of Epidemiology, 2010, 180(7):729-736.

[4] English P , Neutra R , Scalf R , et al. Examining associations between childhood asthma and traffic flow using a geographic information system. [J]. Environmental Health Perspectives, 1999, 107(9):761-767.

[5] Green R, Broadwin R, Malig B, et al. Long-and Short-Term Exposure To Air Pollution and Inflammatory/Hemostatic Markers in Midlife Women[J]. Epidemiology, 2016, 27(2):211.

[6] Haagen-Smit A J . Chemistry and Physiology of Los Angeles Smog[J]. Industrial & Engineering Chemistry, 1952, 44(6):1342-1346.

[7] Hansen CA, Barnett AG, Jalaludin BB, et al. Ambient Air Pollution and Birth Defects in Brisbane, Australia[J]. PLoS ONE, 2009, 4(4):e5408.

[8] Hidy G M, Blanchard C L. Precursor Reductions and Ground-Level Ozone in the Continental US[J]. Journal of the Air & Waste Management Association, 2015,65(10):1261-1282.

[9] Hrubá F K, Fabiánová E, Koppová K, et al. Childhood respiratory symptoms, hospital admissions, and long-term exposure to airborne particulate matter[J]. Journal of Exposure Science and Environmental Epidemiology, 2001,11(1):33-40.

[10] Hystad P, Demers P A, Johnson K C, et al. Long-term Residential Exposure to Air Pollution and Lung Cancer Risk[J]. Epidemiology,2013, 24(5):762-772.

[11] Jerrett M, Burnett R T, Beckerman B S, et al. Spatial Analysis of Air Pollution and Mortality in California[J]. American Journal of Respiratory and Critical Care Medicine, 2013, 188(5):593-599.

[12] Karlsson PE, Klingberg J, Engardt M, et al. Past, present and future concentrations of ground-level ozone and potential impacts on ecosystems and human health in northern Europe[J]. Science of The Total Environment,2017, 576(1):22-35.

[13] Kassomenos P A, Dimitriou K, Paschalidou A K. Human health damage caused by particulate matter PM10and ozone in urban environments: the case of Athens, Greece[J]. Environmental Monitoring and Assessment,2013, 185(8):6933-6942.

[14] Tager I B , Künzli N, Ngo L , et al. Methods development for epidemiologic investigations of the health effects of prolonged ozone exposure. Part I: Variability of pulmonary function measures. [J]. Research Report, 1998, 81(81):1.

[15] Larkin A, Geddes J A, Martin R V, et al. A Global Land Use Regression Model for Nitrogen Dioxide Air Pollution[J]. Environmental Science & Technology, 2017,51(12):7b-1148b.

[16] Lee P, Roberts J M, Catov J M. First Trimester Exposure to Ambient Air Pollution, Pregnancy Complications and Adverse Birth Outcomes in Allegheny County, PA[J]. Maternal and child health journal, 2013, 17(3):545-555.

[17] Meng X, Chen L, Cai J, et al. A land use regression model for estimating the NO2 concentration in shanghai, China[J]. Environmental Research,2015,137(1):308-315.

[18] Morakinyo O M, Adebowale A S, Mokgobu M I, et al. Health risk of inhalation exposure to sub-10? μm particulate matter and gaseous pollutants in an urban-industrial area in South Africa: an ecological study[J]. Bmj Open,2017, 7(3):e13941.

[19] Ritz B, Wilhelm M, Zhao Y. Air Pollution and Infant Death in Southern California, 1989-2000[J]. Pediatrics, 2006, 118(2):493-502.

[20] Sather M E, Cavender K. Trends analyses of 30 years of ambient 8 hour ozone and precursor monitoring data in the South Central US: progress and challenges[J]. Environmental Science: Processes & Impacts, 2016,18(1):819-831.

[21] Verstraeten W W, Neu J L, Williams J E, et al. Rapid increases in tropospheric ozone production and export from China[J]. Nature Geoscience, 2015, 8(none):690-695.

[22] Yang C, Yang H, Guo S, et al. Alternative ozone metrics and daily mortality in Suzhou: The China Air Pollution and Health Effects Study (CAPES)[J]. Scienceof the Total Environment, 2012, 426(none):83-89.

[23] 单源源.基于OMI数据的中国中东部臭氧及前体物的时空分布[J].环境科学研究，2016,29(8):1128-1136.

[24] 段晓瞳，曹念文，王潇，等.2015年中国近地面臭氧浓度特征分析[J].环境科学，2017,38 (12):4976-4982.

[25] 段玉森，张懿华，王东方，等.我国部分城市臭氧污染时空分布特征分析[J].环境监测管理与技术，2011,23(S1):34-39.

[26] 李浩，李莉，黄成，等.2013年夏季典型光化学污染过程中长三角典型城市 O_3 来源识别[J].环境科学，2015,36(1):1-10.

[27] 林亲铁，李适宇，厉红梅.基于生命周期分析的致癌排放物人体健康风险评价[J].化工环保，2004,24(5):367-372.

[28] 陶舒曼，陶芳标.孕期环境暴露与儿童发育和健康[J].中华预防医学杂志，2016,50(2):192-197.

[29] 王宇骏，黄新雨，裴成磊，等.广州市近地面臭氧时空变化及其生成对前体物的敏感性初步分析[J].安全与环境工程，2016，23(3):83-88.

[30] 张浩，王祥荣.上海城市土地利用/覆盖演变对空气环境的潜在影响[J].复旦学报(自然科学版)，2003，42(6):117-121.

第四章　臭氧对健康影响的研究方法

近年来，臭氧污染在我国一些主要地区如京津冀、长江三角洲和珠江三角洲等地区日益严重，逐渐成为我国较为突出的空气污染问题之一。国内外开展的臭氧污染对健康影响的研究主要集中在臭氧污染的短期和长期暴露对心血管系统和呼吸系统等机体敏感系统的影响，主要的研究类型包括在实验室开展的毒理学研究、空气污染暴露舱中进行的受控制的人体暴露实验及在人群中开展的流行病学研究等。本章将从实验室和人群研究两个角度对臭氧污染的暴露评价方法和健康影响评价方法进行详述。

第一节　臭氧的毒理学研究方法

大气污染导致不良健康结局的生物学机制证据可由毒理学研究提供。毒理学研究包括体外和体内研究，在实验室内分别将细胞或动物体暴露于不同水平的大气污染物并观察比较各种暴露状况下生物学反应的差别，以此确定污染物的作用途径和机制。毒理学研究中通常使用从低至高浓度的大气污染物，能够有效地诱导体外、体内变化，从而有助于阐明污染物与健康效应的暴露-反应关系及相应的生物学机制。目前国内针对大气污染的健康影响已开展了一些毒理学研究，且以体内研究居多，研究发现大气污染物可引起包括心血管系统和呼吸系统在内的一系列机体毒性反应。

动物模型是生物医学研究不可或缺的工具。在科学探索的早期阶段就开始使用动物模型，现在它仍然对我们研究单个基因的功能、各种疾病的机制及许多药物和化学药品的功效和毒性有着巨大贡献。研究大气污染物对人体的作用，可以借助动物毒理学实验，阐明毒物的毒性、毒理作用、剂量反应关系，确定阈剂量及无作用剂量，为制定卫生标准提供初步依据。化学污染物对机体的毒性作用与染毒的持续时间及剂量密切相关。毒理学研究通常依据染毒期限的不同将毒性实验分为急性、亚慢性和慢性毒性实验等。

一、臭氧的急性及慢性暴露染毒方法

臭氧等气态污染物、易挥发的液态化学物及气溶胶等均可经呼吸道吸入。一般毒性研究主要采用吸入染毒的方式，即把实验动物置于含有化学物的空气环境中，使其自然吸入污染物。吸入染毒可分为静式吸入染毒和动式吸入染毒，其中以动式吸入染毒较为常用。

（一）染毒原理

1. 静式吸入染毒

经呼吸道静式吸入染毒是将实验动物置于密闭的染毒柜中，加入易挥发的液态受试物或气态受试物使化合物达到一定的浓度。为使氧气和二氧化碳的分压不至于变化太大而影响动物呼吸时的气体交换，静式染毒过程中染毒柜内的空气与外界隔离不交换，此外静式染毒柜中的体积与放置的动物数量要适宜。其优点是设备简单，操作方便，消耗的化学物少。缺点是在染毒过程中氧分压降低，实验动物数量受限，柜内受试物浓度也逐渐下降，难以维持较恒定的化学物浓度。此外，将实验动物整体置于染毒柜中，有经皮吸收的可能。

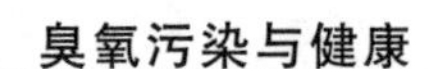

2. 动式吸入染毒

动式吸入染毒是采用机械通风装置，连续不断地将新鲜空气和毒气送入染毒柜，让污染空气不断排出，实验动物在氧气和二氧化碳分压较为恒定、受试化学物浓度也较稳定的环境中进行染毒。其优点是由于空气是流动的，所以柜中可放置较多的动物，甚至较大的动物也可使用。其缺点是装置较为复杂，一般由染毒柜、机械通风系统和配气系统三部分构成。此外，消耗受试物的量也较大，且容易污染环境。将实验动物整体放入染毒柜的动式染毒方法也可能有经皮肤吸收的问题。此外动式吸入染毒柜中受试物的浓度应进行实时监测，以保证暴露浓度与实验设计浓度相一致。

（二）染毒方法

将臭氧单独暴露组、对照组和臭氧＋其他空气污染物联合暴露组（可根据实验目的设定）的每组实验动物分别放置在相应的臭氧暴露舱中，臭氧单独暴露组接受臭氧暴露，对照组暴露于过滤的空气，联合暴露组（若有）暴露于臭氧＋其他污染物的混合空气中。通过臭氧发生器产生臭氧，将产生的臭氧与过滤空气或臭氧与含有其他污染物的空气混合后分别通过连接管道通入暴露舱，在整个暴露过程中，用臭氧监测仪连续实时测定暴露舱内臭氧的浓度，并在显示器上显示，同时记录暴露期间的臭氧监测值。臭氧监测仪检测探头放置在暴露舱内大鼠呼吸高度的区域并避免与动物接触，调整臭氧发生器产生臭氧的流量以保证臭氧浓度基本恒定在研究预先设定的暴露浓度。实际暴露过程中检测到的臭氧浓度可以有较小的上下波动，但是均值应尽量维持在实验预设的目标浓度。整个实验过程控制温度和湿度变化在±10%以内。如同时进行臭氧与其他空气污染物的联合暴露实验，应使用相应的空气污染监测仪同时监测其他空气污染物的实时暴露浓度，并采用与臭氧类似的暴露设置。

臭氧暴露的慢性染毒方法同急性染毒，区别在于每日染毒 4～8 h 后，需要将实验动物放回到笼中进行正常饲养。应尽量保证各组之间除臭氧暴露之外的各种因素相同，以排除其他因素的干扰。

实验涉及的暴露器材如暴露舱，可以利用以上介绍的染毒原理自制动物暴露舱，也可以利用整套的动物全身暴露染毒系统来对实验动物进行臭氧暴露染毒。

（三）注意事项

(1) 染毒结束后，应在通风柜内或通风处开启染毒柜，迅速小心取出动物分笼喂养，继续观察，然后按照研究设计和目的进行相关样本的提取和各种生物标志物的测定。

(2) 染毒柜密闭性要好，并采取废气净化措施，防止污染周围环境。

(3) 加入受试物后，应立即将染毒柜密闭，防止其溢出而影响设定的暴露浓度及污染周围环境。

(4) 合理营养。由于亚慢性和慢性实验期限较长，因此需要防止由于营养失调造成的生长发育异常及生理、生化指标的变化，以致加重或者掩盖了臭氧引起的毒性效应，干扰正确的评价。

(5) 加强动物饲养管理，防止疾病的产生。亚慢性和慢性染毒实验期限较长，动物又处于染毒条件下，容易并发其他疾病，影响对臭氧暴露引起的毒性效应的识别。

(6) 由于臭氧是一种强氧化剂，可能与空气中其他物质发生反应使浓度降低，或生成毒性更大的污染物，所以要通过实时监测准确记录其实际浓度，同时也要注意与其发生反应的其他污染物的可能健康效应。

二、臭氧的急性效应评价方法

急性毒性通常指使生物机体一次或者 1～4 d 内多次接触外源化学物质如臭氧引起的毒性效应。这种毒性效应可以反映在不同组织水平上，包括组织、器官和系统的损害，可出现中毒临床症状甚至死亡。“一次”接触指瞬间给实验动物染毒，但经呼吸道与皮肤染毒时，则指在一个规定的期间内使实验动物持续接触化学物质的过程。

急性效应的评价主要是利用急性暴露染毒方法对实验动物进行染毒，再对实验动物的各项健康效应指标进行测量，评价其在臭氧暴露后健康指标的变化。臭氧的急性效应评价主要包含以下几个部分。

（一）实验动物

通常所选择的实验动物首先一定要在机体反应上尽量近似人体，满足实验的要求；其次要尽量选择易获得、易饲养、易管理的动物作为毒理学实验的材料。可根据受检物质的化学结构、理化性质，查阅同系物或类似毒物的毒理学资料，选择最敏感、最合适的动物作为实验对象。

1. 健康动物的选择

通常选取大鼠或小鼠进行臭氧吸入染毒实验，健康实验动物的选择采用目测的方法即可，要求实验动物外观形体丰满、反应灵活、食欲良好、无神经系统疾病、无皮肤破损或其他皮肤疾病等。

2. 饲养条件

目前国内外应用较为广泛的为无特定病原体级（specific pathogen free，SPF）实验动物，饲养条件为将选择的实验动物（大鼠或小鼠）按照 SPF 级进行分笼饲养，12 h/12 h 昼夜交替，温度为（21±1)℃，相对湿度为 40％～60％，在 SPF 级动物房适应性饲养 1 周，自由进食、饮水。

3. 实验动物的编号及分组

实验时，在动物数量较多的情况下，必须进行分组，以避免主观上有意或无意地偏见，减少因其他个体因素带来的偏差，使实验结果比较准确可靠。因此，实验动物通常采用随机分组的方法。常用的随机分组方法有随机区组法和随机数字表分组法。针对实验目的和实验设计的不同选择合适的方法进行编号和随机分组，以保证各组动物分配均匀。

4. 动物模型的建立

动物模型是具有人类疾病模拟表现的实验动物，在研究人类疾病时使用，以达到更好地认识疾病，并避免对真人造成损伤的目的。借助于动物模型的间接研究，可以有意识地改变那些在自然条件下不可能或不易排除的因素，以便更准确地观察模型的实验结果并与人类疾病进行比较研究，有助于更方便、更有效地认识人类疾病的发生发展规律，研究防治措施。可根据具体的研究目的来制造相应的实验动物模型，常用的小鼠动物模型有 COPD 模型、哮喘模型等。

（二）实验器材

臭氧的毒理学动物实验通常采用动式吸入染毒法，需要的实验器材主要有实验动物动式染毒系统，包括臭氧制造仪、臭氧暴露舱、臭氧浓度监测仪等。目前，已有成套的实验动物全身暴露吸入染毒系统，可以用来对实验动物进行吸入式染毒。

图 4-1 为常见动式吸入染毒柜装置示意图。根据吸入的有害物质不同，在气体入口处进入的气体也有所不同。使用臭氧仪制造臭氧，输送注入臭氧暴露舱。臭氧的浓度通过专门的气体进样管在臭氧暴露舱的气体输入口处测量。

（三）暴露分组、浓度及暴露时间

1. 暴露分组

在研究臭氧暴露对实验动物（大鼠或小鼠）的影响时，针对不同的研究目的需要进行相应的分组，通常分为对照组、臭氧暴露组（根据不同的研究目的，可以设置不同的臭氧浓度剂量组）、动物模型组（如 COPD 模型组）及动物模型＋臭氧暴露组四组。

2. 暴露浓度

根据不同的研究目的设置不同的暴露浓度及浓度梯度。不同于经典的急性致死性毒性实验（通过

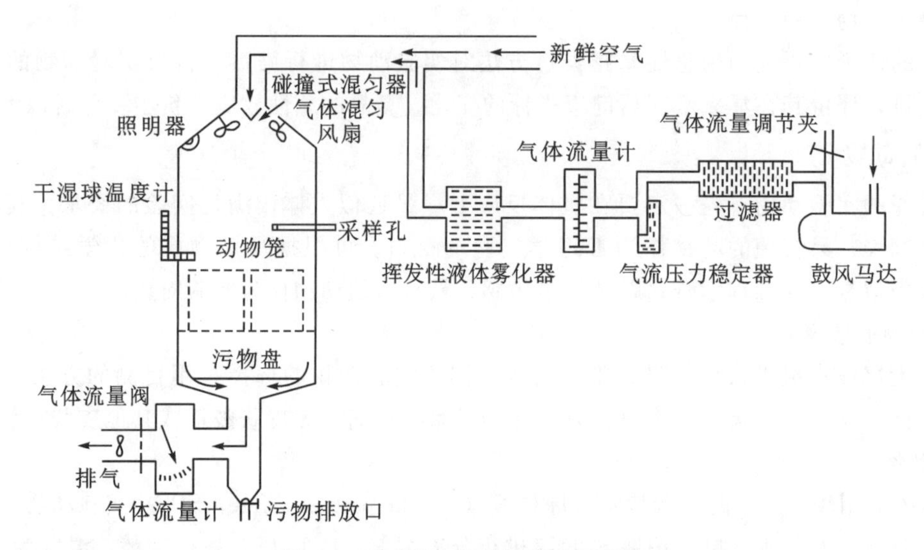

图 4-1　动式吸入染毒柜装置示意图

（图片来源：李永峰，王兵，应杉．环境毒理学研究技术与方法［M］．哈尔滨：哈尔滨工业大学出版社，2011.）

实验得到特定化合物引起动物死亡的剂量-反应关系并求得 LD_{50}），臭氧的急性暴露染毒实验目的在于研究在特定的暴露浓度下，实验动物产生特定的健康效应，探究臭氧对健康效应的暴露-反应关系，进而为人群研究及政府制定相关的卫生标准提供依据。因此在选择剂量浓度时，需要考虑健康效应产生的最低浓度及国家的质量浓度标准。

目前，各国的环境臭氧浓度标准限值存在较大的差异，我国环境空气臭氧的标准：日最大 8 h 平均值的一级标准限值为 100 $\mu g/m^3$，二级标准限值为 160 $\mu g/m^3$；而 1 h 平均值的一级标准限值为 160 $\mu g/m^3$，二级标准限值为 200 $\mu g/m^3$。

3. 暴露时间

对于臭氧的急性暴露染毒实验，暴露时间通常分为两种，一种是 24 h 内进行暴露一次，单次暴露的持续时间为 1～8 h 不等；另一种为在短时间内进行多次连续的臭氧暴露，每次暴露的持续时间为 1～4 h。

（四）急性健康效应评价指标及其测量方法

臭氧的急性暴露染毒产生的健康效应通常集中在呼吸系统和心血管系统，观察指标可分为一般性指标和病理学检查，而一般性指标又可分为一般综合性指标和一般化验指标。

动物一般综合性指标是指非特异性观察指标，它是外来化合物对机体毒性作用的综合性总体反应。一般综合性指标主要观察受试动物的一般活动、中毒症状及死亡情况。一般化验指标主要指血液、肝和肾功能的检查，还包括一些血液及尿液生化指标的检测。

1. 动物一般情况观察

每日观察实验动物的活动情况、对外界反应灵敏度、皮毛光泽程度、饮食与饮水量、体重变化和死亡情况等。每天称重一次，记录饮水量及排便量，并在此基础上计算食物利用率（即动物每食入 100 g 饲料所增长的体重克数）和生长率（即各组每周摄入食量与体重增加之比），以及脏器湿重与单位体重的比值，即脏器系数。脏器系数的意义是指实验动物在不同年龄期，其各脏器与体重之间重量比值有一定规律，若臭氧能使某个脏器受到损害，则此比值就会发生改变，可能增大或缩小。因此，脏器系数是一个灵敏、有效、简单易行和经济的指标。暴露组的脏器系数应与同时进行的对照组比较，并进行统计学处理。

实验动物在暴露于臭氧染毒的过程中所出现的一些中毒症状及出现各个症状的先后次序和时间均

应进行记录并分析，尤其对于动物被毛色泽、眼分泌物、神态、行为、呼吸等需注意观察。通过对上述症状的分析，有利于探讨臭氧损伤的部位及程度。

2. 呼吸系统健康指标

呼吸系统健康指标主要包括以下6类。

1）支气管肺泡灌洗液。支气管肺泡灌洗术（bronchoalveolar lavage，BAL）是通过纤维支气管镜向支气管肺泡内注入生理盐水，并随即抽吸获取肺泡表面衬液，对细胞成分和可溶性成分进行分析的一种检查方法；也是一种用液体直接灌注，清除呼吸道和（或）肺泡中滞留的物质，用以缓解气道阻塞、改善呼吸功能、控制感染的治疗方法，是一种创伤性小且比较安全的方法。除用作治疗手段外，还可作为研究肺部疾病的病因、发病机制、诊断、评价疗效和判断预后的一项手段，是研究呼吸系统疾病的一项重要操作技术，可以获得气道及肺泡内炎性介质和炎性细胞的信息，为实验研究提供重要的评价指标，既可以评价炎症病变的严重程度，也可以动态评价药物对这些病变改善的效果。

支气管肺泡灌洗液（bronchoalveolar lavage fluid，BALF）的提取及处理：将实验大鼠或小鼠处死，进行气管插管，用37 ℃无菌生理盐水灌洗3～4次，得到BALF，记录灌收率。将收集到的BALF在4℃下以转速1 500 r/min离心10 min，留取上清液进行分装，除测定乳酸脱氢酶（lactic acid dehydrogenase，LDH）的一管上清液保存于－4℃冰箱外，其余均保存于－80℃的低温冰箱中，直到检测出BALF中的各项生化指标。

（1）BALF细胞分类。细胞总数和各组分比例改变可提示多种肺部疾病，因此监测细胞分类数量具有十分重要的意义。

BALF中细胞分类计数的方法：在离心BALF取得的细胞中加入30 μl磷酸缓冲盐溶液（phosphate buffered solution，PBS）重新悬浮细胞，取10 μl细胞悬液用细胞计数板计数细胞总数。余下细胞悬液涂片，晾干后进行瑞氏（Wright-Giemsa）染色，光镜下进行细胞分类计数，计数200个细胞，统计嗜酸性粒细胞、淋巴细胞、中性粒细胞、单核/巨噬细胞、上皮细胞的数量，重复计数3次，取均值，比较各个暴露组与对照组之间的差异。

（2）BALF中细胞因子。白介素-6（interleukin 6，IL-6）、IL-8、肿瘤坏死因子α（tumor necrosis factor，TNF-α）是呼吸系统炎症反应的重要细胞因子。IL-6是典型的炎症因子，可激活中性粒细胞并延迟吞噬细胞对衰老和丧失功能的中性粒细胞的吞噬。IL-8是一种多细胞炎性介质，具有很强的中性粒细胞化学趋化作用，可促使中性粒细胞外形改变，引起中性粒细胞脱颗粒并释放TNF-α等炎症介质；肺泡灌洗液中TNF-α释放量增加可能是肺纤维化疾病诊断的早期敏感指标；气道上皮细胞是气道内源性一氧化氮（nitric oxide，NO）产生的主要细胞之一，NO是调节气道和血管平滑肌紧张和炎症的重要调节因子，NO在肺损伤及气道炎症中起重要作用。

BALF中细胞因子测定方法：IL-6、IL-8和TNF-α采用双抗体夹心酶联免疫法（enzyme-linked immunosorbent assay，ELISA）测定；通过比色法利用NO检测试剂盒测定NO的含量。

（3）BALF中各项生化指标的测定。BALF中测定的生化指标包括细胞毒性标志物如LDH、碱性磷酸酶（alkaline-phosphatase，AKP）和渗透性标志物如总蛋白（total protein，TP）和白蛋白（albumin，ALB）。总蛋白和白蛋白是反映肺部血管通透性的指标，BALF中总蛋白含量主要来源于血浆渗出，其总蛋白水平可反映肺泡上皮-毛细血管屏障损伤程度。LDH属于胞质酶，当细胞膜损伤或细胞死亡溶解时大量释放，是反映细胞膜损伤的早期敏感指标，是细胞毒性的标志物。大鼠炎症发生的典型表现是BALF中炎症生化指标水平的升高。生化指标均采用标准比色法测定。

2）肺部氧化应激水平。氧化应激水平的改变是臭氧暴露对人体产生健康危害的重要机制之一，而肺部氧化应激相关指标如超氧化物歧化酶（superoxide dismutase，SOD）、丙二醛（malondialdehyde，

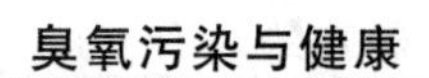

MDA）和谷胱甘肽过氧化物酶（glutathione peroxidase，GSH-Px）在机体内发挥着非常重要的作用。

氧化应激水平测定方法：3 种指标均采用标准比色法进行测定，进而来评估臭氧暴露导致的实验动物肺部氧化应激水平的变化。

3）肺组织形态学。组织形态学的研究可以很好地反映动物的各个器官的功能及其关系，揭示疾病的发病机理等。所以研究环境中污染物对动物的肺及支气管的病理影响有重要的意义，尤其是观察超微结构的改变，可以为臭氧暴露导致机体健康损害的细胞学机制提供一定的理论依据。取组织样本进行染色，光学显微镜和透射显微镜下观察细胞形态。

4）肺功能检测。对于实验动物大鼠或小鼠的肺功能检查，首先利用腹腔注射混合麻醉剂以保持大鼠或小鼠的自主呼吸。将小鼠气管切开，插入气管导管，置入体积描记箱，并连接电脑控制的呼吸机，动物呼吸时一个传感器感受动物气道内压力的变化，另一个传感器感受体描箱内压力的变化并通过放大器转化为电信号，经电脑处理后计算出所需肺功能的各项指标。包括：测量吸气量（IC）；功能残气量（FRC）；肺总量（TLC）；用力呼气量（FVC）；第 20 ms、50 ms 的用力呼气量（FEV_{20}，FEV_{50}）；每 0.3 s 呼出容积占用力肺活量之比（$FEV_{0.3}$/FVC%，此项指标来表示大鼠气流阻塞情况，此项指标与人的 FEV_1/FVC%意义相同），因大鼠呼吸频率快，所以采用 $FEV_{0.3}$/FVC%来代表一秒率及肺顺应性。

5）气道高反应性。气道高反应性（airway hyperresponsiveness，AHR）是指在吸入少量刺激物或变应原后，正常人的气道并不发生收缩反应或仅发生微弱的反应，而某些患者的气道则可发生异常的过度收缩反应，引起气道的管腔狭窄和气道阻力的明显增加。为了表示 AHR 的程度，通常对受试者描绘剂量-反应曲线，即以刺激因子的剂量或浓度为横坐标，以通气功能的变异值为纵坐标，绘出剂量-反应曲线。呼吸道反应性通常通过测量吸入气雾化的特异性（变应原）或非特异性（如乙酰甲胆碱）支气管收缩剂或者施用另一种刺激如运动或冷气之后测量肺功能的变化［如 FEV_1 或特异性气道阻力（specific airway resistance，sRaw）］来进行量化。常用组胺和乙酰胆碱的激发试验对研究对象的气道高反应性进行测量。

6）肺部宿主防御能力。肺部防御可以分为两大部分：非特异性（运输、吞噬和杀菌活性）和特异性的免疫防御机制。短期急性臭氧暴露可以通过影响肺部宿主防御能力进而导致其对感染性疾病的敏感性增加。宿主防御由黏液纤毛自动清除、吞噬细菌、杀菌、肺泡巨噬细胞（alveolar macrophages，AMs）的调控作用及适应性免疫系统组成。黏液纤毛清除的有效性可以通过测量沉积颗粒的运输速率等生物活性来确定，如纤毛运动的频率、纤毛细胞的结构完整性及黏液分泌细胞的大小、数量和分布等；AMs 的调控作用和适应性免疫系统功能可以分别通过观测肺泡巨噬细胞和 T 淋巴细胞的数量及活性来确定。

3. 心血管系统健康指标

大量的毒理学研究表明，短期臭氧暴露可以诱导血管氧化应激和促炎症介质的产生，改变心率（heart rate，HR）和心率变异性（heart rate variability，HRV），并破坏肺内皮素系统的调节。监测这些相关指标的变化可以为早期发现心血管不良事件提供参考。心血管系统指标主要包含以下几种：

1）血压（BP）。血压测量方法：用水合氯醛麻醉实验动物（大鼠或小鼠），经颈动脉插管由生理记录仪记录血压的变化，血压值包括收缩压、舒张压和平均动脉压。也可以使用小动物无创血压仪通过动物尾巴进行血压的测量。

2）心电图和 HRV。HRV 指逐次心跳周期的差异变化情况，是神经体液因素对心血管系统精细调节的结果，可以用来衡量机体自主神经系统功能。HRV 的降低是心血管发病和死亡的预测因子。测量的 HRV 指标主要包括时域指标和频域指标两部分，其中时域指标主要包括：全部窦性心搏 RR 间期

（简称 NN 间期）的标准差（standard deviation of NN intervals，SDNN）、连续相邻正常窦性心动周期值的均方根（root mean square of successive differences between adjacent NN intervals，rMSSD）、差异≥50 ms 的 NN 间期数在总 NN 间期数中的百分比（percentage of number of NN intervals with difference ≥50 ms，pNN50）。频域指标主要包括：总功率（total power，TP，频率范围为 0.01～0.4 Hz）、低频功率（power in the low frequency band，LF，频率范围为 0.04～0.15 Hz）、高频功率（power in the high frequency band，HF，频率范围为 0.15～0.4 Hz）、低频高频比（low to high frequency power ratio，LF/HF ratio）。心脏自主神经功能紊乱，特别是 HF 的降低和 LF/HF 比值的增加已被证明是导致心血管疾病发病率和死亡率增加的重要机制。

心电图和 HRV 检测方法：用水合氯醛麻醉实验动物（大鼠或小鼠），经皮下电极记录大鼠心电图和心率的变化（Ⅱ导联））。记录的 256 个 R-R 间期可用频谱分析。窦性节律稳定的部分可用作心率和 HRV 分析。

3）血液生物标志物。臭氧暴露可能通过调节炎症反应和增加心血管系统的氧化应激进而影响到机体健康，因此对循环系统中的炎症因子和氧化应激水平的检测具有十分重要的意义，可以进一步明确臭氧对心血管系统的毒性效应和可能的机制。

（1）炎症因子变化。C 反应蛋白（C-reactive protein，CRP）是一种重要的心血管疾病的生物标志物，可以用来预测健康人的急性心肌梗死或者中风的风险；TNF-α 和 IL-6 是重要的炎症标志物，其水平的上调参与介导血管内皮细胞损伤。

（2）氧化应激水平。取实验动物心脏组织制成匀浆液，离心取上清，用于心脏组织氧化应激水平的测定。均采用标准比色法测定，利用相应的试剂盒测定 MDA、SOD 及 GSH-Px 等指标的变化。

（3）血管内皮功能。血压的增加、HRV 的变化及动脉粥样硬化的增加可能与血管收缩肽和内皮素-1（endothelin 1，ET-1）的增加有关。血管内皮生长因子（vascular endothelial growth factor，VEGF）是内皮细胞产生的特异性促有丝分裂原，可促进内皮细胞增生、迁移，增加血管通透性，在正常和病理性血管形成中均起着重要作用。内皮细胞表面的细胞间黏附因子（intercellular cell adhesion molecule-1，ICAM-1）受到细胞因子（如 TNF-α、IL-1）的刺激而上调，血液中可溶性 ICAM-1 蛋白的含量与冠状动脉和颈动脉疾病的严重程度相关。

（1）和（3）中各项生物指标均可以用相应的 ELISA 试剂盒进行检测。

（4）系统性损伤。血清 LDH 和肌酸激酶（creatine kinase，CK）是两个系统损伤指标。血清中 LDH 和 CK 的显著性增加与心血管系统的炎症反应和氧化应激水平的改变有关，LDH 和 CK 水平的增加表明心血管系统可能受到较严重的损伤。LDH 和 CK 采用标准比色法测定。

4）心血管组织形态学。通过臭氧吸入染毒暴露的方式来研究大鼠心脏和血管形态学上的变化，利用电镜观察亚细胞结构或大分子水平的变化，进而研究组织和细胞细微的病变，以加深对疾病基本病变、病因和发病机制的了解，有利于阐明急性臭氧暴露健康损害的细胞学机制。

三、臭氧的慢性效应评价方法

亚慢性毒性试验是在相当于动物生命 1/30～1/20 时间内使动物每日或反复多次接触受试物的毒性试验。其目的是为进一步确定受试物的主要毒作用、靶器官和最大无作用量或中毒阈剂量做出初步估计。通过亚慢性实验可为慢性实验观察指标及实验设计提供参考。慢性毒性试验是指以相对较低剂量的外来化合物，长期与实验动物接触，观察其对实验动物所产生的生物学效应的实验。通过慢性毒性试验，可确定接触化学物可以引起机体危害的阈剂量和最大无作用剂量，为进行该化学物的危险性评价与制订人体接触该化学物的安全限量标准提供毒理学依据。

慢性效应的评价主要是利用与急性暴露染毒相似的方法对实验动物进行染毒，再对实验动物的各项健康效应指标进行长期的连续测量，评价其在臭氧暴露后各个健康指标的长期变化。臭氧的慢性效应评价主要包含以下几个部分。

（一）实验动物

慢性暴露染毒实验中的实验动物的选择应尽量在急性毒性试验证明的对受试物敏感的动物种属和品系中选择。实验动物的年龄应低于亚慢性实验，选用初断乳的动物，如小鼠出生后 3 周之内，体重 10～12 g；大鼠出生后 3～4 周，体重 50～70 g 为宜。实验动物的性别一般要求雌雄各半。在以往的臭氧毒理学动物实验研究中，根据具体的实验设计和目的的不同及观察健康指标的不同，在选择动物上也存在不同。常用的实验动物为 6～8 周龄的小鼠和 250～300 g 的大鼠及跟人类相近的灵长类动物。

（二）实验器材

同急性暴露染毒实验。

（三）暴露分组、浓度及暴露时间

1. 暴露分组

可根据研究设计及不同的研究目的需要进行适当的分组，通常设置 3 个剂量组和一个对照组，即臭氧 3 个不同剂量暴露组和清洁空气对照组。也可根据研究目的设置相应的实验动物模型组。

2. 暴露浓度

在亚慢性及慢性毒性实验中，为了得到更明确的剂量-反应关系，一般至少应设置 3 个剂量组和一个阴性对照组。原则上最大剂量组应引起较为明显的毒性反应，但实验动物在染毒期间不应发生中毒死亡，或者死亡数小于动物数的 10%；中剂量组应引起轻微毒性的剂量，即观察到有害作用的最低剂量（lowest observed adverse effect level，LOAEL）；最低剂量组则不应出现毒性反应。在设计剂量时应具体问题具体分析，必要时需要进行少量的动物、较短时间的预实验来确定染毒剂量。高、中、低各剂量间要有适当的剂量组距，一般相差不小于 2 倍。在臭氧的慢性暴露染毒实验中，臭氧的暴露浓度与急性暴露染毒实验相比通常较低，根据不同的实验目的和设计而有一定差异。

3. 暴露时间

在毒理学实验中，染毒期限应根据受试物的种类和实验动物的物种而定，在环境毒理学中，染毒的期限则相对较长一些，如亚慢性毒性染毒实验的染毒期限在 3～6 个月，慢性毒性实验染毒则在 6～12 个月。但实际吸入染毒的实验中，染毒期限逐渐趋于缩短。一般慢性暴露染毒实验维持在 3～6 个月，每日染毒 4～8 h。

为了探讨臭氧暴露对实验动物有无延迟毒性作用及引起的毒性变化是否具有可恢复性，可在染毒期结束后，各剂量组与对照组留部分动物继续饲养 1～2 个月，在此期间实验动物不再接受染毒，观察其各项指标的变化。

动物的长期慢性暴露研究可以更深入地了解长期暴露于臭氧的潜在影响，这些影响可能不容易在人体中进行测量，如呼吸道的结构变化。

（四）慢性健康效应指标及其测量方法

1. 呼吸系统效应

慢性臭氧暴露对呼吸系统的影响包括肺部结构和功能、气道炎症和宿主免疫功能几个方面。

（1）肺部结构和功能。慢性臭氧暴露能够损伤远端气道和近端肺泡，导致肺组织重塑，并导致明显的不可逆变化。潜在的持续性炎症和间质重塑在慢性肺部疾病的发生进展中起重要作用。这类长期

臭氧暴露的研究多使用灵长类动物和啮齿类动物小鼠进行。可以对实验动物的肺功能进行长期的检测和记录，来评估慢性臭氧暴露染毒对机体肺部的损伤及其程度。

(2) BALF中炎症因子。慢性气道炎症是哮喘和COPD的典型特征之一。臭氧长期暴露可以激活上皮细胞和炎症细胞释放细胞因子、趋化因子和12羟基二十碳四烯酸（12-hydroxy-eicosatetraenoic acids，HETEs）等。前列腺素E2（prostaglandin E2，PGE2）是一种强效的血管扩张剂，可以增强水肿和白细胞移行；12-HETEs可以刺激人体呼吸道黏膜蛋白的释放。在许多气道疾病中，黏液过度分泌是气道阻塞和慢性炎症相关性疾病的重要临床病理特征。可采用相应的ELISA试剂盒对PGE2和12-HETEs两个指标进行测定。

(3) 宿主免疫功能。慢性长期臭氧暴露可以损伤机体的宿主防御能力，降低机体对致病性信号的反应能力，降低循环白细胞特别是在血液和气道中的多形核白细胞（polymorphonuclear leukocytes，PMNs）及淋巴细胞的数量。因此可以通过评价血液和气道中的宿主防御细胞数量及活性来评估臭氧的长期暴露效应。

2. 心血管系统效应

慢性臭氧暴露除了可以引起机体血液中炎症因子、氧化应激水平及血管内皮功能的改变外，还可以诱导动脉粥样硬化和损伤。因此，在测量上述急性健康效应指标外，还可以测量一些特异性的慢性健康效应指标来综合评价臭氧暴露对机体心血管健康的影响。

臭氧暴露可激活凝集素样氧化低密度脂蛋白受体（lectin-like oxidized low-density lipoprotein receptor-1，LOX-1），使其信使RNA（messenger RNA，mRNA）及其蛋白表达水平增加，进一步诱导肺和心脏等组织产生氧化修饰的脂质和蛋白质，促进血管的病理学改变。由臭氧暴露诱导活化的LOX-1可以诱导多种生物标志物的表达，这些标志物被认为是促动脉粥样硬化的活性物质。因此，可以通过实时定量PCR检测主动脉中LOX-1 mRNA表达水平及采用Western blotting检测其蛋白表达水平来评估臭氧长期暴露对心血管系统的影响。

3. 中枢神经系统效应

中枢神经系统对氧化应激的刺激非常敏感，臭氧长期暴露可以导致海马组织中的脂质过氧化和免疫组织化学改变的增加，造成短期和长期记忆力延迟。

因此，可以通过被动回避行为测试如避暗试验或跳台试验来测定实验动物的认知行为能力及利用标准比色法检测实验动物脑组织中的氧化应激标志物水平（SOD，MDA和GSH-Px）来研究臭氧长期暴露的中枢神经系统效应。

（吴少伟）

第二节 臭氧的人群暴露及流行病学研究方法

环境流行病学研究的主要目标是确定暴露于某一或某些特定的环境因素是否与人群某种特定效应或健康状况的改变有关。如果存在关联，则需要进一步建立暴露-反应关系，即暴露水平增加与健康效应发生率/水平增高之间的关系。环境流行病学具有其独特性，主要表现为：①暴露于环境有害因素的人群很大；②环境暴露为低浓度混合暴露，且在肿瘤和其他慢性病的研究中，暴露可能发生在很久以前；③所研究的暴露通常是非自愿暴露；④环境有害因素可以通过长期、间接地影响区域或全球的生态系统而影响健康。常用的环境流行病学研究方法主要包括横断面研究、队列研究、时间序列分析和定组研究等。

一、臭氧的人群短期暴露评价方法

在臭氧的暴露评价中，常用的臭氧暴露参数主要有以下3种：日1h最大值（指24h中各小时平均浓度值中最大的浓度值）、日最大8h平均（指24h中最大的8h滑动平均浓度值）和24h平均值（指24h浓度水平的平均值）。

臭氧的短期暴露评价可以分为群体水平的暴露测量和个体水平的暴露测量，具体内容介绍如下。

（一）群体水平的臭氧暴露测量

群体水平的臭氧短期暴露水平通常利用环境固定监测网站法进行测量。对于臭氧的暴露水平，通常利用某个城市或地区的常规空气污染固定监测站对臭氧进行测量，也有少数研究专门建立监测站来监测特定地区和人群的暴露水平，这种方法可以评价特定人群的暴露水平。这一方法通常假定固定监测站周围臭氧浓度较为均匀且周围人群的暴露方式基本相同，因此它主要反映室外臭氧污染对人群暴露水平的贡献。因此种方法通常连续24h不间断监测，因此可以获得臭氧常用的3个暴露参数浓度值。该种暴露评价方法通常用于时间序列研究和队列研究。

利用固定监测网站数据的方法可以保证获得长时间且高质量的每日监测数据，这些数据的日常监测具有较好的质量控制，覆盖较大的区域并且持续的时间较长。但是其建设和维护费用相对较高，而且受到监测站点的数量和位置的影响，可能导致暴露偏倚。

（二）个体水平的臭氧暴露测量

1. 个体采样

个体采样通常利用便携式个体臭氧暴露监测仪进行监测，它是评价在一定时间内个体暴露于臭氧污染的最典型且直接的方法。个体暴露监测仪通常体积较小，易于携带，可以佩戴在研究对象的身上，能够直接测量并实时反映出臭氧的个体暴露水平且精确度较高。其优点是可以用来评价不同人群如健康人及高危人群（老人、小孩及孕妇）等人的真实暴露水平。其缺点是费时费力且成本较高，不适用于大规模的臭氧暴露评估和长期的暴露评估。该种暴露评价方法通常用于定组研究。

2. 暴露舱法

该方法通常用于受控的污染物暴露实验中，即通过人为控制的方法，向暴露舱中通入特定浓度的臭氧，通过臭氧监测仪实时监测暴露舱中的臭氧浓度，进而来评估研究对象的臭氧暴露水平。

3. 室内外监测及活动模式加权法

利用臭氧监测仪对研究对象所在的室内和室外臭氧浓度进行监测，同时记录研究对象的时间活动模式，即停留的地点和停留时间。利用时间活动模式加权结合室内外的监测浓度即可计算出研究对象的等效个体暴露浓度。

（三）室内臭氧暴露水平测量

室内外臭氧之间存在着较为密切的关联，室内臭氧大部分来源于室外，且其浓度水平通常低于室外，两者之间的关系受到空气交换率（air exchange rate，AER）的影响。可以利用AER模型来模拟室内的臭氧暴露水平。该模型需要输入的参数包括建筑特征（如建筑结构、年限和楼层数等）、人的行为（如开关窗和空调的使用）、气候地区和气象因素（如温度、湿度及风速等）。该模型可以充分利用室外臭氧暴露数据来估计室内的臭氧暴露水平，同时若结合研究对象的时间暴露模式，则可以计算出研究对象的等效个体臭氧暴露浓度。

二、臭氧的人群长期暴露评价方法

（1）臭氧的人群长期暴露评价方法也可以利用环境固定监测站点的数据进行评价。具体评价方法如短期暴露评价中所述。区别在于利用固定监测站数据时，需要利用相当长的一段时间的每日或每月浓度监测值，计算出一段时间内的臭氧浓度均值。

（2）利用模型评价法进行评价。土地利用回归（land use regression，LUR）模型与大气化学传输模型（chemical transport modeling，CTM）相结合的方法为评价臭氧长期暴露的较准确方法之一。LUR 模型的构建步骤主要包括监测数据的获取、模型自变量生成、模型构建、模型检验和回归映射 5 个方面。通常选取一定数量固定监测站点的臭氧监测数据为因变量，以土地利用类型、交通状况、家庭供暖使用情况、自然地理状况（如海拔和地形等）及人口密度等作为自变量来构建多元线性回归方程。CTM 模型则全面考虑了大气传输、沉降、化学反应和气体-粒子传递等情况。使用较全面的地理特征信息，包括道路网络变量（如到附近主要道路的距离、缓冲区内一般道路及卡车路线的长度，以及交叉路口的数量等）、工业和港口排放、人口密度、土地利用（如商业空间）和土地覆盖情况（如绿化）等，综合 LUR 和 CTM 模型可较好地估算大气臭氧的暴露浓度。其优点是可以对臭氧的空间分布进行高分辨率模拟，有效地进行臭氧的长期暴露评估。但是由于其需要输入精确的监测数据，收集数据较为费时费力，同时当土地利用和交通情况等因素随着时间而变化时，会影响其结果的准确性。

三、臭氧的人群短期健康影响评价方法

早期的臭氧污染短期健康影响研究多以生态学研究为主，即在群体水平上观察臭氧暴露与健康结局如死亡率和患病率的关联性，代表性研究方法是时间-序列研究（time-series study）。此外，针对非死亡率和患病情况的亚临床健康效应，也可使用环境或个体暴露监测的方式评价臭氧短期暴露与亚临床健康效应指标的关系，代表性研究方法包括定组研究（panel study）和受控的人体暴露实验（controlled human exposure study）等。

（一）时间序列研究

时间序列研究设计用于研究某一时间段内暴露与结局变量之间的关系，暴露和结局变量均为同一时间单位（如几周、几个月或几年）上的累积测量数值。每一个变量的测量构成一个时间序列。

1. 暴露数据

通常利用暴露监测站点的臭氧暴露数据。

2. 暴露相关指标

（1）时间因素。时间序列设计的目标是评估随暴露而改变的健康结局序列的短期变化。健康结局指标可以在暴露后立即出现反应，也可以在暴露后几天才出现反应，暴露变化与其导致的健康结局变化之间可能存在滞后时间段，表明臭氧暴露的效应可能持续 1 d 以上的时间，因此研究臭氧的滞后效应具有十分重要的意义。滞后 0 日效应即指臭氧暴露的当日效应。暴露和结局的时间序列常常表现出年度变化的季节模式或其他一致的周期性模式，需要充分考虑季节模式的影响。因为是在整体人群水平评估暴露与健康结局之间的关系，所以研究对象的个体因素如时间活动模式等在暴露评价时不做考虑。

（2）研究人群。总人群是各个亚组人群的组合，可以包含不同年龄组、不同性别、不同职业或患有不同疾病的人群，总人群中的部分人群可能对臭氧暴露不敏感或更敏感。通常情况下，研究敏感人群如老人或小孩等可能会发现更明显的健康效应。

（3）混杂因素。在时间序列分析中，最为重要的混杂因素是气象因素，尤其是日平均气温、日最

低气温或日最高气温及相对湿度等；暴露和结局的季节性或其他周期性变化或长期趋势，这些因素也可能产生很强的混杂效应；此外，其他按时间排列的变量，如星期几指示变量，其既与研究的暴露存在关联，又与研究的健康指标存在关联，因此也可能是重要的混杂因素。

3. 健康相关指标

医院门/急诊率及住院率：在时间序列分析中，通常会用到医院记录的门诊/急诊及住院数据。门急诊和住院数据的时间跨度通常与臭氧暴露的时间相对应，在研究时间上跨度较大，通常在一年以上。根据国际疾病分类（international classification of diseases，ICD）第十次修订本（ICD-10）对上述数据进行分类，主要包括呼吸系统和心血管系统等疾病，统计每日门急诊或住院的数量，进而探究臭氧暴露与各个疾病发生之间的潜在关联。

4. 统计分析方法

通常利用广义相加模型（generalized additive models，GAM）对暴露与健康结局之间的关联进行分析，GAM可以通过平滑函数控制时间序列数据中与时间有关的变量，分析各解释变量对健康效应的影响。

5. 优势与局限

（1）优势。费用低廉且易于实施，如果在某些研究中为了提高暴露评价的精度而开展实际的暴露测量时，这一优势将会被削弱；利用人群合并数据，易于通过伦理委员会的审查；由于所需数据为已有数据，可以使用较少的费用获得较长时间的序列数据，可以增大研究的统计功效。

（2）局限性。对于暴露，监测数据可能基于某一监测点，这可能导致人群暴露的错分偏倚。

（二）定组研究

定组研究（panel study）属于前瞻性研究，是最常应用于调查大气污染短期暴露亚临床效应的流行病学设计。该类型研究通常选择数名、几十至上百名研究对象，在纵向的不同时间点重复测量其对大气污染物的暴露水平和某些健康指标水平，可以对大气污染物的健康影响进行重要的探索性研究，明确大气污染对人群健康产生的临床前不良效应，为以较大规模人群为基础的大气污染与人群疾病的流行病学研究提供证据支持。近年来国内已开展了较多此类研究，且多关注大气污染短期暴露对心血管系统及呼吸系统的健康影响。

1. 暴露数据

通常利用臭氧个体监测仪对研究对象进行不间断的个体暴露监测。此外，也可以充分利用固定监测站点的数据。在研究过程中，可以根据研究对象的时间活动模式，选取距离研究对象室外活动地点最近的固定监测站的臭氧监测数据，用来评估研究对象的臭氧暴露水平。

2. 人群选择

在定组研究中，因为需要对每个研究对象进行连续的追踪观察，对其进行暴露和健康指标的检查等工作，因此较难开展相对大规模大样本的研究。因此，通常选择敏感人群如老年人、儿童或患有慢性心肺疾病的患者等开展研究。

3. 混杂因素

与一般的时间序列分析相似，定组研究也存在一些混杂因素，如气象因素、时间变化因素等。同时，由于定组研究是基于研究对象个体水平的研究，因此在研究过程中，个体的相关因素如年龄、性别、BMI及用药情况等均可能成为研究的混杂因素，因此在研究设计过程中要充分考虑到各个因素对评估臭氧暴露与健康结局之间关联的影响。

4. 健康效应指标

1）呼吸系统指标。

（1）肺功能。肺功能是客观反映肺脏功能状态的一种指标，也是早期发现呼吸系统损伤，检出肺部、气道病变的一项重要手段。常用的肺功能指标包括 FVC、FEV_1 和 PEF 等。在评估臭氧暴露对肺功能的影响时，通常在暴露后立即测量肺功能的水平。常用的检测仪器为 PEF 仪和肺功能仪，按照美国胸科协会（american thoracic society，ATS）/欧洲呼吸学会（european respiratory society，ERS）推荐的标准测量规范由专业的计数人员进行测量，通常测量三次，取三次合格测量结果中的最佳值作为研究对象的肺功能测量值。

（2）呼出气一氧化氮（fractional exhaled nitric oxide，FeNO）。FeNO 的水平与气道炎症具有一定的相关性，可作为评估和预测气道炎症水平非创伤性的早期生物标志物之一。

通常利用 FeNO 检测仪根据 ATS/ERS 推荐的标准测定流程评估研究对象的 FeNO 水平。注意，应先进行 FeNO 的测量，然后进行肺功能指标的测量。

（3）呼出气冷凝液相关指标（exhaled breath condensate，EBC）。EBC 中的生物标志物主要包括 8-异前列烷、白三烯、肿瘤坏死因子、细胞因子、白介素、干扰素、硝酸盐/亚硝酸盐等。通常情况下，EBC 中的生化分子主要来源于下呼吸道，故 EBC 主要反映下呼吸道氧化应激水平及炎症反应情况。

EBC 的收集是一个简单、非侵入性的过程。研究对象只需通过咬口向收集装置平静呼吸，呼出气被引入一个冷却系统，低温使得呼出气冷凝为液体，即 EBC。

（4）气道高反应性。气道高反应性的增加与支气管哮喘患者呼吸症状的出现具有较为密切的关联。常用组胺和乙酰胆碱的激发试验对研究对象的气道高反应性进行测量。

2）心血管系统指标。

（1）血压。血压是大气污染心血管效应研究中最常用的健康指标之一。多数相关研究发现大气污染暴露可能导致血压水平升高，且结果在易感人群及健康人群中相对比较一致。利用电子血压计或水银血压计测量研究对象的血压，为保证测量结果的准确性，应对研究对象血压连续监测 3 次，每次间隔时间在 1～2 min，取第二次和第三次血压的均值计算收缩压和舒张压。

（2）心率变异性/心率。在研究中，可利用动态心电图仪（Holter）来对研究对象的 24 h 内 HRV 的变化进行监测，获得 HRV 各个指标的变化情况及数值，可以定量分析臭氧暴露对人体 HRV 变化的影响，进而判断心脏自主神经功能状态。在实际应用过程中，与动物研究不同的是，研究对象可 24 h 全程佩戴 Holter，因此可以获得人群每日心电图的动态变化值，有助于研究自主神经系统更细微的变化。

（3）血液生物标志物。通过测定研究对象血液样品中某些可反映心血管健康状态的循环生物标志物水平，分析臭氧暴露与标志物水平的关联，从而推断臭氧暴露对心血管健康的影响，这些循环系统生物标志物主要包括：

①凝血指标。纤溶酶原激活物抑制物-1（plasminogen activator inhibitor-1，PAI-1）、组织型纤溶酶原激活物（tissue plasminogen activator，tPA）、血管性血友病因子（von willebrand factor，vWF）、可溶性 P 选择素。②炎症标志物。CRP、纤维蛋白原、IL-6、TNF-α 及白细胞计数等。③氧化应激标志物。氧化低密度脂蛋白、清道夫受体蛋白、胞外超氧化物歧化酶、谷胱甘肽过氧化物酶 1。④内皮功能。ET-1、E 选择素、ICAM-1、VEGF-1。⑤血脂和葡萄糖代谢标志物。脂蛋白相关性磷脂酶 A2（lipoprotein associated phospholipase A2，Lp-PLA2）、载脂蛋白 B（apolipoprotein B，ApoB）、ApoA1、甘油三酯、糖化血红蛋白 A1c（hemoglobin A1C，HbA1C）、低密度脂蛋白（low density lipoprotein，LDL）和高密度脂蛋白（high density lipoprotein，HDL）。以上指标均可以通过相应的

ELISA 试剂盒进行测定。

5. 统计分析方法

因为定组研究通常需要对某一特定人群进行重复的测量，因此需要采用线性混合效应模型来评估臭氧暴露的健康效应。

6. 优势和局限性

(1) 优势。基于研究对象个体水平的研究，每个研究对象都可作为自身前后对照，无须再另设立对照组；通过纵向的多个不同时间点对研究对象的暴露与结局指标进行重复测量，可以较为准确地获得研究对象暴露与健康结局之间的时间-效应关系，从而揭示臭氧暴露对于人群健康影响的可能作用机制。

(2) 局限性。定组研究因对研究人员和仪器设备等的要求较高，因此增加了研究人员和研究对象的负担，限制了研究的规模；随着随访次数的增多，研究对象失访的可能性增大，同时随着随访时间的延长，有可能改变研究对象的行为。

(三) 受控的人体暴露研究

可采用随机交叉试验来进行人体暴露研究。随机交叉试验属于实验研究设计的一种，其重点在于随机选择两个或更多的研究组，使他们尽可能具有可比性，其中一组（A 组）随机接受某种暴露或干预措施，其他组（对照组 B 组）接受无效的暴露或干预措施，经过一段时间的洗脱期后，两组研究对象进行交叉，其他组（对照组 B 组）接受暴露或干预措施，A 组接受无效的暴露或干预措施。在实验进行的过程中选择合适的时间点根据研究设计和目的测量相关的健康指标。通过比较不同组健康指标的水平及其与暴露或干预措施的关联来研究暴露或干预措施的效应。也可采用自身前后对照或不交叉的两个或更多的平行研究组进行人体暴露/干预研究，比较同一组或不同组接受暴露/干预措施前、后健康指标的差异来研究暴露/干预措施的效应。

1. 暴露数据

随机选择两组研究对象置于暴露舱中，通过人为控制的方法来调节研究对象的臭氧暴露浓度，利用臭氧监测仪记录暴露舱中的臭氧浓度。在暴露结束后，测量相应的健康指标。在控制实验程序的影响后，分析暴露于臭氧和清洁空气之后的健康指标的变化可以用来评估臭氧暴露对健康指标的影响。

2. 人群选择

因为臭氧暴露对人体存在潜在的健康危害，而在暴露舱实验中，臭氧的浓度又通常远远高于实际人群的暴露浓度。为避免产生严重的不良后果，通常选择健康成年人作为研究对象。

3. 健康效应指标

试验中涉及的健康指标与定组研究相同。在受控的人体暴露研究中，健康指标的测量通常在暴露舱中吸入臭氧之后进行，同时考虑其滞后效应，因此会在臭氧暴露后不同时间点对健康指标进行重复测量。

4. 统计分析方法

通常采用配对 T 检验和线性混合效应模型对暴露与健康之间的关联进行分析。

5. 优势和局限性

(1) 优势。可以控制臭氧暴露的浓度，且整个研究设计可以进行人为的控制，有助于探究特定浓度的臭氧暴露对于人群特定健康指标的影响；同时实验性研究能够评价剂量-效应关系，探讨其时间的先后关系，能够解释暴露与健康结局的因果关系。

(2) 局限性。其应用范围较为局限，仅适合研究短期的暴露效应，同时需要对研究对象进行随访，

有可能出现失访的情况；此外，由于研究对象直接吸入对人体有害的空气污染物，可能会对其身体健康造成危害，因此在开展该类型的研究前要获得相关机构的伦理委员会的同意并且在研究前要进行充分的知情同意。

四、臭氧的人群长期健康影响评价方法

臭氧长期暴露的健康效应包括对呼吸系统、心血管系统、中枢神经系统及生殖发育健康和死亡率的影响，其主要测量评价方法包括如下几种。

（一）横断面研究

横断面研究指在一个特定的时间点，收集特定时间内有关因素与疾病的资料，以描述环境暴露因素与疾病流行趋势之间的关联，然后根据疾病与健康状态分布的差异，提出某种病因学假设，其特点是环境暴露水平、个体特征和健康效应的测量是同时进行的。而横断面研究中，大气污染暴露与健康结局出现的时间先后顺序不清晰。上述局限性影响了大气污染暴露与健康结局发生之间的因果推断。此外，大气污染长期暴露水平多基于群体水平而非个体水平的监测数据，可能导致暴露水平存在较大的不确定性而影响健康结局的定量分析。

1. 暴露数据

横断面研究的臭氧暴露数据通常来源于某个城市或地区的大气污染固定监测站点，通常用于评估过去暴露或持续暴露对健康状况的影响。

2. 人群选择

通常用于从群体的水平上研究人群的健康状态，在人群选择上可以通过随机抽样法、队列或暴露选择性抽样法及病例-对照或结局选择性抽样法来选取研究对象。此外还需要根据研究疾病的相关信息对样本量进行估计，以确定抽样人数。

横断面研究对于评估慢性疾病的研究十分有效，如哮喘、高血压和COPD等，因此可以针对慢性病人群开展研究。

3. 健康效应指标

横断面研究通常得到的是一个断面的情况，即在抽样人群中存在患者和非患者，进而可以统计发病人数和计算疾病的发病率，也可以调查某些亚临床效应指标的情况。涉及的主要健康结局和指标如下：

（1）呼吸系统及心血管系统疾病发病。对抽样人群中呼吸系统疾病如哮喘、COPD和心血管系统疾病如高血压和冠心病等疾病的发病情况进行记录。

（2）呼吸系统及心血管系统症状。研究涉及的主要呼吸系统症状包括咳嗽、咳痰、喘息、哮喘样症状、胸闷、胸痛、头晕、头痛等。记录研究期间各个相关症状是否发生。

（3）生物学效应指标。包括肺功能、肺部炎症指标、血压、心率变异性、血液生化指标等。采用适当的仪器或方法对上述指标进行测量。

4. 统计分析方法

通常采用相关性分析、线性回归分析及logistic回归分析臭氧暴露与健康指标之间的相关关系。

5. 优点与局限性

（1）优点：横断面研究可以有效地探索那些不随疾病变化的因素如种族、遗传易感性标志物等，为更深入的科学研究提供了线索。不过因其本身存在较多研究局限性，其研究证据强度要弱于队列研究。

（2）局限性：横断面研究中，大气污染暴露与健康结局出现的时间先后顺序不清晰。影响了大气污染暴露与健康结局发生之间的因果推断。横断面研究是一种提示性研究，为下一步更深入的队列研究和随机对照试验研究做准备。

（二）队列研究

队列研究通过对某一人群暴露和健康结局的长期随访观察，比较不同暴露水平下健康结局发生率的差异，从而判定暴露因素与健康结局之间有无因果关联及关联程度。常被用于评估慢性环境暴露对健康结局的影响。通常分为前瞻性队列研究和回顾性队列研究。

1. 暴露数据

队列研究的臭氧长期暴露数据通常有以下几种方法获取：

（1）利用研究对象居住地附近的固定监测站点数据。

（2）利用 LUR 模型与 CTM 模型相结合的方法对区域臭氧暴露水平进行模拟估计。

2. 人群选择

队列研究通常根据研究目的和研究条件选择适宜的研究人群。研究人群通常有可能发生所研究的健康结局。选择研究人群的方法有两种：

（1）先募集大量研究对象，然后在其进入研究队列后根据暴露情况进行分组。

（2）在已知研究对象暴露状态的基础上选择队列人群。如可根据研究对象暴露水平的高低分为高暴露组和低暴露组。由于可以对各组的研究人数进行选择，因此这种方法的效率较高。选择对照组人群的基本要求是除未暴露于研究因素外，其他各种影响因素或人群特征都应尽可能地与暴露组相同。

3. 随访

当队列研究开始后，必须采用统一的方法定期或不定期地收集研究人群中结局事件的发生情况，同时收集有关暴露和混杂因素的资料。

4. 健康效应指标

在队列研究中，健康效应指标的测量在臭氧暴露之后进行，在各个不同时间点对研究对象的健康效应指标进行测量，主要健康指标如下：

1）呼吸系统指标。呼吸系统指标可分为临床健康终点指标和亚临床健康指标。

（1）临床健康终点指标。①肺部疾病。包括哮喘、COPD 等慢性肺部疾病的发病情况。一般统计新发肺部疾病，即在研究对象纳入时未患有该疾病，而在随访期间由医师诊断的病例。②呼吸系统症状。监测的症状与横断面研究相同。对于呼吸系统症状通常用于对 COPD 患者或哮喘疾病患者，研究对象利用症状日记来记录整个研究期间的呼吸系统症状的发生情况及频率。③呼吸系统疾病死亡率。死亡率数据通常来自于各地区卫生系统统计的死亡率，需要根据死亡登记证明及国际疾病分类对队列人群中死亡原因进行编码，统计每日因呼吸系统疾病的死亡人数及死亡率，以分析臭氧暴露与呼吸系统之间的关联。

（2）亚临床效应指标。①肺功能。其意义和测量方法与短期急性暴露测量时相同。需要根据队列研究的随访时间进行测量记录。②肺部炎症及损伤。持续的炎症和损伤可以导致组织间的重塑进而在慢性肺部疾病如 COPD 和哮喘的发生和发展过程中起到很重要的作用。因此可以通过测量 BALF 及 EBC 中炎症因子的水平来评估臭氧慢性暴露的健康效应。测量方法与短期暴露健康效应指标相同，可采用相应的 ELISA 试剂盒进行检测。

2）心血管系统指标。

（1）临床健康终点指标。心血管疾病的发病率及死亡率，在随访过程中记录队列人群中心血管疾

病的发生情况及死亡情况。此外，也可从当地卫生系统中获得死亡率数据。

（2）亚临床效应指标。长期暴露健康效应指标有一些与短期暴露相同，包括：①血压。测量方法同前所述。②心率变异性。测量方法同前所述。③脂质过氧化和抗氧化能力标志物。除了可以检测SOD、MDA和GSH-Px外，还可利用质谱仪对8-异前列腺素进行检测，该标记物在正常生理条件下连续形成，但在暴露于某些环境因素后浓度会升高，对于评估心血管疾病的严重程度及预后具有重要意义。④血糖、血脂代谢标志物。主要包括总胆固醇、空腹血糖和HbA1C的浓度水平。可采用酶分析法测定血清总胆固醇含量；采用血糖检测仪测量空腹血糖，利用离子交换层析法分析HbA1C的含量。⑤炎症标志物。测量指标及方法同前所述。

3）生殖和发育效应。在流行病学研究中，由于通常将整个孕期作为暴露期，因此对于生殖发育影响的研究通常为长期暴露效应研究。生殖和发育相关的效应指标通常包括精子的活力和质量、卵巢功能、卵母细胞结构和形态、新生儿出生体重、早产、胎儿生长发育状况（低出生体重、宫内发育迟缓、小于胎龄产儿）及出生缺陷等。

4）中枢神经系统效应。对于臭氧暴露对中枢神经系统的影响，通常采用以下测试来衡量中枢神经系统的行为。

（1）简单反应时间测试（simple reaction time test，SRTT），是一种对视觉运动速度的基本测量措施。

（2）数字符号替换测试（symbol-digit substitution test，SDST），编码能力。

（3）串行数字学习测试（serial-digit learning test，SDLT），是一种对注意力和短时记忆能力的测试。

5）致癌性和潜在的遗传毒性。通常利用癌症的死亡率来检测臭氧暴露产生的致癌效应；利用臭氧暴露对机体DNA损伤程度（通过彗星实验来测定）来评价其潜在的遗传毒性。

5. 统计分析方法

通常采用cox比例风险回归模型和logistic回归模型来估计臭氧暴露的健康风险。

6. 优点与局限性

（1）优点。因为暴露与结局发生的时间顺序十分明确，因此可以用来探究臭氧与健康结局之间的因果关系。

（2）局限性。长期的队列研究花费较大，实施较难，容易发生研究对象的失访，造成失访偏倚等。

（吴少伟）

第三节　问题与展望

一、臭氧的暴露评估方法

运用毒理学或流行病学的方法可以用来评估臭氧对健康的短期和长期影响。国内现有流行病研究中，暴露评价部分多利用少数固定监测站点数据来代替研究对象的臭氧暴露水平，对于利用模型法估计臭氧暴露水平和使用个体暴露监测方法的研究仍然非常匮乏。同时由于空气中臭氧常与其他污染物同时存在，应关注臭氧与其他污染物的综合暴露评估方法的建立。此外，目前我国对室内臭氧污染的研究仍然较为缺乏。室外臭氧进入室内，可与某些室内污染物发生反应，产生氧化产物，影响人体实际暴露水平。因此应在典型污染地区建立完善的臭氧监测网络，采用适宜的统计学方法建立臭氧暴露评估模型，开展个体水平和室内外环境的监测，为综合评估臭氧的暴露水平及其健康影响积累基础数据。

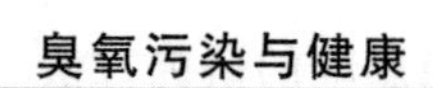

二、臭氧的健康效应及影响评价方法

在臭氧的健康效应及影响评价方法方面，国内目前已有毒理学研究，较多采用急用染毒方法对亚临床健康效应进行观察，较少开展亚慢性及慢性效应研究，缺乏对疾病发病机制的解析；而流行病学研究则较多集中于对死亡、住院和门急诊等临床健康终点结局的短期观察，尚缺乏长期前瞻性队列研究证据；在臭氧不同暴露模式导致的健康效应方面，针对臭氧短期暴露对机体心血管系统与呼吸系统影响的研究方法相对较为完善，而针对臭氧长期暴露对心肺疾病发生的影响及其机制，以及臭氧暴露对机体其他系统健康影响的评价方法尚未完善；对臭氧污染的易感性可能受多种因素影响，包括各种健康危险因素如吸烟、过量饮酒、膳食、气候变化等，目前尚未建立针对臭氧暴露与其他健康危险因素之间交互作用的评价方法。综上所述，应综合运用毒理学和流行病学等研究手段，在研究方法学上不断创新，建立完善的臭氧污染对机体健康效应及影响的评价方法，以利于开展高质量研究，为防治臭氧污染导致的人群不良健康结局提供切实可靠的依据。

（吴少伟）

参考文献

[1] 李永峰.环境毒理学研究技术与方法[M].哈尔滨：哈尔滨工业大学出版社，2011.

[2] Wang G，Zhao J，Jiang R，et al. Rat Lung Response to Ozone and Fine Particulate Matter（$PM_{2.5}$）Exposures[J]. Environmental Toxicology，2015,30(3):343-356.

[3] Schmelzer K R，Wheelock S M，Dettmer K，et al. The Role of Inflammatory Mediators in the Synergistic Toxicity of Ozone and 1-Nitronaphthalene in Rat Airways[J]. Environmental Health Perspectives，2006，114(9):1354-1360.

[4] Kodavanti U P，Thomas R，Ledbetter A D，et al. Vascular and Cardiac Impairments in Rats Inhaling Ozone and Diesel Exhaust Particles[J]. Environmental Health Perspectives，2011,119(3):312-318.

[5] Goodman J E，Prueitt R L，Sax S N，et al. Ozone exposure and systemic biomarkers：Evaluation of evidence for adverse cardiovascular health impacts[J]. Critical Reviews in Toxicology，2015,45(5):412-452.

[6] Santiago-López D，Bautista-Martínez J A，Reyes-Hernandez C I，et al. Oxidative stress，progressive damage in the substantia nigra and plasma dopamine oxidation，in rats chronically exposed to ozone[J]. Toxicology Letters，2010，197(3):193-200.

[7] 贝克，纽伊文享森.环境流行病学研究方法与应用[M].张金良，译.北京：中国环境科学出版社，2012.

[8] 刘越，黄婧，郭新彪，等.定组研究在我国空气污染流行病学研究中的应用[J].环境与健康杂志，2013，30(10):932-935.

[9] Wang M，Sampson P D，Hu J，et al. Combining Land-Use Regression and Chemical Transport Modeling in a Spatiotemporal Geostatistical Model for Ozone and $PM_{2.5}$[J]. Environmental Science & Technology，2016，50(10):5111-5118.

[10] Chen C，Zhao B，Weschler C J. Assessing the Influence of Indoor Exposure to "Outdoor Ozone" on the Relationship between Ozone and Short-term Mortality in U. S. Communities[J]. Environmental Health Perspectives，2012，120(2):235-240.

[11] Balbi B，Pignatti P，Corradi M，et al. Bronchoalveolar lavage，sputum and exhaled clinically relevant inflammatory markers：values in healthy adults[J]. European Respiratory Journal，2007，30(4):769-781.

[12] Reigart，R. J. Asthma in Exercising Children Exposed to Ozone：A Cohort Study[J]. Clinical Pediatrics，2003,359(9304):386-391.

[13] Park S K，O'Neill M S，Vokonas P S，et al. Effects of Air Pollution on Heart Rate Variability：The VA Normative Aging Study[J]. Environmental Health Perspectives，2005,113(3):304-309.

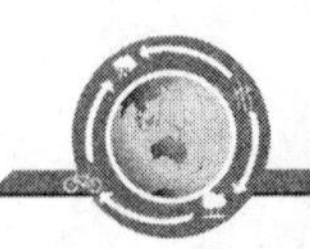

[14] Chen C, Arjomandi M, Balmes J, et al. Effects of Chronic and Acute Ozone Exposure on Lipid Peroxidation and Antioxidant Capacity in Healthy Young Adults[J]. Environmental Health Perspectives, 2007, 115(12):1732-1737.

[15] Miller D B, Ghio A J, Karoly E D, et al. Ozone Exposure Increases Circulating Stress Hormones and Lipid Metabolites in Humans[J]. American Journal of Respiratory and Critical Care Medicine, 2016, 193(12):1382-1391.

[16] Chuang K J, Yan Y H, Chiu S Y, et al. Long-term air pollution exposure and risk factors for cardiovascular diseases among the elderly in Taiwan[J]. Occupational and Environmental Medicine, 2010, 68(1):64-68.

[17] JiuChiuan C, Joel S. Neurobehavioral effects of ambient air pollution on cognitive performance in US adults[J]. Neurotoxicology, 2009, 30(2):231-239.

[18] Jerrett M, Burnett R T, Pope C A, et al. Long-Term Ozone Exposure and Mortality[J]. New England Journal of Medicine, 2009, 360(11):1085-1095.

第五章　臭氧污染的毒作用研究

地面水平的臭氧有两类来源，一类是自然界产生的，另一类是城市烟雾的主要组成，是由氮氧化物（nitrogen oxides，NO_x）和挥发性有机物（volatile organic compounds，VOCs）在光照和高温的情况下发生光化学反应所形成的二次污染物。在城市，汽油的燃烧是 VOCs 的主要来源，而化石燃料的燃烧是氮氧化物的主要来源。气候的变化将通过区域天气类型的改变来增加臭氧的浓度，进而增加有害暴露的水平。1990 年，全球范围内包括了中欧、中国、巴西、南非和美国东北部，较高浓度年均最高臭氧浓度为60 μg/L。到 2030 年，在高浓度排放情况下，臭氧浓度达到 60 μg/L 的地区将显著增多，尤其是在欧洲和北美。所以臭氧污染所引起的健康问题应该予以重视。

第一节　臭氧污染对呼吸系统的影响

呼吸道对吸入有毒物质所引起的损伤是极其敏感的，可能是因为呼吸道直接与外部环境相通。损伤的起始位点主要依赖于吸入毒物的理化特征及吸入量，机体因素也起到一定的作用。根据这些作用因素，损伤可能直接来源于外源物对机体的急性或慢性效应。

臭氧是一种主要的二次大气污染物，一种强氧化剂，亦是光化学烟雾的主要成分，随着工业化和城市化的迅速发展，臭氧已经成为主要的大气污染物之一。人体长时间吸入低浓度的臭氧，轻者可引起头晕、头痛和呼吸道黏膜刺激等症状，重者可引起肺组织细胞等超微结构改变及机体免疫功能下降。

肺部是臭氧接触的第一个靶器官。流行病调查研究已表明臭氧暴露与哮喘和 COPD 的症状加重及住院率增加密切相关。臭氧暴露可使健康受试者出现气道高反应性（airway hyperresponsiveness，AHR）和中性粒细胞为主的气道炎症。而现有的动物实验研究表明，臭氧暴露对肺功能、气道高反应性、炎症损伤和氧化应激及肺宿主防御有主要影响。几个物种，包括狗、兔子、豚鼠、大鼠和小鼠常作为动物模型来研究臭氧的肺毒性效应，而灵长类由于其与人类的相似性使得他们在研究臭氧的肺毒性效应中颇受欢迎。几个肺效应，包括炎症、形态测量上的改变、气道高反应性均在臭氧急性暴露的猕猴上发现。本节主要阐述臭氧污染对呼吸系统上述几个方面影响的毒性研究。

一、肺的结构和功能的影响

急性的臭氧暴露能够引起可逆的肺功能降低和短暂的呼吸症状，如咳嗽、气喘和胸痛。流行病学研究表明，80 μg/L 和更高浓度的臭氧暴露可以引起肺功能的降低。研究发现，当臭氧浓度低于 72 μg/L 时，在人体中观察到的肺功能效应与净化过的空气对照组相比，没有统计学上的差异；当臭氧浓度达到72 μg/L时，肺功能效应表现为短暂的、可逆的损伤，不严重，也不干扰正常活动，没有引起持久的呼吸损伤或者进行性呼吸功能障碍。这一结果说明，在当前美国国家环境空气质量标准（NAAQS，75 μg/L）范围内的臭氧浓度不会引起肺功能的损伤效应。

目前，在毒理学中已有很多研究都证实臭氧对肺的结构和功能都会造成不利的影响。将小鼠或大鼠暴露于 4.3 mg/m^3（约 2.15 μg/L）或 5.36 mg/m^3（约 2.68 μg/L）的臭氧 3 h 后，肺通气功能下降。另有研究者将 3 组小鼠分别暴露于 0.64 mg /m^3（约 0.32 μg/L）、2.14 mg/Lm^3（约 1.07 μg/L）和

5.36 mg/Lm³（约 2.68 μg/L）的臭氧，检测结果显示，3 组小鼠肺组织中 IL-6、嗜酸性粒细胞趋化因子、巨噬细胞炎性蛋白（macrophage inflammatory protein，MIP）-1α、MIP-2 和金属硫蛋白的 mRNA 转录水平均随着暴露时间发生改变，说明急性臭氧暴露所带来的分子水平的变化也许能够预测长期的暴露反应。在急性暴露条件下，肺气肿和肺功能的改变都是可逆的，但是，当小鼠暴露于 5.36 mg/m³（约 2.68 μg/L）的臭氧，每天暴露 3 h，持续超过 6 周后，就可导致肺气肿和肺功能的不可逆改变。

当前研究结果认为，一些物种经臭氧的急性暴露（小于 1 周，浓度从 0.25～0.4 μg/L），可导致肺功能降低。早期的研究表明大鼠在 0.2 μg/L 的急性暴露中，可观察到呼吸频率的增加和潮汐量（比如快速的较浅呼吸）的降低；大鼠急性暴露于 0.5 μg/L 的臭氧后，肺容量降低。人和大鼠在 6 h/d、连续 5 d 的臭氧暴露后发现，肺功能降低逐渐得到缓解，但是肺损伤和形态学改变没有缓解，该研究表明，这种缓解没有引起对所有臭氧效应的保护作用。大鼠肺影像研究表明，0.5 μg/L 臭氧暴露后，肺通气出现异常。大鼠持续性（22 h/d）或间断性（12 h/d）0.5 μg/L 臭氧暴露 2～6 d，肺灌注的动态影像显示肺叶的填充延迟或表现为不完全填充，主要表现在肺的上部区域，可能是因为肺内臭氧的空间分布造成的，研究者认为肺叶或肺部片段的延迟填充可能是由外周小气道狭窄引起气道阻力的增加所造成的。李峰等人通过将小鼠暴露于 2.5 μg/L 的臭氧环境中，3 h/次，单次或者多次（1 次/3 d，6 周）臭氧暴露，研究急性、慢性臭氧暴露对小鼠肺部结构和肺功能的影响，结果表明急性臭氧暴露小鼠的肺功能无明显改变；而慢性臭氧暴露小鼠的肺容量（包括吸气量 IC、功能残气量 FRC、肺总量 TLC）增加，肺弹性回缩力下降，呼出气流阻塞。该研究证实慢性臭氧暴露也可引起肺部病理改变。

臭氧可引起肺部形态学改变包括肺泡壁增厚、肺泡平均线性截距（mean linear intercept，Lm）升高、肺泡上皮-毛细血管屏障损伤、支气管和终末细支气管上皮增厚、支气管腔中有白细胞聚集。Dungworth 等人的研究显示大鼠和猴子在短期臭氧暴露后的易感性上较为相似：0.2 μg/L 臭氧暴露 8 h/d，连续暴露7 d，均可观察到轻度但可辨别的损伤，且主要发生在小气道的连接处和气体交换区域。研究者发现大鼠暴露浓度低至 0.1 μg/L 可观察到形态学的效应。在大鼠中，突出的特征表现为在巨噬细胞聚积、坏死的Ⅰ型上皮细胞被Ⅱ型上皮细胞替换、纤毛和无纤毛的 Clara 细胞损伤；损伤的主要位点是肺泡管。在猴子中，臭氧引起的主要损伤在小气道；臭氧浓度为 0.2 μg/L 时，损伤的主要位点在呼吸性细支气管的近端部分；当臭氧浓度增加到 0.8 μg/L 时，损伤的程度增加，延伸到肺泡管的近端部分。Mellick 等将猴子暴露于 0.5 μg/L 和 0.8 μg/L 的臭氧，8 h/d，暴露 7 d 后发现了相似但更显著的效应。这些实验表明，臭氧所致的主要效应是无纤毛细支气管上皮细胞的增生和肥大及巨噬细胞的聚积，其中呼吸性支气管受到的损伤最严重，而远端薄壁组织区域未受到影响。在小鼠中，持续 7 d 0.5 μg/L 臭氧暴露引起 Clara 细胞结节性增生。相似的研究结果在 Schwartz 等人的研究中也被证实，他们将大鼠暴露于 0.2 μg/L、0.5 μg/L 或0.8 μg/L的臭氧 8 h/d 或 24 h/d，持续暴露一周，观察到近端肺泡中炎症细胞的渗透和Ⅰ型肺泡细胞的肿胀和坏死、终末细支气管中纤毛的缩短和纤毛细胞中基体的聚集；这些肺部效应在臭氧浓度为 0.2 μg/L 时就可明显观察到，且呈明显的剂量效应关系。值得注意的是，大鼠在持续臭氧暴露（24 h/d）和间断性暴露（8 h/d）时所致的形态学改变没有明显的不同。

二、气道高反应性

气道高反应性（airway hyperresponsiveness，AHR）指气道对各种刺激因子出现过强或过早的收缩反应。气道反应性通常由测定吸入雾化特定物（过敏原）或非特定支气管收缩剂如乙酰甲胆碱或者给予其他刺激（如锻炼或者冷空气）后肺功能（FEV_1 或者特异的气道抵抗 sRaw）的改变来量化。

许多物种，包括非灵长类、狗、猫、兔子和啮齿类已经被用来检测臭氧暴露对气道高反应性的影响。除了个别研究，豚鼠、大鼠和小鼠作为常用的动物模型急性暴露于 1～3 μg/L 的臭氧均可引起气道

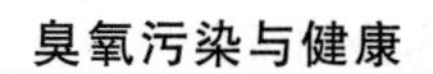

高反应性。这些动物模型与人类的气道高反应性有明确的相关性，可用来确定气道高反应性的潜在机制。尽管 1～3 μg/L 似乎是一个高暴露浓度，但是基于人和大鼠肺泡灌洗液（bronchoalveolar lavage fluid，BALF）中$^{18}O_3$（氧-18 标记的臭氧）的含量，参与锻炼的人 0.4 μg/L 的暴露大致相当于静息状态下大鼠 2 μg/L 的暴露量。在有限的几个研究中观察到啮齿类动物暴露小于 0.3 μg/L 的臭氧也引起气道高反应性。小鼠或大鼠暴露于 4.3 mg/m^3（约 2.15 μg/L）或 5.36 mg/m^3（约 2.68 μg/L）的臭氧3 h 可引起气道高反应性，支气管壁胶原物质减少，呼吸道平滑肌收缩，肺泡灌洗液中总蛋白量、白细胞数、白介素-13（interleukin-13，IL-13）和透明质酸（haluronan，HA）的浓度升高。另有一项研究表明，较低浓度的臭氧（0.05 μg/L 暴露 4 h）可在 9 个品系的被检测大鼠中引起气道高反应性。引起这种效应的臭氧浓度比在其他任何物种中所报道的引起气道高反应性的浓度要低很多。

Chhabra 等学者的研究表明吸入卵清蛋白（ovalbumin，OVA）致敏的豚鼠暴露 0.12 μg/L 的臭氧（2 h/d,持续 4 周）可引起特异性的气道高反应性，但在豚鼠的饮食中每日补充维生素 C 和维生素 E，可观察到气道高反应性、炎症和氧化应激部分缓解。Larsen 等人将小鼠分为非致敏组和连续 10 d 吸入雾化卵清蛋白的致敏组，在非致敏的动物中，一次 3 h 暴露于 0.5 μg/L 臭氧后，可观察到乙酰甲胆碱刺激气道反应性增加，而 0.1 μg/L 或 0.25 μg/L 臭氧暴露没有引起这一效应；但在 OVA 致敏的小鼠中，0.1 μg/L 和 0.25 μg/L 暴露后均可观察到气道高反应性。

为了评价臭氧所引起的特异性和非特异性气道反应性，考虑臭氧引起这种效应的缓解效应非常重要。几个研究已经清楚地表明，臭氧急性暴露引起的一些效应在重复或延长臭氧暴露后缺失。肺系统适应臭氧重复刺激的能力是复杂的，而且实验发现臭氧引起气道高反应性的缓解是不一致的。有研究发现，小鼠暴露于 0.3 μg/L 的臭氧 3 h 后，可观察到气道高反应性，但持续 72 h 后，未观察到气道高反应性。但是，Chhabra 的研究表明，连续 10 d（2 h/d）的臭氧暴露可以引起豚鼠的气道高反应性。这些研究结果的不同，除了明显的种属差异，还表现在小鼠是持续暴露 72 h，豚鼠是间断性地暴露 10 d，即每一天只有2 h暴露，表明缓解效应可能会随着臭氧暴露的间歇而消失。

总之，很多毒理学研究表明，臭氧急性或重复暴露于相关浓度的臭氧，在豚鼠、大鼠和小鼠中均可观察到气道高反应性。臭氧提高特异性（OVA）或非特异性（乙酰甲胆碱）支气管激发的气道高反应性的机制仍然不清楚，但是表现出可能与传导性气道中复杂的细胞及生化改变有关，且许多潜在的介质和细胞在臭氧引起气道高反应性这一过程中起到重要的作用。

三、肺炎症、损伤和氧化应激

除了生理上肺反应、呼吸系统症状和气道高反应性外，广泛的人类临床、动物毒理学证据和有限的流行病学证据明确表明臭氧暴露还可引起上皮渗透性的增加和气道炎症反应。

（一）体内实验研究

气道纤毛上皮细胞和Ⅰ型肺泡细胞是对臭氧最敏感的细胞，也是臭氧作用的起始靶点。这些细胞被臭氧损伤后，可产生一系列的前炎症因子，如 IL-6、IL-8 和 PGE2，这些因子可引起一系列反应导致中性粒细胞（PMN）和肺泡巨噬细胞在肺部聚集，从而引发炎症，增加上皮屏障的渗透性。炎症的一个关键作用是可以引起肺形态改变，如肺泡壁的增厚、上皮的增生，当暴露持续一个月或更长时间，可观察到超量胶原质和间质纤维化。大量的体内和体外研究表明臭氧可引起肺部炎症和损伤，且为其潜在机制提供新的信息。李峰等人通过小鼠急性和慢性臭氧暴露的研究表明，臭氧可引起 BALF 中中性粒细胞、嗜酸粒细胞增加，肺部炎症积分增加，肺组织切片可观察到支气管、血管周围炎性细胞浸润。

成年猕猴暴露于1 μg/L的臭氧8 h，炎症细胞增加。炎症与形态测量改变相关，如在气管、支气管或呼吸性支气管中观察到坏死细胞、平滑肌、纤维细胞和无纤毛细支气管细胞。这些效应在短期重复暴露于环境相关浓度的臭氧后也被观察到。0.15 μg/L臭氧、8 h/d、连续6 d暴露后的帽猴，发现其肺、鼻子和声带的形态学发生改变。在另一研究中，成年雄性猕猴暴露于1 μg/L臭氧6 h后会引起肺部炎症和损伤标志物的明显增加，包括引起BALF中中性粒细胞、总蛋白、碱性磷酸酶、IL-6、IL-8和粒细胞集落刺激因子（G-CSF）的增加，且IL-10抗炎症因子也增加，但是IL-10和G-CSF倍数的改变相对较低，并且变异度较高；一次暴露也引起终末细支气管和呼吸性细支气管远端部分坏死和上皮层脱落，也发现了细支气管炎、肺泡炎、薄壁组织和肺泡中央型炎症；间隔2周的第二次暴露后也发现相似的炎症反应，但总蛋白和碱性磷酸酶增加量有所减弱，说明不是所有的肺灌洗指标在非灵长类臭氧重复暴露后得以缓解，并且这种缓解的变异性与先前在啮齿类和非灵长类中的发现较为相似。

不同物种和不同的暴露时间可能对臭氧所引起的炎症损伤效应不同。成年BALB/c小鼠暴露0.1 μg/L臭氧4 h后BALF中的IL-8、IL-6和肿瘤坏死因子-α（TNF-α）含量，与对照组相比分别增加了6倍、12倍和2倍；此外，BALF中中性粒细胞的数量增加了21%，而其他细胞没有变化。BALB/c小鼠暴露于臭氧3 h后，随着臭氧浓度从0.12 μg/L到2 μg/L的增加，中性粒细胞的增加表现出剂量-效应趋势。129J小鼠暴露于0.2 μg/L的臭氧4 h后，气道上皮的改变不明显，但是SD大鼠暴露于0.25 μg/L的臭氧5 d或60 d后，可观察到支气管上皮脱落。野生型小鼠（129/Ola和C57BL/6背景）亚急性（65 h）暴露于0.3 μg/L臭氧可引起肺炎症、细胞因子增加和血管渗透性的增加，这些效应在金属硫蛋白Ⅰ/Ⅱ基因敲出的小鼠中症状更为明显。C57BL/6小鼠暴露于0.3 μg/L臭氧3 h或72 h都引起IL-6表达增加，BALF中蛋白和血清中TNF-α受体（sTNFR1和sTNFR2）量增加，且BALF中蛋白、sTNFR1和sTNFR2的含量在72 h暴露组中高于3 h暴露组的含量，但只在臭氧暴露72 h后的小鼠中发现中性粒细胞的数量增加。在另外一个研究中，同样的72 h亚急性暴露使小鼠BALF蛋白、趋化因子IP-10、sTNFR1、巨噬细胞、中性粒细胞和IL-6、IL-1α和IL-1β表达增加。Yoon等人将C57BL/6J小鼠分别持续暴露于0.3 μg/L的臭氧6 h、24 h、48 h和72 h后，在各个时间点均观察到肺中基质金属蛋白酶和炎症细胞的水平上升。用相似的暴露实验设计，在C3H/HeJ和C3H/OuJ小鼠的研究中表明，臭氧暴露后小鼠BALF中蛋白、中性粒细胞（PMNs）和库普弗细胞（Kupffer cells，KC）的含量上升，这些主要参与的是TLR4（toll-like receptor 4）通路；C3H/OuJ小鼠中热休克蛋白HSP70的含量也上升，进一步在HSP70缺陷小鼠中的研究表明，臭氧引起的损伤中HSP70是一个特殊的通路。

成年C57BL/6J小鼠暴露于0.5 μg/L臭氧3 h，观察到暴露后早期（5 h），BALF中TNF-α和IL-1β含量增加，暴露24 h后，这一现象消失；总BALF蛋白在暴露24 h后上升，但是乳酸脱氢酶（LDH）、总细胞或PMNs没有明显变化；臭氧暴露24 h后可以明显增加BALF黏蛋白的含量，在暴露3 h或24 h后，表面蛋白D均明显上升。但是，Aibo等人在同一种系小鼠暴露于0.25 μg/L或0.5 μg/L臭氧6 h后，没有检测到BALF炎症细胞数量的变化及肺或循环系统中大多数炎症因子的改变，且暴露臭氧9 h后亦没有发现明显改变。C57BL/6小鼠暴露1 μg/L臭氧3 h后，BALF中总细胞、中性粒细胞和KC增加，这些反应在暴露后的24 h时最强；臭氧暴露引起氧化应激，在暴露后48 h达到最高峰；臭氧暴露还引起肺组织中促炎症因子白细胞介素-1β（interleukin-1β）及抗氧化因子血红素氧合酶-1（heme oxygenase-1，HO-1）的mRNA水平升高，同时，具有抗氧化性的锰超氧化物歧化酶（manganese superoxide dismutase，superoxide dismutase 2，SOD2）基因转录水平也随之升高；臭氧暴露后肺组织、血浆和尿中出现脂质过氧化产物和蛋白的氧化产物。

变应性哮喘（atopic asthma）是臭氧暴露引起严重气道炎症的一个风险因素。致敏的动物模型常用来研究臭氧在这一潜在风险人群中的效应。Farraj 等将 OVA 致敏的成年雄性 BALB/c 小鼠暴露于 0.5 μg/L臭氧 5 h，1 次/周，连续 4 周后发现，与空气组相比，臭氧暴露组小鼠 BALF 中嗜酸性细胞增加了 85%，中性粒细胞增加了 103%，但是这些改变在肺组织病理评价中并不明显，在鼻腔中也未观察到臭氧引起的损伤；另外，臭氧暴露也会引起 BALF 中 N-乙酰-氨基葡萄糖苷酶（NAG，炎症损伤标志）和蛋白水平的增加。这些在致敏小鼠模型中观察到的炎症反应在大鼠中也观察到相似的效应。Wagner 等人将 OVA 致敏的 Brown Norway 大鼠暴露于 1 μg/L 臭氧 2 d，暴露结束 1 d 后发现，臭氧可以引起肺泡中央区域位点特异的肺损伤，特征是肺泡壁增厚，可能与炎症细胞聚集有关；臭氧暴露后的致敏的大鼠与非致敏的大鼠相比，BALF 中中性粒细胞显著增加，巨噬细胞略微增加，但无统计学意义，且臭氧不影响嗜酸性细胞的数量；臭氧暴露可以引起致敏大鼠中炎症的可溶性介质（Cys-LT、MCP-1 和 IL-6）表达水平上升，但在非致敏的大鼠中没有变化。给予 γ 生育酚（γT），可中和氧化脂质自由基，保护脂质和蛋白免于氮化损伤，没有改变臭氧引起的形态学特征或者肺泡中央损伤的严重程度，也没有减少中性粒细胞流入，但明显降低了致敏大鼠中臭氧引起的可溶性炎症介质。由此可见，相对于正常的动物而言，有呼吸系统疾病或缺陷的动物对臭氧诱导的一系列有害效应更为敏感。

（二）体外实验研究

上述的大量毒理学研究表明，在动物中，急性臭氧暴露引起肺部损伤和炎症，这与流行病学及人群暴露观察研究中所获得的结果相一致。毒理学的研究除了体内实验研究外，还包括体外实验研究。在臭氧所引起的呼吸系统损伤的研究上，除了上述的体内实验研究以外，近年来从细胞水平上探索臭氧对呼吸系统的影响取得了一定的进展。人支气管上皮细胞 BEAS-2B 暴露于 0.86 mg/Lm^3（约 0.43 μg/L）的臭氧 4 h，可以诱导促炎症因子 IL-8 水平明显升高，同时还证实臭氧可以诱导 BEAS-2B 细胞产生活性氧（reactive oxygen species，ROS）及活化核因子-κB（nuclear factor kappa B，NF-κB）。Damera 等人构建了一个正常人支气管上皮细胞（normal human bronchial epithelial cells，NHBC）和平滑肌细胞（smooth muscle cells，ASM）的共培养模型，再把共培养模型暴露于 1.29 mg/m^3（约 0.65 μg/L）的臭氧 6 h，结果发现共培养细胞模型中 PGE2 和 IL-6 表达水平明显升高。

概括地讲，炎症可被认为是机体对损伤的一种反应，炎症的发生是损伤发生的证据。臭氧暴露所引起的炎症可能有几种结局：①由一种暴露或者几种暴露引起的炎症可完全消除；②持续的急性炎症能发展为一种慢性炎症状态；③持续的炎症能够引起肺组织结构和功能的其他改变，引起如纤维化等疾病；④炎症能够改变机体对吸入微生物的机体防御反应，尤其是在潜在风险人群（如年幼和年老者）中；⑤炎症能够改变肺对其他过敏原或毒物的反应。除了第 1 种结局，其他 4 种可能的慢性反应在臭氧暴露的动物中均被直接观察到。在有肺部疾病或吸烟者的人体中这种炎症反应特征有可能发生改变。氧化应激在引起和维持臭氧引起的炎症中起到重要作用。臭氧和上皮细胞衬液（extracellular lining fluid，ELF）组分反应形成的次级氧化产物能增加细胞因子、趋化因子和黏附分子的表达，并且能提高气道上皮渗透性。

四、肺脏宿主防御

哺乳类的呼吸道有许多密切整合的防御机制，当功能正常时，可抵抗来自许多吸入颗粒物和细菌等外源物质暴露所引起的潜在健康损害效应。概括来讲，这些整合的抵抗可被分为两个主要的部分：非特异性（运输、吞噬作用和杀菌性）和特异性（免疫学）抵抗机制。很多敏感可靠的方法被用来评价臭氧对肺脏防御系统各个部分的效应，更好地理解吸入的污染物与健康损害之间的关系。动物毒理学的研究证实急性臭氧暴露（浓度低至 0.08～0.5 μg/L）能够引起感染性疾病易感性的增加。这部分

内容将围绕宿主抵抗所涉及的几个方面，如黏膜纤毛滚梯、吞噬作用、杀菌性和肺泡巨噬细胞的调节能力、适应性免疫系统和宿主对肺感染的反应。

（一）黏膜清除

黏膜系统是肺的主要防御机制之一。它通过捕获和快速移除沉积或通过肺泡巨噬细胞的迁移从肺泡区域清除细菌来保护传导性气道。纤毛运动将捕获黏膜层的颗粒物并带到咽部，在黏液被吞入或咳痰带出。

黏膜清除的有效性可通过测定沉积颗粒转运率的生物活性、纤毛摆动的频率、纤毛细胞结构的完整性、黏液分泌细胞的大小、数量和分布这几个方面来确定。一旦这种防御机制被改变，有生命活力和没有生命活力的吸入物质在上皮可以损害宿主的健康，损伤的程度依赖于未被清除物质的特性。黏膜清除的损伤能够引起不必要的细胞分泌物聚积，增加感染、慢性支气管炎和 COPD 等并发症。先前许多动物实验研究了臭氧暴露对黏膜清除的效应，发现急性和亚慢性暴露于 0.2 μg/L 甚至更高浓度臭氧可以引起气管、支气管树中细胞形态学损伤，纤毛表现为完全缺失或明显变短。一旦这些动物被放置在过净化空气环境中后，受损的纤毛再生，表现为正常的结构。基于这样的形态学观察，臭氧暴露后，会出现纤毛停滞、黏液分泌增加和黏膜纤毛转运率降低等相关效应。但是，整体动物实验中，没有确切数据表明臭氧暴露延长会影响纤毛功能活力或者纤毛转运率。大多研究表明，臭氧急性暴露后，纤毛转运功能常表现为延缓颗粒物的清除速度，且清除速度降低在较高剂量（1 μg/L）情况下更为明显。

（二）细支气管肺泡转运机制

除了沉积在传导性气道黏膜表层颗粒物的转运，沉积在肺深部的颗粒物也会由呼吸道或间质通路进入到淋巴循环系统中。细支气管肺泡转运的核心机制包括吞噬颗粒物的巨噬细胞移动到黏膜纤毛滚梯的底部，没有被巨噬细胞吞噬的、沉积在呼吸膜的颗粒物能够进入肺间质部位。一旦进入间质，颗粒物的移除会更加困难，根据颗粒物的毒性或感染性的特征，颗粒物会在间质部位发挥损伤作用。尽管一些研究表明臭氧暴露后，早期（气管－支气管）清除降低，沉积物质的后期（肺泡）清除加速，可能是肺泡中巨噬细胞增多造成的，而这些细胞中的蛋白酶和氧化应激反应又可损伤其自身细胞。

（三）肺泡巨噬细胞

呼吸系统有一系列重要的机制来减少由吸入毒物造成的损伤，包括物理和化学的屏障及免疫系统细胞，尤其是巨噬细胞。巨噬细胞对吸入毒物的非特异性宿主抵抗和生物学反应起重要的作用。除了清除颗粒物和碎片，巨噬细胞也清除微生物，募集和激活其他炎症细胞，在免疫反应中起着重要作用。肺受到损伤后，肺中的巨噬细胞及从血液和骨髓前体细胞中获得的炎症吞噬细胞进入到肺中，处于激活状态而发挥其功能。巨噬细胞释放的分泌物（氧化、蛋白酶、生物活性脂类和细胞因子）可以调节许多功能，尽管释放的分泌物是为了保护宿主和修复损伤，但如果在不恰当的时间和位置释放过多时，这些调节因子也能损伤宿主组织并促进或维持损伤。在许多肺的毒性研究中，巨噬细胞和各种炎症因子的释放都包括在肺损伤中。

在肺的气体交换区域，第一道抵御微生物和无生命活性颗粒物的防线是能够到达肺泡表面的巨噬细胞。细胞的吞噬作用是很多生物活动发生的根源，包括移出和去除吸入颗粒物的毒性、破坏微生物来维持肺部无菌性及与淋巴细胞的相互作用。在正常情况下，巨噬细胞找到沉积在肺泡表面的颗粒物并且消化它们，将颗粒物从易受攻击的呼吸膜上去除。为了充分地执行它们的防御功能，巨噬细胞必须维持其具有活力的流动性、高度的吞噬活力、杀菌活性及降解消化物质的最优化功能的生物化学和酶系统。有研究显示，短期臭氧暴露能够引起肺部防御所需的自由巨噬细胞数量减少，并且会使这些巨噬细胞更容易破碎、吞噬作用降低、杀死病原体的溶酶体酶活性降低。如一项在兔子中的研究结果显示，暴露于0.1 μg/L臭氧 2 h 可以抑制巨噬细胞吞噬功能，暴露于 0.25 μg/L 臭氧 3 h 可降低溶酶体酶活力。相似地，暴露于 0.1 μg/L 臭氧 1 周或 3 周的大鼠中的巨噬细胞表现出过氧化氢含量降低。一个控制暴露人体实验的研究表明，在适度锻炼的情况下，健康的志愿者暴露于 80～100 μg/L 的臭氧 6.6 h 后，肺泡巨噬细胞吞噬酵母的能力降低。尽管臭氧暴露后，具有吞噬作用的巨噬细胞百分比没有改变，但吞食酵母的数量减少。而且经臭氧暴露后，巨噬细胞产生超氧阴离子的能力没有发生改变。这些结果与另外一个控制暴露人体研究的结果相一致，在这个研究中，健康人群暴露于 400 μg/L 臭氧 2 h 后，收集肺灌洗液中的巨噬细胞，观察到溶酶体酶或超氧阴离子量没有变化。最近，Lay 等学者从暴露于 400 μg/L 臭氧 2 h 后的健康志愿者中观察到，从血液或唾液中获取的单核细胞或巨噬细胞的吞噬能力或氧化爆发能力没有明显改变。随后 Alexis 等人的研究发现，臭氧暴露后无谷胱甘肽硫转移酶 M1（*GSTM*1）基因与含 *GSTM*1 基因的受试者比较，巨噬细胞氧化爆发和吞噬活力增加，与 Lay 等人的研究结果相同的是，含 *GSTM*1 基因的受试者中，臭氧暴露后，巨噬细胞的功能未发生改变。总之，这些研究表明，臭氧影响巨噬细胞的功能需要多个步骤或多个方面的参与，剂量-反应关系是比较复杂的，并且应该考虑到遗传因素。

（四）感染和适应性免疫

臭氧对免疫系统的效应是复杂的，与暴露的实验设计和观察周期有关。通常来讲，随着持续的臭氧暴露，早期的免疫抑制效应减弱，导致恢复到正常反应水平或者提高免疫反应。有研究报道臭氧暴露会引起淋巴组织中的细胞群发生改变。另有研究发现，小鼠暴露于 0.6 μg/L 臭氧 10 h/d，暴露 15 d 后，脾脏中的 T 细胞亚群数量减少。

在动物模型中，发现臭氧可改变对抗原刺激的反应。在研究中发现，小鼠暴露于 0.8 μg/L 臭氧 56 d后，T 细胞依赖抗原的抗体反应受到抑制。0.5 μg/L 臭氧暴露 14 d 后可以降低流感病毒感染后抗病毒抗体反应，这样的损害效应将导致对再次感染的抵抗力降低。臭氧暴露与抗原刺激发生的时间关系严重影响免疫反应。有研究发现，当臭氧暴露发生在 *Listeria* 感染之前，小鼠迟发型过敏反应或脾脏淋巴组织增生反应未受到影响；但是，当臭氧暴露发生在 *Listeria* 感染中或感染后，这些免疫反应受到抑制。在另外一个研究中，0.6 μg/L 臭氧暴露 15 d 后，激活 T 细胞增殖的细胞分裂素降低，这种效应可通过补充抗氧化剂得以缓解。抗原特异性增殖降低了 60%，表明获得性免疫衰减，需要补充记忆反应。臭氧暴露也影响细胞因子反应，因为由非特异的刺激转向炎症反应，表现为 IL-2 的降低和 IFN-γ 的增加。Sharkhuu 等人的研究发现，臭氧暴露小鼠的子代的免疫功能表现出适度降低。

急性臭氧暴露削弱了动物宿主抵抗的能力，主要通过抑制巨噬细胞的功能，也有可能是通过降低对吸入颗粒物和微生物的黏膜纤毛清除作用。结合从控制暴露人体研究中所获取的有限证据表明，暴露于臭氧的人群，下呼吸道容易受到细菌感染，这种感染的严重性依赖于细菌能够发展为有害因子的速度及 PMNs 能够流入来补偿巨噬细胞功能缺陷的速度。有限的流行病学研究调查了臭氧暴露和住院率或者因呼吸感染、肺炎或流行性感冒急诊率（ED）的相关性，结果是多种多样的，在一些案例中还是相互矛盾的。

（王广鹤）

第二节　臭氧污染对心血管系统的影响

臭氧不仅能够引起肺功能的下降、呼吸系统症状（咳嗽、哮喘和肺部炎症等）增加，也是心血管

系统疾病发生的重要危险因素之一。

一、流行病学调查

流行病学调查结果表明短期吸入 O_3 与急性心梗、冠状动脉粥样硬化、肺心病等心血管疾病的发生有关。Nuvolone 等对意大利托斯卡纳区的 5 个城市研究结果显示，短期接触低浓度 O_3（接近当地现行空气质量标准）可致冠心病的死亡率升高。Ruidavets 等研究发现，短期吸入 O_3 与中年健康人群的急性心肌梗死事件发生有关。O_3 的短期暴露还与未患心血管疾病的中年人患急性冠状动脉疾病、医院外心脏停搏、降低心率和平均动脉压相关，并且环境 O_3 浓度的短期增加，患心血管疾病（急性心肌梗死、冠状动脉疾病等）的死亡率也随之提高。

长期暴露 O_3 可增加心血管系统疾病的发病率、入院率及死亡率。Buadong 等利用泰国曼谷 2002 年 4 月—2006 年 12 月的 O_3 监测数据和 3 家政府医院记录分析得到在年龄≥65 岁的调查对象中 O_3 暴露值与暴露 1 d 后因心血管的入院率存在正相关关系。Burnett 等的研究发现臭氧浓度每升高 23 $\mu g/m^3$ 就会导致心脏疾病的入院率增加 8%。研究臭氧浓度的增加与死亡率之间的关系发现，每日臭氧增加 10 $\mu g/L$，对欧洲 4 个城市来说，每日死亡率增加 2.84%（95% CI：0.95%～4.77%）、7 个西班牙城市增加为 0.61%（95% CI：－0.38%～1.60%）、6 个法国城市是 1.40%（95% CI：0.68%～2.12%）。另外一项评价是关于 23 个欧洲城市臭氧暴露与每日总的和分死因死亡率的关系，发现 1 h 臭氧浓度增加 10 $\mu g/m$，心血管的死亡数增加 0.45%（95% CI：0.17%～0.52%），相对应的 8 h 的臭氧是相似的。一项关于臭氧污染的健康影响评价结果显示，2008 年上海市近地面臭氧每日最大 8 h 的年平均水平为 88 $\mu g/m^3$，其中市区为 78 $\mu g/m^3$，这种近地面臭氧污染可以导致上海市居民 1 892（95% CI：589～3 540）例早逝和 26 049（95% CI：13 371～38 499）例住院。一项南京的研究显示，在控制多种影响因素后，南京 O_3 暴露与人群非意外死亡风险增加、心血管系统疾病死亡风险增加均密切相关，O_3 短期暴露对心血管系统疾病死亡风险的影响大于对全人群非意外死亡风险的影响，O_3 浓度每升高 10 $\mu g/m^3$，可使心血管疾病死亡风险增加 1.25%（95% CI：0.78%～1.72%），这与广州、上海等地研究一致。同时研究发现，女性非意外死亡风险受到 O_3 暴露水平的影响较男性更大，65 岁以上人群非意外死亡风险的增加与 O_3 暴露水平间有显著关联。

通过深圳空气污染与医院心血管疾病住院患者数之间的相关性分析、逐步回归分析，发现空气污染物 PM_{10}、SO_2 和 O_3 均与心血管疾病住院患者数有明显的相关性，是心血管疾病发病的主要环境病因，对心血管疾病的住院量有一定影响，其中臭氧（O_3）对心血管疾病的影响最大。世界卫生组织对伊朗科曼莎的地层臭氧对健康的影响研究结果显示，臭氧浓度高于 10 $\mu g/m^3$，因臭氧所致心血管疾病的死亡率约为 2%（95% CI：0～2.9%），并且臭氧浓度每升高 10 $\mu g/m^3$，因臭氧所致心血管疾病的死亡率增加 0.4%。杨春雪等人收集不同量纲 O_3 浓度（1 h 最大、8 h 最大平均和 24 h 平均），采用广义相加模型（GAM）分析 O_3 与居民每日死亡的关联，当使用 8 h 最大平均浓度作为暴露指标时，滞后天数选择 0～1 的情况下，O_3 浓度每增加一个四分位间距，心血管疾病死亡率增加 4.47%（95% CI：1.43%～7.51%）。从郑州 2013 年 1 月 19 日到 2015 年 6 月 30 日的非意外死亡人数和环境空气污染数据得出，经季节分层分析后，在冬季 O_3 浓度每增加 10 $\mu g/m^3$，相应的心血管疾病的死亡率增加 1.35%（95% CI：0.41%～2.3%）。

大量研究表明 O_3 暴露与心血管疾病的发生密切相关，人群对 O_3 的易感性增加，心血管疾病的发病率也会相应升高。个体对 O_3 反应的差异与环境、遗传或疾病状态有关。研究发现妇女、老年人、黑人、久卧病床的患者及患有房颤、糖尿病和哮喘的患者对 O_3 易感。机体对 O_3 的易感程度还受遗传因素的影响，如谷胱甘肽转移酶 Mu 1（glutathioneS-transferase Mu 1，GSTM1）和 GSTP1 及醌氧化还原酶 1

(quinone oxidoreductase1，NQO1）的水平影响机体对臭氧的反应性和强度。

此外，O_3能够与其他空气污染物联合作用影响心血管系统疾病死亡风险。有研究发现O_3对颗粒物PM_{10}引起居民日死亡率存在着效应修饰作用，随着O_3浓度的升高，PM_{10}引起心血管疾病的死亡率也相应升高；俄罗斯的一项研究发现，当O_3浓度超过当天90%百分位数时，PM_{10}引起脑血管疾病的死亡率增加4倍。

二、志愿者实验研究

最近Drew B. Day等从2014年12月1日到2015年1月31日对长沙某厂的89名健康志愿者进行追踪调查获得24 h和2周的室内外O_3暴露的平均值，通过测量炎症和氧化应激生物标志物、动脉僵硬度、血压、血栓形成因子等指标，发现24 h O_3暴露均值每升高10 μg/L，血小板活化标志物（可溶性P选择素）平均增加36.3%（95% CI：29.9%～43.0%），心脏舒张压平均增加2.8%（95% CI：0.6%～5.1%），动脉僵硬度指标降低9.5%，当2周O_3暴露均值升高10 μg/L时，相应的血小板活化标志物（可溶性P选择素）平均增加61.1%。Andrea Tham等对19名健康志愿者暴露于200 μg/L O_3 4 h，20 h后取肺泡灌洗液，用酶谱法测得其中的基质金属蛋白酶-9（matrix metallo proteinase 9，MMP-9）水平有所升高，通过与动脉粥样硬化患者的细胞样品相比，发现吸入O_3可加重动脉粥样硬化的损伤。目前也有研究关于健康志愿者短时间暴露于300 μg/L的O_3会引起HRV的改变的报道。Devlin等采用随机交叉试验的方法分别让23名健康志愿者在进行2 h间歇锻炼的同时又暴露清洁空气或0.64 mg/m^3 O_3。结果表明，O_3可导致人体心率异常、血管出现炎症反应。Park等对波士顿地区的603名退伍军人进行心电图检查，发现在前4 h O_3增加2.6 $\mu g/m^3$，低频心率变异降低了11.5%，并且在缺血性心脏疾病和高血压的男性患者中影响尤重。对波士顿地区植入电震发生器的患者追踪调查，发现O_3浓度的短期波动会引起阵发性房颤发作风险增加（OR=2.1，95% CI：1.2～3.5）。另一方面Barath等人通过随机双盲交叉试验对36名健康成年人分别暴露于O_3（300 μg/L）和过滤空气75 min，研究发现短期O_3暴露并不影响血管舒缩功能和心率变异性。此外Frampton等对24名年轻健康不吸烟的志愿者采取分别吸入干净空气、100 μg/L和200 μg/L的O_3 3 h的双盲随机交叉试验，研究未发现短期O_3暴露对心血管产生早期急性有害影响的有力证据。该实验得出的结果与以上研究不同，可能是所采用的研究方法、研究对象易感性等其他因素不同所致。

三、体内实验

大量动物实验表明，O_3单独暴露能引起系统氧化应激的增加，增加的氧化产物能引起一系列的细胞因子和相关的介质产生，这些物质可以扩散到循环系统，并且改变心脏的功能。Tankersley等将小鼠先暴露O_3 3 h，接着暴露过滤O_3的空气3 h，连续暴露3 d；另一组小鼠单独暴露过滤O_3的空气，每天6 h，连续3 d，通过比较发现暴露O_3小鼠左心室在收缩末期和舒张末期的容积变小，心脏功能发生改变。有研究发现将小鼠连续暴露（23 h/d×5 d）或间断暴露（6 h/d×5 d）于0.5 μg/L O_3，小鼠的心率出现小幅下降。Farraj等在2011年的夏季和2012年的冬季将小鼠分别暴露于0.2 μg/L O_3和过滤O_3的空气4 h，发现在夏季暴露O_3小鼠的心率出现了大幅下降，心电图显示PR段增加，心率变异参数低频/高频（LF/HF）增加，心肌细胞钙离子的敏感性也随之增加。Urmila P等人将10～12周龄的Wistar Kyoto雄性鼠暴露于0.4 μg/L O_3，每周暴露1 d，连续暴露16周发现在主动脉中氧化应激指标（HO-1）、血栓形成因子、血管收缩因子（ET-1等）、蛋白水解酶的表达水平均升高，从而导致主动脉血管损伤。Kumarathasan等将小鼠分别暴露于0、0.4、0.8 μg/L O_3 4 h，测得血中影响血管舒缩功能的生物标志物（BET-1、ET-1）增加。对小鼠采取每次4 h 0.8 μg/LO_3暴露（2次/周，共3周），取小

鼠心脏组织通过透射电镜（TEM）观察超微结构，结果表明O_3暴露可引起心肌结构紊乱、肌丝的溶解断裂、线粒体肿胀和空泡化。Lixian Sun 等分别用高糖饮食和常规饮食喂养小鼠 8 周，然后暴露于 0.485 μg/L O_3，每天暴露 8 h，每周暴露 5 d，在 2 周内连续暴露 9 d，研究结果表明促炎因子（TNF-α、MCP-1）表达上调，抗炎因子（IL-10）表达下降，并且在高糖喂养组小鼠的心外膜的脂肪组织中巨噬细胞浸润现象增加，出现在心外膜的脂肪组织的炎症反应和氧化应激可进一步发展为心血管相关疾病。近几年的研究得出O_3对心血管系统的影响主要表现在免疫功能损伤、细胞信号通路、自主神经功能紊乱、心肌缺血再灌注损伤、心肌和心膜脂肪组织炎症及氧化损伤等方面。这些影响并非孤立，而是相互作用的，并且受到暴露时间和频率的影响，研究有关机制，对保护O_3所致机体损伤具有重要意义。

还有体内研究证实O_3与其他空气污染物对心血管系统疾病的发生存在交互作用。①O_3和细颗粒物（$PM_{2.5}$）联合暴露能加重心血管系统的损伤。O_3和$PM_{2.5}$联合暴露可以引起心率的降低和自主神经控制的改变，系统炎症和氧化应激的增加，动脉压增加及心肌缺血的改变。另一项研究表明分别将小鼠联合暴露于 190 μg/m^3 细颗粒物（$PM_{2.5}$）和 0.3 μg/L O_3，以及 140 μg/m^3 超细颗粒物（$PM_{0.1}$）和 0.3 μg/L O_3，结果显示与暴露于过滤空气相比，O_3与$PM_{2.5}$联合暴露使小鼠的心率变异性发生显著降低；O_3与$PM_{0.1}$联合暴露使小鼠的 QRS 间期、QTc 间期、不规则 P 波心律失常增加，而左心室舒张压、收缩率和舒张率降低。而单独暴露$PM_{2.5}$、$PM_{0.1}$或O_3的小鼠与过滤空气组相比，没有相应心脏功能指标的改变。②O_3和炭黑颗粒（PM black carbon）交互作用对心血管系统疾病发生的影响。有研究将小鼠每天先暴露于O_3 3 h 再暴露于炭黑颗粒 3 h，连续 3 d，心电图结果显示小鼠心输出量大幅降低；此外 Tankersley 等将小鼠先暴露于 0.6 μg/L O_3 2 h，接着暴露于 0.5 μg/m^3 炭黑颗粒 3 h，暴露结束 2 d 后，经超声心电图检测发现心率和心室收缩末期后壁厚度均显著降低。③O_3和NO_2交互作用对心血管系统疾病发生的影响。美国学者 Farraj 等将大鼠在同一天上午暴露于NO_2 3 h，下午暴露于O_3 3 h，心电图检测发现与单独NO_2和单独O_3暴露的大鼠相比，联合暴露的大鼠心率降低，PR 间期、QTc 和心率变异性增加，说明NO_2和O_3联合暴露能够使大鼠的副交感神经兴奋性增加；此外，NO_2和O_3联合暴露会引起大鼠心脏收缩/舒张压降低、脉压和 QA 间期增加，说明NO_2和O_3联合暴露使大鼠心脏的收缩性显著降低。

四、体外实验

基质金属蛋白酶（MMPs）包括 MMP-1、MMP-2 和 MMP-9 三类，由其引起的细胞外基质的退行是血管重塑的重要调节步骤，在疾病动脉粥样硬化中有重要作用。在动脉组织中O_3暴露可引起 MMP-2 的明显上调，进而与动脉粥样硬化等心血管疾病相关。有研究表明，人的血液直接暴露于O_3且血中O_3浓度达到 100 μg/ml 时，便会产生 TNF-α、IL-2 等细胞因子。TNF-α 能够减缓细胞内钙离子的流动，因而直接导致心肌细胞的功能障碍。IL-2 是一种促炎因子，它在血清中的浓度水平与调节颈动脉内膜的厚度有关，所以 IL-2 能够作为血管疾病发生的预测指标。LARINI A 等通过分离人类外周血单核细胞进行体外研究发现，臭氧暴露和脂质过氧化及蛋白巯基含量的增加存在明显的关系，可推测出臭氧暴露能够增加心血管系统的氧化应激造成心血管疾病。Perepu RS 等将小鼠分别连续暴露 28 d、56 d 于过滤空气和0.8 μg/L O_3，暴露结束后取心脏进行 30 min 的心脏缺血处理，接着进行 60 min 的再灌注处理，与空气暴露组比较发现经O_3暴露后的缺血再灌注心脏的左心室舒张压（LVDP）降低、左心室舒张末压（LVEDP）升高。有研究表明，短期O_3暴露可以调节交感神经元和中枢神经元中的儿茶酚胺生物合成和使用速率，这表明臭氧暴露相关的心率降低可能是心脏副交感神经活性的提高引起的。

（冯斐斐）

第三节　臭氧污染对其他系统的影响

由于我国汽车数量不断增加和能源结构仍然以燃煤为主，所以臭氧污染是我国面临的主要环境卫生问题。越来越多的研究表明空气中臭氧的污染不仅可以影响到呼吸系统和心血管系统，而且对免疫系统、生殖系统及皮肤等都可以产生不良健康效应。

一、臭氧污染对免疫系统的影响

臭氧是一种活性高、毒性强的气体，对免疫系统也有较强的毒效应。由于免疫毒理学研究的广泛开展，人们对臭氧的免疫系统毒效应日益重视，对其也有了进一步的认识。臭氧与免疫系统关系的研究主要来自动物实验和体外研究，人群证据主要来自哮喘患者和变应性鼻炎患者的研究。目前文献研究报道的臭氧暴露引起的先天性与获得性免疫反应包括了无效应、免疫损害效应和免疫增强效应等不同的结果，造成这种不确定效应的因素主要有以下 3 个方面的原因：免疫参数的选择不同、动物的种属差异、臭氧暴露浓度的不同。臭氧对免疫系统的影响，主要包括淋巴器官重量和细胞组分、无抗原刺激时的免疫功能、抗原刺激时的免疫反应性和肺泡巨噬细胞吞噬作用等方面。

1. 臭氧对淋巴器官的影响

淋巴器官（lymphoid organ）是以淋巴组织为主的器官，主要包括淋巴结、脾和胸腺等，在体内实现免疫功能。有学者研究了抽样对淋巴器官重量和细胞组分的影响，臭氧以 0.3～0.8 μg/L 的浓度、每天 20～24 h 持续 3 d，可以引起小鼠脾脏、胸腺和纵隔淋巴结（mediastinal lymph node，MLN）重量减轻。纵隔淋巴结重量减轻与臭氧浓度在 0.3～0.7 μg/L 呈剂量依赖关系。随着臭氧暴露时间的增加(7～14 d)，小鼠脾脏、胸腺和纵隔淋巴结重量可以恢复到与对照组相同，这些免疫器官在重量恢复的同时还伴随有 T 细胞数量的增加。T 细胞数量的增加与 B 细胞数的改变并不一致。长期暴露于臭氧后，小鼠支气管相关淋巴组织（bronchus associated lymphoid tissue，BALT）中的 IgG、IgM 分泌细胞和 B 细胞数量未观察到改变。类似的研究结果显示，臭氧以 0.13 μg/L 的浓度暴露 1 周后可以增加大鼠纵隔淋巴结中T/B细胞比率，这种增加可以在臭氧暴露停止后持续 5 d。这些研究结果显示，臭氧暴露 1～7 d的初始阶段，可以引起淋巴器官重量的减轻和淋巴细胞的减少，但继续暴露 1～3 周后淋巴器官重量不仅没有继续减轻，反而可以恢复到正常水平，有的重量甚至超过正常水平。淋巴器官的重量与 T 细胞的数量和增殖是相关的。也有研究结果与此并不一致，有学者研究小鼠以浓度为 0.8 μg/L 的臭氧持续暴露 56 d，观察到胸腺的重量持续降低。而当小鼠持续暴露 0.31 μg/L 的臭氧 6 个月（103 h/周），然后再暴露于过滤 O_3 的空气 5 个月后，观察到了脾脏重量的增加。此外，有研究观察了大鼠臭氧暴露 2～3 d后，支气管相关淋巴组织中 DNA 合成及有丝分裂指数增加，持续暴露后会恢复正常；在 DNA 合成及有丝分裂指数增加的过程中，臭氧并未引起大鼠支气管相关淋巴组织大小的改变。有学者将小鼠暴露于 0.7 μg/L 臭氧 1 个月，肺纵隔淋巴结皮质出现明显的增殖反应，而胸腺出现萎缩反应，如预先切除胸腺，可使纵隔淋巴结反应减轻 40%，提示淋巴结增殖部分是胸腺依赖性的。在臭氧引起肺损伤期间，肺淋巴结和胸腺是很敏感和易变的器官，这可能是由肺组织与淋巴管的解剖关系所决定的。因为肺泡至终末气道之间有很多淋巴管，肺实质的淋巴液主要回流至纵隔淋巴结，由于臭氧作用所产生的体液介质在淋巴结中经过生物浓缩而产生相当大的效应。因此，纵隔淋巴结的变化可以作为一个间接反映肺损伤的一个独特的灵敏指标。Savino 等将小鼠暴露于 0.8 μg/L 臭氧 2 周内观察到胸腺重量及胸腺重量与体重的比值均较对照组显著降低，显示臭氧对胸腺有较强毒效应。

2. 臭氧对非特异性免疫功能的影响

非特异性免疫又称先天免疫或固有免疫，主要包括固有免疫细胞（巨噬细胞、自然杀伤细胞等）和固有免疫分子（补体、细胞因子、酶类物质等）。纵向追踪研究显示，臭氧暴露对淋巴细胞数量有影响，但是关于臭氧对淋巴细胞功能的研究却报道较少。有研究报道了臭氧暴露后淋巴细胞对非特异性有丝分裂原的母细胞转化反应的作用。纵隔淋巴结细胞持续暴露于0.7 μg/L臭氧28 d（20 h/d）的同时给予刀豆蛋白A（concanavalin A，ConA）刺激，研究结果显示：纵隔淋巴结细胞第一周未见明显的反应性改变，但第14天开始到第28天可以观察到反应性明显增强。短期暴露研究显示，大鼠1 μg/L臭氧暴露7 d（8 h/d）可显著增强脾细胞对T细胞有丝分裂原植物凝集素（phytohemagglutinin，PHA）和ConA及B细胞有丝分裂原E. coli脂多糖的反应性。间断性臭氧暴露研究显示，连续4 d、每天8 h 2 μg/L臭氧暴露然后间歇2～4 d未观察到显著变化的效应。小鼠长期暴露于0.1 μg/L的臭氧（5 h/d、5 d/周、共103 d）后，脾细胞对T细胞有丝分裂原（PHA和ConA）反应性有显著的抑制，但未观察到对B细胞有丝分裂原反应性的变化。

（1）臭氧对肺泡巨噬细胞吞噬作用的影响。肺巨噬细胞是机体呼吸系统对感染因子非特异性免疫的一个重要组成部分，暴露于臭氧可导致肺巨噬细胞清除和消化细菌的功能降低，其可能的机制：臭氧改变了肺巨噬细胞质膜的性质及其功能，影响其识别和吞噬细菌的能力，臭氧引起肺巨噬细胞溶酶体酶系统失活，经损伤的细胞膜丢失及合成障碍。大鼠暴露于0.1 μg/L臭氧3 d或0.2 μg/L臭氧2 h，肺巨噬细胞吞噬活性明显降低；当暴露增加到2.5 μg/L臭氧5 h后，可以显著降低肺组织对细菌的清除效率。Seltzer等报告，志愿者暴露于0.3 μg/L臭氧导致肺灌洗液中环氧化物酶的产物增加，其中以PGE2为主，而后者可降低肺巨噬细胞包括吞噬功能在内的多种功能，肺泡中PGE2含量增加可能与肺巨噬细胞吞噬活性降低有关。小鼠吸入含化脓性链球菌和0.08～0.1 μg/L臭氧的空气，发现小鼠15 d死亡率较对照组增高21.3%，进一步说明臭氧暴露引起肺巨噬细胞功能改变。吸入臭氧除了引起肺巨噬细胞吞噬杀菌功能外，还可抑制其产生干扰素，并且这种抑制作用与臭氧浓度存在剂量-效应关系。此外，臭氧对肺巨噬细胞功能的影响还存在物种差异，有学者研究两种不同种属小鼠感染链球杆菌后对臭氧的敏感性试验后发现，C3H/HeJ小鼠比C57B1/6小鼠更敏感。

（2）臭氧对自然杀伤细胞的影响。自然杀伤细胞活力也被用来作为免疫监视系统功能完整性的一个指标。一项研究表明，大鼠连续10 d暴露于1 μg/L臭氧，臭氧暴露的第1、5、7天肺自然杀伤细胞（NK细胞）活动显著降低，第10天恢复到正常水平。在另一项研究中，将大鼠持续暴露于臭氧（0.2 μg/L、0.4 μg/L和0.8 μg/L）7 d后，观察到0.2 μg/L和0.4 μg/L臭氧可提高肺NK细胞的活性，而暴露于0.8 μg/L臭氧可抑制肺NK细胞的活性。

3. 臭氧对特异性免疫功能的影响

特异性免疫（specific immunity）又称获得性免疫或适应性免疫，是获得免疫经后天感染或人工预防接种而使机体获得抵抗感染能力。一般是在抗原物质刺激后才形成的（免疫球蛋白、免疫淋巴细胞），并能与该抗原起特异性反应。臭氧暴露可使细胞膜不饱和脂肪酸的氧化作用，从而引起T淋巴细胞功能改变。一般认为，臭氧主要作用于T淋巴细胞亚群，但也有一些研究表明，臭氧只影响B淋巴细胞亚群。有研究观察了臭氧暴露对卵清蛋白（ovalbumin，OA）抗原性刺激过敏反应的影响。结果显示，臭氧暴露于抗原刺激时会观察到增强的过敏反应；臭氧暴露于卵清蛋白抗原刺激之前，IgE抗体产生受到抑制。Fujimaki等评估了短期臭氧暴露对体液和细胞免疫反应的系统性影响。小鼠持续14 d 0.8 μg/L臭氧暴露后研究发现，小鼠对绵羊红细胞抗原的抗体反应被抑制。研究结果表明，臭氧会优先影响T细胞的免疫系统，而不是B细胞的免疫系统。

有学者观察了豚鼠臭氧暴露5～7周后，皮肤对结核菌素纯蛋白衍化物（purified protein derivative

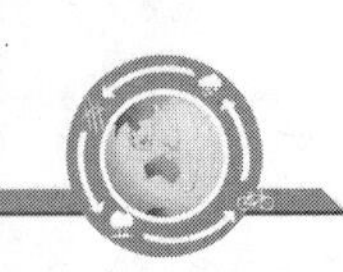

tuberculin，PPD）的过敏反应，结果表明豚鼠皮肤红斑直径较对照组显著变小，提示细胞介导的免疫反应受抑制。Peterson 等的研究表明，人体暴露于 0.4 μg/L 臭氧 4 h，外周血 T 淋巴细胞对植物血凝素（phytohaemagglutinin，PHA）的反应受抑制，最大抑制期是在暴露后当时，2 周后转为正常。Mirdza 研究发现，暴露于 0.6 μg/L 臭氧 2 h 的健康人外周血淋巴细胞对刀豆蛋白 A（CoA）、美洲商陆（droopraceme pokeweed，PWM）反应无影响，而对 PHA 反应产生暂时性抑制，这种抑制发生在暴露后的 2～4 周，追踪调查了 56% 的受试者，发现在暴露后 2 个月恢复正常。淋巴细胞在暴露臭氧后 2～4 周对 PHA 反应的抑制敏感性提示循环的淋巴细胞在经过肺血管或淋巴管时受到了臭氧的影响，在脾或淋巴结停留一段时间后进入了血循环，而被检出对 PHA 的反应异常。臭氧引起机体 T 细胞免疫功能受损使机体免疫受到抑制，促进了恶性肿瘤发病增加或病情加重，同时也是呼吸道系统感染疾病增加的原因。

长期暴露于低浓度臭氧，除了引起 T 淋巴细胞的功能受损，也可以导致 B 淋巴细胞功能受损。有研究表明，臭氧引起的 B 淋巴细胞功能损伤并非继发于 T 细胞的损伤，而是臭氧对 B 淋巴细胞的直接效应。人体暴露于臭氧后，B 淋巴细胞形成 HEAC（人红细胞、抗红细胞抗体、补体复合物）花环能力下降，而 T 淋巴细胞与绵羊红细胞形成 E 花环能力不受影响。这可能是 B 淋巴细胞表面的补体 C_3 受体受到臭氧作用不能识别 HEAC 复合物。B 淋巴细胞表面的 Fc 受体受到臭氧影响可以介导 ADCM 反应（antibody-dependent cell-mediated cytotoxicity）。小鼠暴露于 0.8 μg/L 臭氧 2 周，即可抑制其对绵羊红细胞（SRBC）的原发性抗体反应，并在暴露后 2 周恢复正常。小鼠连续暴露于 0.59 μg/L 臭氧 36 d，观察到在臭氧暴露的第 5 天，腹腔注入破伤风外毒素进行免疫，第 27 天肌肉注入大剂量的毒素，发现开始暴露于臭氧的小鼠有较高的破伤风发病率与死亡率。提示，臭氧可以降低机体对毒素的体液免疫功能。

4. 其他

臭氧可以影响中性粒细胞的功能。臭氧及其活性产物可作用于中性粒细胞膜表面受体，同时还可以辅助中性粒细胞吞噬过程的体液因素，从而影响中性粒细胞对细菌的接触和吞噬过程。有研究显示，中性粒细胞吞噬和杀菌功能的降低程度与臭氧暴露引起机体病理程度成正相关。此外，学者也关注到臭氧可以增加呼吸系统的过敏反应。在呼吸道吸入抗原的情况下，臭氧暴露改变了呼吸道黏膜对抗原物质的通透性和屏障功能，从而增加机体 IgE 抗体的合成，使机体过敏反应增强。

在免疫毒理学研究中需要注意，臭氧对免疫系统的影响要考虑试验体系、受试动物种属、臭氧暴露浓度和持续时间等影响因素。另外，也有学者关注到臭氧对免疫系统的调节作用。关于臭氧对免疫系统的影响，还需要持续深入的研究。

二、臭氧污染对皮肤的影响

皮肤是身体表面包在肌肉外面的组织，是人体最大的器官，由表皮层、真皮层和皮下组织层所组成。臭氧是皮肤组织暴露的最活跃的环境氧化剂污染物之一。臭氧虽然不能渗透到深层皮肤，但它能轻易地与角质层的脂质反应。臭氧能够消耗皮肤抗氧化剂，抗氧化剂的局部应用可以防止臭氧污染引起皮肤损伤。

1. 臭氧的毒性作用

由于解剖学和生物化学的原因，皮肤对臭氧具有一定的抵抗力。最近的文献指出，虽然长时间的臭氧暴露肯定是有害的，但在低浓度和精确控制的臭氧浓度下的短暂暴露可能会产生对机体有益的影响。目前普遍认为，臭氧的毒性作用是通过自由基反应来调节的，尽管臭氧本身并不是自由基。臭氧对皮肤表层的毒性作用包括生物分子的氧化或自由基引起的细胞毒性，或者是非自由基（醛类）氧化

损伤，从而对更深的细胞层产生影响，引发细胞压力和炎症反应，从而导致皮肤病理表现。

2. 臭氧对皮肤损伤的毒性机制

有学者将 SKH-1 无毛小鼠每天 6 h 暴露在 0.8 μg/L 的臭氧环境 6 d，小鼠皮肤其脂质过氧化值增加，促炎性因子环氧化酶-2（cyclooxygen 2，cox-2）的表达增加，从而证实了臭氧在皮肤炎症中的作用。在此过程中，同时观察到皮肤热休克蛋白（heat shock proteins，HSPs）如 HSP27、HSP32、HSP70 和血红素 1（heme oxygenase-1，HO-1）的诱导增加。臭氧暴露可以引起细胞增殖、细胞凋亡和炎症反应的发生，同时诱导产生的 HSPs 能影响正常的皮肤生理。臭氧也能调节小鼠皮肤的增殖反应。增殖细胞核抗原（proliferating cellular nuclear antigen，PCNA）是一种被鉴定为与 DNA 复制和修复相关的细胞周期早期的聚合酶相关蛋白。臭氧的暴露也会影响细胞的分化。角蛋白 10（keratin 10，K10）是一种分化良好的角质细胞，在皮肤组织中，在臭氧处理后发现了 K10 的表达增加，提示臭氧可角化细胞增殖和分化。该生物学机制尚不清楚。

三、臭氧污染的其他健康效应

越来越多的研究证据显示，臭氧除了引起呼吸系统、心血管系统免疫损伤和皮肤损伤外，还与生殖系统、肿瘤发生等有关。

1. 臭氧与生殖系统

臭氧污染引起的生殖系统损伤研究较少。有学者将怀孕 7 d 的 CD-1 小鼠分别暴露于 0.8 μg/L、1.6 μg/L和 2.4 μg/L 的臭氧环境下饲养，第 17 天观察发现暴露于臭氧环境的孕鼠出生的子鼠在体型大小、性别比例、死胎数、新生小鼠死亡率等方面与对照组并无显著差异。也有学者研究发现昆明小鼠孕前暴露于 0.09～0.18 μg/L 臭氧环境中，雌性小鼠的动情周率、卵巢组织切片、血清雌二醇水平均未发现显著性差异。雄性小鼠暴露于臭氧环境的研究中，睾丸组织切片、精子畸形率、早期精细胞微核率和血清睾酮水平也未发现显著差异。但有学者研究了臭氧对体外精液的毒性作用。研究者将人体外精液和经上游法处理后的上游液在试验装置中与设定浓度的臭氧作用一段时间后，观察了精液和上游液在臭氧中暴露后活动率的变化。结果显示，精液组 30 min 组与 60 min 组和 90 min 组之间差异明显，60 min 组和90 min组之间差异明显；上游液组中精子经臭氧处理后，a 级精子下降明显，b 级和 c 级精子都有不同程度的提高。提示精液组精子的活动率会随臭氧作用时间的延长而明显下降；臭氧对上游液中精子活动率的毒性作用表现出不同特点，并认为其机制可能为臭氧和它的分解产物会透过血气屏障进入血流，然后引起氧化应激，引起睾丸功能和精子功能的改变，甚至 DNA 的改变。Lisa C. Vinikoor-Imler 等研究了美国 Texas 州孕妇孕早期臭氧暴露与出生缺陷的关系，结果发现，臭氧与新生儿心脏室间隔缺损呈负相关但与新生儿颅缝早闭呈正相关。由于采用的抽样暴露浓度、动物试验体系等不同，相关报道的研究较少，尚不能确定臭氧对生殖系统的影响。

2. 臭氧与肿瘤发生

臭氧是强氧化剂，动物实验表明，臭氧诱发中国仓鼠淋巴细胞染色体畸变阳性，姐妹染色单体交换（sister chromatid exchange，SCE）阴性，而对小鼠则染色体畸变阴性，SCE 阳性。也有研究报道雌性仓鼠暴露于 4 mg/m^3 臭氧中，每日 5 h，持续 6 d 后，外周血淋巴细胞染色体断裂显著增加。有研究提示臭氧与肺癌、皮肤癌的发生可能存在相关性，但尚无确切的研究证据。目前，臭氧致癌的证据仅在实验室的动物层面，人群流行病的研究需要考虑紫外线的联合作用。

（牛丕业）

第四节 臭氧污染对健康影响的作用机制

一、氧化应激

臭氧是一种强氧化性气体，因此，氧化应激被普遍认为是臭氧暴露导致机体健康危害的主要作用机制。机体在正常状态下存在着氧化/抗氧化平衡，氧化应激的产生则是由于机体抗氧化防御被打破而导致的失衡，臭氧作为一种强氧化剂可以诱导动物呼吸道上皮细胞及人类肺泡灌洗液细胞释放 ROS，而机体持续过量产生的活性氧（reactive oxygen species，ROS）和活性氮（reactive nitrogen species，RNS）一直被认为是打破这一平衡的“元凶”。ROS 主要包括超氧阴离子（superoxide anion，$\cdot O_2^-$）、过氧化氢（hydrogen peroxide，H_2O_2）和羟自由基（$\cdot OH$）。RNS 主要包括一氧化氮（nitric nxide，NO）和诱导型一氧化氮合成酶（inducible nitric oxides synthase，iNOS）。氧化应激的主要结局是脂质、蛋白质、核酸的过氧化，细胞水平表现为细胞膜脂质过氧化、蛋白质修饰和 DNA 损伤，正是这一系列有害效应最终导致了疾病的发生发展。

1. 氧化应激引起脂质过氧化

脂质过氧化主要是由膜多不饱和脂肪酸的自由基链反应引起的，如果没有及时阻止，这种反应会导致细胞膜的永久损伤，最终导致细胞死亡。脂质过氧化反应能引起和扩大细胞损害，这主要是由反应生成的氧化产物引起的，脂质过氧化反应产生多种化学性质相对稳定的分解中产物，主要是 α，β-不饱和活性醛，如丙二醛（MDA）、壬烯酸（HNE）、丙烯醛和前列腺素，这些醛类结构相对稳定，因此可以作为氧化应激的生物标志物，测定血浆和尿中的含量，了解氧化应激/损害的程度。

体外和体内实验表明，臭氧暴露可以诱导呼吸道上皮细胞和心肌组织的脂质过氧化损伤，脂质过氧化的继发介质进一步导致一系列的毒性作用，4-羟基-2-壬烯醛（4-hydroxy-2-nonenal，HNE）就是其中之一。研究表明，HNE 可能通过耗竭胞内谷胱甘肽和诱导过氧化产物来增强细胞的氧化应激反应。另外，动物和人吸入臭氧后，肺部可以检测到 HNE-蛋白加合物。另一种继发介质是由臭氧和不饱和脂肪酸反应产生的，臭氧吸入呼吸道后可以直接与肺上皮衬液和呼吸道上皮细胞膜中的不饱和脂肪酸反应生成脂质臭氧化产物（lipid ozonation products，LOPs）。LOPs 体积小、可扩散、相对稳定，是导致臭氧毒性的理想介质。研究发现，人呼吸道上皮细胞暴露于不同的 LOPs 产生类似暴露于臭氧诱导的类花生酸的代谢。类花生酸代谢产物本身具有强氧化性，可以促使氧化应激诱导的机体损伤。另有研究发现，支气管上皮细胞暴露于 LOPs 能够引起磷脂酶 A2、C 和 D 的活化和炎性介质的释放。经臭氧处理的肺表面活性剂的提取物氧化磷脂能通过诱导细胞凋亡和坏死降低巨噬细胞和上皮细胞的活性。

2. 氧化应激引起蛋白质修饰

蛋白质修饰是臭氧污染发挥毒性作用的另一种途径。研究发现，ROS 可以直接或间接作用于蛋白质，引起蛋白质多肽骨架的氧化、肽键切割、蛋白质-蛋白质交联或氨基酸侧链修饰。氨基酸中的半胱氨酸和甲硫氨酸残基就容易被环境污染氧化物氧化，H_2O_2 和 $\cdot O_2^-$ 可直接与含半胱氨酸的蛋白的活性中心作用，使功能性蛋白失去作用。体外实验研究表明，ROS 在 α-1-抗胰蛋白酶中氧化甲硫氨酸残基可导致抗中性粒细胞弹性蛋白酶失活。不受 α-1-抗胰蛋白酶的保护，肺泡基质容易被中性粒细胞弹性蛋白酶破坏，最终可能引起肺水肿的发生和发展。ROS 还可以通过氧化多种甲硫氨酸损害钠离子通道的活性。另据研究发现，ROS 通过氧化表面活性蛋白（surfactant protein，SP）-B 中的甲硫氨酸残基导致 SP-B 失活。SP-B 的失活降低了表面活性剂膜在呼吸过程中降低肺表面张力的能力，这个过程可能导致呼吸窘迫综合征。SP-A 在肺部炎症发生过程中发挥重要的作用。体内研究发现，急性臭氧暴露通过氧

化修饰 SP-A 促进炎症反应。另一项研究发现，臭氧暴露导致的 SP-A 氧化修饰降低了 SP-A 增强细菌吞噬的能力。

氧化应激不仅损害蛋白本身，还对其他的生物分子产生级次损害，如灭活 DNA 修复酶，在 DNA 复制时，DNA 聚合酶受损，其准确度下降。且大多数蛋白的损害是不可逆的，蛋白结构的氧化损害引起下游广泛的功能改变，如酶活性的抑制、对聚集和蛋白水解敏感性的增加、被细胞吸收的增加或降低、免疫原性的改变。

3. 氧化应激引起 DNA 损伤

臭氧作为强氧化剂，可通过与 DNA 的相互作用而引起 DNA 损伤和破坏 DNA 螺旋结构，诱发 DNA 敏感性突变，抑制或减弱 DNA 的复制。越来越多的流行病学研究发现，臭氧对健康的影响与 DNA 损伤有关。Domenico 等在意大利佛罗伦萨地区开展了一项现场流行病学试验，研究结果发现，臭氧能导致外周血淋巴细胞 DNA 损伤，在男性、非吸烟、交通作业工人的人群中尤为明显。血清和尿中的 8-羟基脱氧鸟苷（8-hydroxy deoxyguanosine，8-OHdG）是臭氧诱导 DNA 氧化的产物，也是 DNA 损伤的重要生物标志。研究发现，臭氧能诱导人鼻腔上皮细胞分泌 8-OHdG。体内研究也证实，吸入臭氧后，在人体和动物的血清和尿中检测到 8-OHdG。SOD2 是体内重要的内源性抗氧化酶之一，它在胞质内合成，移至线粒体发挥作用，是人体内一种重要的超氧化物歧化酶。臭氧进入机体后刺激组织细胞产生 ROS，SOD2 基因转录水平迅速升高来清除 $\cdot O_2^-$，并生成 H_2O_2 和氧气。线粒体是体内氧化反应的主要细胞器，消耗人体 90% 的氧。而其中大约有 15%的氧在代谢过程中以 $\cdot O_2^-$ 和 H_2O_2 的形式出现。当细胞内 ROS 水平超出线粒体的代偿能力时，线粒体可能因 ROS 的蓄积而崩解，从而引起一系列的有害健康效应。

与此同时，机体对臭氧的易感程度取决于某些氧化应激相关基因的多态性，如谷胱甘肽硫转移酶 Mu 1（glutathione S-transferase Mu 1，GSTM1）、醌氧化还原酶 1（quinone oxidoreductase1，NQO1）和谷胱甘肽硫转移酶 P1（glutathione S-transferase P1，GSTP1）。携带低抗氧化能力的 *GSTM*1 基因型能够增加哮喘儿童对臭氧的易感性，*GSTM*1 缺陷的个体对臭氧诱导的呼吸道炎症更加敏感，体外研究也发现，将 *GSTM*1 基因敲除后，与正常支气管上皮细胞相比，臭氧诱导的 IL-8 表达量显著升高。

二、炎症

炎症在疾病的发生发展过程中扮演着重要的角色，主要表现为局部炎症细胞浸润、促炎症因子释放、水肿及血管渗漏。已有研究表明，臭氧通过呼吸道进入机体后，能够持续诱导肺部炎症，同时引起全身包括心血管系统和中枢神经系统的炎症反应，增加机体患呼吸系统、心血管系统和中枢神经系统疾病的风险。

多年的研究证实，多种细胞信号调控的炎症因子表达被认为是臭氧诱导炎症反应的主要原因。体外研究表明，人支气管上皮细胞和鼻腔上皮细胞暴露臭氧后，IL-8、IL-1β、IL-6 等促炎症因子 mRNA 的转录水平显著上调，这些炎症因子可以促使中性粒细胞向呼吸道上皮聚集，最终导致支气管炎症和组织损伤。臭氧进入肺循环后可以诱导肺泡巨噬细胞累积和激活，刺激肺组织产生 ROS、RNS 和一系列炎症因子，如 TNF-α、IL-6、IL-8 和 IL-1β，从而诱导肺部炎症和细胞毒性，其中，臭氧不仅可以引起肺组织 TNF-α 的基因表达增多，同时气道局部的 TNF-α 蛋白浓度也升高，增高的 TNF-α 通过加重气道上皮细胞损伤而增强气道反应性。与此同时，这些因子进入血液循环后还可以引起全身各组织器官的炎症反应。机体的某些酶在臭氧诱导的炎症反应中起着关键作用，如组织蛋白酶 S。研究发现，抑制组织蛋白酶 S 后能够降低臭氧介导的炎性细胞聚集及肺泡灌洗液中 IL-6、TNF-α 的水平。

现在针对这一机制最主要的问题是：心血管系统和中枢神经系统的炎症反应是源于肺部炎症所致

的全身炎症反应，还是臭氧直接引起的，这个问题目前尚无明确定论。

三、信号通路

细胞信号转导已经被广泛认为是臭氧暴露启动一系列有害健康效应的主要途径。细胞信号的早期事件通常涉及各种受体酪氨酸激酶和/或氧化应激的激活，非受体酪氨酸激酶随后将信号转向下游，导致参与调节前炎症基因的转录因子活化，如核因子-κB（nuclear factor-κB，NF-κB）、活化蛋白-1（activatorprotein-1，AP-1）、CCAAT-增强子结合蛋白等。

Toll 样受体（Toll-like receptors，TLRs）信号通路。TLRs 是识别来自微生物的病原体相关分子模式（recognize pathogenassociated molecular patterns，PAMPs）和来自受损组织的危险相关分子模式（danger-associated molecular patterns，DAMPs）的模式识别受体，主要通过下游 MyD88 信号调控的 NF-κB 起作用。研究发现，TLR2 和 TLR4 在体内通过介导 MyD88 信号调控臭氧诱导的肺部炎症，而透明质酸（hyaluronan，HA）及 TLRs 相关的分子在臭氧暴露激活 TLRs 信号中发挥关键作用。高分子量的 HA 对气道高反应性具有抑制作用，而低分子量的 HA 本身可以诱导气道高反应性，臭氧所致氧化应激可以促使高分子量的 HA 裂解为低分子量的透明质酸。臭氧可以通过诱导呼吸道 HA 的产生激活 TLR4-CD44 表面受体复合物。在体外用 HA 刺激巨噬细胞可以上调 NF-κB 和促炎症因子的表达，同时伴随着 TLR4 的活化。热休克蛋白 70（heat shock protein 70，HSP70）是 TLR4 下游的一个效应分子，抑制 HSP70 的表达可以下调 MyD88 信号，进一步缓解臭氧诱导的肺部炎症。总之，臭氧可以通过 TLR2 或者 TLR4 介导的 MyD88 信号诱导机体产生炎症反应。

NOD 样受体（NOD-like receptors，NLRs）信号通路。NLRs 是另一种 PRRs，在抵抗外来病原体和细胞应激损伤的天然免疫过程中发挥着重要作用。NLRs 蛋白包括 NOD1、NOD2、NOD 样受体蛋白（NOD-like receptor proteins，NLRPs）和 NLR 家族 CARD 结构域蛋白（NLR family CARD domain-containing proteins，NLRCs）。炎性小体是细胞溶质中的多重蛋白复合物，由一个 NLR、一个接头蛋白 ASC 和一个活化形式的 Caspase-1 构成。在活化的 Caspase-1 作用下，成熟的 IL-1β 和 IL-18 分泌到胞外，从而诱发炎症反应。在 2.5 μg/L 的臭氧条件下暴露 6 周（2 次/周），小鼠肺部 NLRP3-Caspase-1 显著活化，同时伴随着 IL-1β 和 IL-18 mRNA 水平的升高。小鼠在 0.7 μg/L 的臭氧浓度下暴露 72 h 后，肺部 IL-17A 和中性粒细胞水平明显升高依赖于 Caspase-1-IL1β 级联反应。与细颗粒物暴露相比，高浓度臭氧和总悬浮颗粒物暴露能够导致健康人右心室中 NLRC1、NLRP3、NLRC4、NLRC5、Caspase-1 mRNA 和炎症基因的表达水平上升。然而，在臭氧治疗人类疾病相关研究中却得到相反的结果。低剂量臭氧暴露能够通过抑制 NLRP3-Caspase-1 活化来缓解大鼠慢性肾部炎症和缺血再灌注引起的肺损伤。因此，NLRs 信号在臭氧诱导炎症反应中的作用仍有待阐明。

转录因子 NF-E2 相关因子 2（nuclear factor erythroid 2-related factor 2，Nrf2）信号通路。Nrf2 是碱性亮氨酸拉链蛋白家族的成员，其 C-末端负责 DNA 结合，N-末端负责转录活化。Nrf2 已经被认为是诱导抗氧化和解毒基因的关键因子。在氧化应激发生过程中，Nrf2 在与称为 Keap1 的胞质抑制剂分离后被活化，然后转移到细胞核，与靶基因的启动子区域中的 ARE 结合，进一步激活下游信号。研究发现，低剂量臭氧暴露能够导致健康志愿者外周血单核细胞中 Nrf2 信号通路。人体皮肤是臭氧氧化损伤最为敏感的组织之一，体外研究发现，Nrf2 信号介导的下游抗氧化酶在人角质形成细胞抵抗臭氧暴露损伤过程中发挥重要作用。体内研究发现，小鼠长期暴露于臭氧后，肺脏和肝脏中 Nrf2 蛋白表达水平明显升高。Ⅱ期解毒酶是 Nrf2 的直接效应分子，其缺失能够增强臭氧暴露诱导的氧化损伤。由此可见，臭氧暴露能够激活 Nrf2 信号，进一步调控Ⅱ期解毒酶和抗氧化酶的表达来抵抗臭氧暴露诱导的氧化应激损伤。

表皮生长因子受体（epidermal growth factor receptor，EGFR）信号通路。EGFR是具有内源性酪氨酸激酶活性的单链跨膜蛋白，多种刺激和氧化应激能够通过直接或间接的途径激活EGFR信号，进一步通过调控促炎症基因的表达诱导炎症反应。研究发现，臭氧暴露能够上调鼻腔上皮活检标本中EGFR、表皮生长因子（epidermal growth factor，EGF）、转化生长因子-α（transforming growth factor-α，TGF-α）的表达，并且EGFR表达水平与鼻腔上皮中性粒细胞数量增加之间存在显著的正相关性。另有研究发现，臭氧暴露能够通过胞质Src激酶介导的EGFR信号通路调控人支气管上皮细胞IL-8的表达。体内研究发现，臭氧暴露诱导的肺部炎症可能由TGF-α-EGFR信号通路介导的。由此可见，臭氧暴露通过直接或间接的途径活化EGFR受体介导的下游信号，并进一步诱导促炎症因子的表达。

丝裂原活化蛋白激酶（mitogen-activated protein kinase，MAPK）信号通路。MAPK信号是真核细胞中介导细胞反应的最重要的调控分子之一，参与调控细胞生长、分裂、发育和死亡等多种生理过程。其信号转导主要通过MAPKKK、MAPKK和MAPK的磷酸化级联反应激活转录因子，调控基因表达。到目前为止，已在哺乳动物细胞中克隆和鉴定了6个MAPK亚家族成员：JNK1/2、细胞外信号调节激酶（extracellular signal-regulated kinase，ERK）1/2、p38MAPK（p38α/β/γ/δ）、ERK7/8、ERK3/4和ERK5/大丝裂原活化蛋白激酶1（big mitogen-activated protein kinase 1，BMK1）。MAPK信号在臭氧诱导呼吸道炎症和气道高反应性（airway hyperresponsiveness，AHR）的过程中发挥重要作用。研究表明，臭氧能够通过激活EGFR/LMEK/ERK和MKK4/p38 MAPK信号通路诱导促炎症因子的表达。p38 MAPK、JNK或MAPK抑制剂治疗能缓解臭氧诱导的AHR，尽管不能逆转臭氧诱导的炎症反应。另外，将哮喘小鼠模型暴露于臭氧后，p38 MAPK磷酸化水平显著升高。总之，MAPK信号通路参与臭氧诱导的AHR和炎症反应。

磷脂酰肌醇3-激酶（phosphatidylinositol 3-kinase，PI3K）信号通路。PI3K是由调节亚基和催化亚基组成的异二聚体蛋白，在调控细胞增殖和生长过程中发挥重要的作用。臭氧暴露能够上调肺泡巨噬细胞中的PI3K/Akt信号。另外，将正常人表皮角化细胞暴露于臭氧可以激活PI3K/Akt信号。但是，PI3K信号在臭氧诱导机体有害健康效应过程中的作用仍有待阐明。

NF-κB信号通路 NF-κB是哺乳动物细胞中的Rel家族转录因子，包括RelA（p65）、RelB、Rel（c-Rel）、NF-κB1（p50/p105）和NF-κB2（p52/p100）。体外研究表明，臭氧或LOPs暴露能够激活人呼吸道上皮细胞或鼻腔黏膜上皮细胞的NF-κB信号通路，并上调促炎症因子IL-8的表达。Ahmad等研究发现，臭氧诱导人支气管上皮细胞促炎症因子的表达主要依赖NF-κB信号活化。体内研究发现，臭氧暴露能导致肺组织NF-κB核转位和促炎症因子TNF-α和IL-6表达升高，与此同时，大脑皮层中NF-κB p50、TNF-α和IL-6均显著上调。总之，NF-κB信号通路在臭氧诱导促炎症因子表达过程中发挥重要的调控作用。

四、自主神经系统改变

不同于其他空气污染物，气道高反应性（airway hyperresponsiveness，AHR）是机体吸入臭氧最显著的反应特征。AHR是指气道本身对各种特异性或非特异性刺激的反应性异常增高，主要表现为气道平滑肌的过早或过强的收缩反应、支气管痉挛和黏液腺体分泌的亢进，是支气管哮喘的一个重要特征。因此，AHR是臭氧暴露导致机体呼吸功能下降和诱发支气管哮喘的主要原因。

研究发现，臭氧可能通过局部神经通路和中枢神经通路引起反射。急性吸入臭氧使肺部嗜酸性粒细胞分泌主要碱性蛋白（major basic protein，MBP），MBP能够抑制M2毒蕈碱样受体，在正常情况下，M2毒蕈碱样受体会限制副交感神经乙酰胆碱的释放。因此，在M2毒蕈碱样受体被抑制的情况下，副交感神经开始释放乙酰胆碱，而过量的乙酰胆碱能够刺激迷走神经，引起支气管收缩，这样就

导致 AHR 的产生。急性暴露的情况下，呼吸道平滑肌还没来得及发生反应，所以短期吸入臭氧引起的 AHR 是由乙酰胆碱主导的。但是，随着臭氧暴露时间的延长，臭氧诱导的 AHR 机制也随之发生转变。研究表明，臭氧暴露时间超过 3 d 后，AHR 的机制就会发生转变，嗜酸性粒细胞不再是 AHR 产生的原因，而是由白细胞介素-1（interleukin-1，IL-1）、神经生长因子（nerve growth factor，NGF）和 P 物质共同介导的，同时，它们之间存在相互关联。因此，有学者认为臭氧暴露 3 d 后引起的 AHR 是由 IL-1β-NGF-P 物质这条信号通路介导的，而持续性 AHR 可能是由速激肽或 P 物质介导的。P 物质通过与神经激肽-1（neurokinin-1，NK1）受体作用来刺激副交感神经释放乙酰胆碱，并通过呼吸道平滑肌的神经激肽-2（neurokinin-2，NK2）受体增加乙酰胆碱引起的收缩效应。另据研究证实，Rho 激酶（Rho kinase，ROCK）的两种形式（ROCK1 和 ROCK2）、TLR2、TLR4、组织蛋白酶 S 及 MAPK 信号转导通路与臭氧诱导的 AHR 有关，空气污染中的 $PM_{2.5}$ 能够增强臭氧诱导的 AHR。综上所述，臭氧暴露可以通过多种途径诱导 AHR 的产生，AHR 既是结果，又是进一步引起机体呼吸功能障碍及增加支气管哮喘发病的原因。

心率变异性（heart rate variability，HRV）由心脏自主神经系统控制，是指心脏固有节律内的心跳间的差异或 R-R 间期的改变。评价 HRV 是通过交感和副交感（迷走神经）之间的活性平衡来测定的，HRV 降低被认为反映了窦房结的迷走神经活动减弱，交感神经活性增加。交感神经兴奋会导致心律失常，进而发展为心力衰竭、心肌缺血和心脏高压等心脏病。研究发现，$PM_{2.5}$ 的单独暴露可以引起交感和副交感神经系统的不平衡，在有臭氧预暴露的情况下，这种不平衡状态得到极大的增强。

此外，研究显示臭氧暴露可能启动肺刺激性受体激活，进而引起刺激性受体介导的刺激副交感神经系统通路，而副交感神经系统刺激的传出反应可能直接影响到心脏起搏器活动、心肌收缩和冠状动脉血管张力，导致心脏收缩速率和肌力不足。臭氧吸入可引起心率降低，表明这种变化可能是自主神经系统的改变造成的。

五、免疫功能损伤

众所周知，机体免疫系统包括天然免疫和适应性免疫，其主要功能是抵抗外来微生物的感染和清除体内抗原性异物以维持内稳态的平衡。皮肤、上皮细胞、黏膜系统和巨噬细胞、中性粒细胞、树突状细胞等天然免疫细胞，以及细胞因子、补体系统、天然免疫信号共同构成了机体的天然免疫屏障。T 淋巴细胞和 B 淋巴细胞介导的细胞免疫和体液免疫则构成了机体的适应性免疫系统。机体的免疫器官包括骨髓、脾脏、胸腺和遍布全身的淋巴结。

臭氧暴露对免疫器官的影响研究发现，小鼠在 0.3～0.8 μg/L 的臭氧浓度下持续暴露 1～3 d，脾脏、胸腺和纵隔淋巴结的重量明显下降。同时，纵隔淋巴结的重量减少在 0.3～0.7 μg/L 的臭氧暴露范围内呈现剂量依赖性。然而，当暴露持续达到 7～14 d 后，脾脏、胸腺和纵隔淋巴结的重量又可以恢复到正常水平。研究认为，这些改变可能与臭氧暴露诱导的 T 淋巴细胞和 B 淋巴细胞变化有关。大鼠在 0.13 μg/L 的臭氧条件下暴露一周，纵隔淋巴结中 T 淋巴细胞与 B 淋巴细胞的比值显著升高，并且这种变化可以持续到暴露结束后的第 5 天。在臭氧暴露过程中，T 淋巴细胞会持续渗入肺部病变区域，而 B 淋巴细胞在肺部的浸润却检测不到。另有研究发现，小鼠在 0.8×10^{-6} 的臭氧条件下持续暴露 56 d 后，胸腺的重量持续下降。同样，小鼠在 0.31×10^{-6} 的臭氧条件下持续暴露 5 个月后，脾脏的重量明显下降。总之，长期低浓度的臭氧暴露能够降低机体免疫器官的重量及诱导 T 淋巴细胞的增殖，从而影响机体的适应性免疫。

臭氧暴露对免疫功能的影响研究发现，小鼠纵隔淋巴结细胞短期暴露于 0.7 μg/L 的臭氧能够显著提升 T 淋巴细胞和 B 淋巴细胞对非特异性免疫刺激剂的反应。与此同时，小鼠脾脏细胞短期暴露于

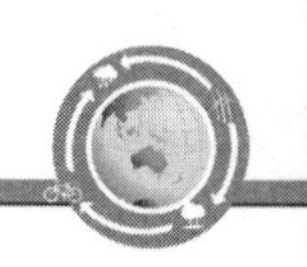

1 μg/L臭氧能够明显增强 T 淋巴细胞和 B 淋巴细胞对非特异性免疫刺激剂的反应，如臭氧（1.0、0.5 和0.1 μg/L/2 h)直接体外暴露 B 细胞，发现暴露臭氧的 B 细胞能够产生更多免疫球蛋白 IgG，且细胞因子（IL-2 和 IL-6）可能影响 B 细胞的分化；而长期暴露于 0.1×10^{-6}的臭氧，T 淋巴细胞和 B 淋巴细胞对非特异性免疫刺激剂的反应却受到抑制。自然杀伤（natural killer，NK）细胞活性被认为是监视臭氧对机体免疫系统完整性影响的一个指标。研究发现，大鼠在 1×10^{-6}的臭氧条件下持续暴露 10 d，肺组织中 NK 细胞活性显著下降。而另一项研究发现，大鼠连续暴露于 0.2 或 0.4×10^{-6}的臭氧 1 周后，肺组织中 NK 细胞活性明显升高，只有在 0.8×10^{-6}臭氧条件下才出现抑制效应。体外研究发现，将暴露过臭氧的鼻黏膜上皮细胞和 NK 细胞共培养后，NK 细胞 IFN-γ 的表达水平显著下降，这与臭氧诱导的鼻黏膜上皮细胞表面 ULBP3 和 MICA/B 的表达有关。然而，关于臭氧对 NK 细胞功能的影响，至今仍存在较大争议。另外，还有大量的研究检测了臭氧暴露对抗原刺激引起过敏反应的影响。体内研究发现，在臭氧暴露过程中，卵白蛋白（ovalbumin，OVA）刺激诱导的过敏反应显著增强。但在臭氧暴露后再用 OVA 刺激，血清 IgE 抗体水平却受到抑制。总之，臭氧暴露能够导致机体的免疫功能障碍，进一步诱发一系列有害健康效应。

臭氧暴露对肺泡巨噬细胞吞噬作用的影响研究发现，多年来关于臭氧对天然免疫的影响主要集中在对巨噬细胞吞噬活性方面的研究。体内研究表明，短期或长期吸入臭氧能够明显抑制肺泡巨噬细胞对金黄色葡萄球菌和链球菌的吞噬作用。志愿者试验研究发现，在 0.08 μg/L 或 0.1 μg/L 的臭氧条件下持续中等强度活动 6.6 h 后，肺泡巨噬细胞对白色念珠菌的吞噬作用明显减弱。另外，将人外周血白细胞暴露于 0.4 μg/L 的臭氧 72 h 后，中性粒细胞对表皮葡萄球菌的吞噬作用也显著下降。因此，吸入臭氧能导致机体肺泡巨噬细胞及中性粒细胞功能受损，从而降低机体对外来病原体的清除能力。

臭氧暴露对机体抗感染能力的影响研究发现，长期臭氧暴露能够导致肺炎克雷伯菌或化脓性链球菌对啮齿类动物的致死率升高。小鼠在 0.1、0.5、1.0×10^{-6}臭氧条件下暴露 3 h 后，小鼠肺脏对金黄色葡萄球菌的清除力明显减弱。臭氧暴露还能够增强小鼠对链球菌的易感性。与此同时，多项研究发现，臭氧暴露能够降低机体对慢性呼吸系统感染的抵抗能力。小鼠长期暴露于臭氧后，采用结核分枝杆菌感染小鼠，结果发现，肺组织结核分枝杆菌数量明显增多。另外，体内研究还发现，短期暴露于臭氧能够提高流感病毒对小鼠的致死率。综上所述，短期或长期的臭氧暴露能抑制机体的抗感染能力。

六、小结

总而言之，到目前为止，人们对臭氧毒性的作用机制主要集中在氧化应激、炎症、细胞信号通路、自主神经系统改变、免疫功能损伤。当然这 5 种机制之间也并非孤立，而是相互作用，并且受臭氧暴露时间和频率的影响。近年来，随着空气污染问题的突出，人们暴露于臭氧的机会不断增加，揭示臭氧污染对健康危害的作用机制有助于制定相对应的预防策略和治疗措施，以减轻臭氧污染对人们健康的危害。

（冯斐斐　晋乐飞）

参考文献

[1] 张景明，宋宏，郭艳.低浓度臭氧暴露对哮喘大鼠气道炎症的影响[J].中国药理学与毒理学杂志，2003，17(2)：151-154.

[2] Ebi K L，McGregor G. Climate Change，Tropospheric Ozone and Particulate Matter，and Health Impacts[J]. Environmental Health Perspectives，2008，116(11)：1449-1455.

[3] Goodman J E，Prueitt R L，Chandalia J，et al. Evaluation of adverse human lung function effects in controlled ozone

exposure studies[J]. Journal of Applied Toxicology, 2014, 34(5):516-524.

[4] Fanucchi M V, Plopper C G, Evans M J, et al. Cyclic exposure to ozone alters distal airway development in infant rhesus monkeys[J]. Ajp Lung Cellular & Molecular Physiology, 2006, 291(4):L644-L650.

[5] Asthma/Allergic Airways Disease: Does Postnatal Exposure to Environmental Toxicants Promote Airway Pathobiology? [J]. Toxicologic Pathology, 2007, 35(1):97-110.

[6] Jiang L, Zhang Y, Song G, et al. A time series analysis of outdoor air pollution and preterm birth in Shanghai, China [J]. Biomedical and Environmental Sciences, 2007, 20(5):426-431.

[7] D. Nuvolone, D. Balzi, P. Pepe, et al. Ozone short-term exposure and acute coronary events: A multicities study in Tuscany (Italy)[J]. Environmental Research,2013, 126(Complete):17-23.

[8] Ruidavets, B. J. Ozone Air Pollution Is Associated With Acute Myocardial Infarction[J]. Circulation, 2005,111(5): 563-569.

[9] Raza A, Bellander T, Bero-Bedada G, et al. Short-term effects of air pollution on out-of-hospital cardiac arrest in Stockholm[J]. European Heart Journal, 2014, 35(13):861-868.

[10] Bedada G B, Raza A, Forsberg B, et al. Short-term Exposure to Ozone and Mortality in Subjects With and Without Previous Cardiovascular Disease[J]. Epidemiology, 2016, 27(5):633-669.

[11] Buadong D, Jinsart W, Funatagawa I, et al. Association Between PM10 and O3 Levels and Hospital Visits for Cardiovascular Diseases in Bangkok, Thailand[J]. Journal of Epidemiology, 2009,19(4):182-188.

[12] Burnett R T, Cakmak S, Krewski J R B A. The Role of Particulate Size and Chemistry in the Association between Summertime Ambient Air Pollution and Hospitalization for Cardiorespiratory Diseases[J]. Environmental Health Perspectives, 1997,105(6):614-620.

[13] Yang Z, Ballinger S W. Environmental contributions to cardiovascular disease: Particulates and ozone[J]. Drug Discovery Today: Disease Mechanisms, 2005, 2(1):71-75.

[14] Gryparis A, Forsberg B, Katsouyanni K, et al. Acute Effects of Ozone on Mortality from the "Air Pollution and Health[J]. American Journal of Respiratory and Critical Care Medicine, 2004,170(10):1080-1087.

[15] 陈仁杰，陈秉衡，阚海东. 上海市近地面臭氧污染的健康影响评价[J]. 中国环境科学，2010,30(5):603-608.

[16] 殷文军，彭晓武，宋世震. 深圳市空气污染与居民心血管疾病发病相关性的研究[J]. 公共卫生与预防医学，2009, 20 (2):18-21.

[17] Khaniabadi Y O, Hopke P K, Goudarzi G, et al. Cardiopulmonary mortality and COPD attributed to ambient ozone [J]. Environmental Research, 2017, 152(none):336-341.

[18] 杨春雪. 细颗粒物和臭氧对我国居民死亡影响的急性效应研究[D]. 上海：复旦大学，2012.

[19] Qin L, Gu J, Liang S, et al. Seasonal association between ambient ozone and mortality in Zhengzhou, China[J]. International Journal of Biometeorology, 2017, 61(6):1003-1010.

[20] Medina-Ramón M, Schwartz J. Who is More Vulnerable to Die From Ozone Air Pollution? [J]. Epidemiology, 2008, 19(5):672-679.

[21] Reddy P, Naidoo R N, Robins T G, et al. GSTM1, GSTP1, and NQO1 Polymorphisms and Susceptibility to Atopy and Airway Hyperresponsiveness among South African Schoolchildren[J]. Lung, 2010,188(5):409-414.

[22] Moreno-Macías H, Dockery D W, Schwartz J, et al. Ozone exposure, vitamin C intake, and genetic susceptibility of asthmatic children in Mexico City: A cohort study[J]. Respiratory research, 2013,14(1):14.

[23] 吴敏敏，陈仁杰，阚海东，等. 中国三城市臭氧对大气颗粒物与日死亡率关系的效应修饰作用[J]. 卫生研究，2015, 44(5):90-94.

[24] Revich B, Shaposhnikov D. The effects of particulate and ozone pollution on mortality in Moscow, Russia[J]. Air Quality, Atmosphere & Health, 2010, 3(2):117-123.

[25] Day D B, Xiang J, Mo J, et al. Association of Ozone Exposure With Cardiorespiratory Pathophysiologic Mechanisms in Healthy Adults[J]. JAMA Internal Medicine, 2017, 177(9):1344-1353.

[26] Tham A, Lullo D, Dalton S, et al. Modeling vascular inflammation and atherogenicity after inhalation of ambient levels of ozone: exploratory lessons from transcriptomics[J]. Inhalation Toxicology, 2017, 29(3):96.

[27] Arjomandi M, Wong H, Donde A, et al. Exposure to medium and high ambient levels of ozone causes adverse systemic inflammatory and cardiac autonomic effects[J]. American Journal of Physiology-Heart and Circulatory Physiology, 2015,308(12):H1499.

[28] Devlin R B, Duncan K E, Jardim M, et al. Controlled Exposure of Healthy Young Volunteers to Ozone Causes Cardiovascular Effects[J]. Circulation, 2012, 126(1):104-111.

[29] Barath S, Langrish J P, Lundback M, et al. Short-Term Exposure to Ozone Does Not Impair Vascular Function or Affect Heart Rate Variability in Healthy Young Men[J]. Toxicological Sciences, 2013, 135(2):292.

[30] Frampton M W, Pietropaoli A, Dentler M, et al. Cardiovascular effects of ozone in healthy subjects with and without deletion of glutathione-S-transferase M1[J]. Inhalation Toxicology, 2015,27(2):113-119.

[31] Tankersley C G, Georgakopoulos D, Tang W Y, et al. Effects of Ozone and Particulate Matter on Cardiac Mechanics: Role of the Atrial Natriuretic Peptide Gene[J]. Toxicological Sciences An Official Journal of the Society of Toxicology, 2012,131(1):95.

[32] Watkinson W P, Campen M J, Nolan J P, et al. Cardiovascular and systemic responses to inhaled pollutants in rodents: effects of ozone and particulate matter. [J]. Environmental Health Perspectives, 2001,109(suppl 4):539.

[33] Farraj A K, Walsh L, Haykal-Coates N, et al. Cardiac effects of seasonal ambient particulate matter and ozone co-exposure in rats[J]. Particle and Fibre Toxicology, 2015,12(1):12.

[34] Kodavanti U P, Thomas R, Ledbetter A D, et al. Vascular and Cardiac Impairments in Rats Inhaling Ozone and Diesel Exhaust Particles[J]. Environmental Health Perspectives, 2011,119(3):312-318.

[35] Kumarathasan P, Blais E, Saravanamuthu A, et al. Nitrative stress, oxidative stress and plasma endothelin levels after inhalation of particulate matter and ozone[J]. Particle & Fibre Toxicology, 2015,12(1):1-18.

[36] 王广鹤.臭氧和大气细颗粒物对大鼠心肺系统的影响及其机制研究[D].上海:复旦大学, 2013.

[37] Sun L, Liu C, Xu X, et al. Ambient fine particulate matter and ozone exposures induce inflammation in epicardial and perirenal adipose tissues in rats fed a high fructose diet[J]. Particle & Fibre Toxicology, 2013,10(1):43.

[38] 王广鹤.臭氧和细颗粒物暴露对大鼠心脏自主神经系统和系统炎症的影响[J].卫生研究, 2013, 42(4):554-560.

[39] Perepu R S P, Garcia C, Dostal D, et al. Enhanced death signaling in ozone-exposed ischemic-reperfused hearts[J]. Molecular & Cellular Biochemistry, 2010, 336(1-2):55-64.

[40] Kurhanewicz N, McIntosh-Kastrinsky R, Tong H, et al. Ozone co-exposure modifies cardiac responses to fine and ultrafine ambient particulate matter in mice: concordance of electrocardiogram and mechanical responses[J]. Particle and Fibre Toxicology, 2014,11(1):54.

[41] Tankersley C G, Peng R D, Bedga D, et al. Variation in echocardiographic and cardiac hemodynamic effects of PM and ozone inhalation exposure in strains related to Nppa and Npr1 gene knock-out mice[J]. Inhal Toxicol, 2010,22(8):695-707.

[42] Farraj A K, Malik F, Haykal-Coates N, et al. Morning NO2 exposure sensitizes hypertensive rats to the cardiovascular effects of same day O3 exposure in the afternoon[J]. Inhal Toxicol, 2016, 28(4):170-179.

[43] Srebot V, Gianicolo E A L, Rainaldi G, et al. Ozone and cardiovascular injury[J]. Cardiovascular Ultrasound, 2009, 7(1):30.

[44] Paulesu L, Luzzi E, Bocci V. Studies on the biological effects of ozone: 2. Induction of tumor necrosis factor (TNF-alpha) on human leucocytes[J]. Lymphokine & Cytokine Research, 1991,10(5):409.

[45] Larini A, Bocci V. Effects of ozone on isolated peripheral blood mononuclear cells[J]. Toxicology in Vitro, 2005,19(1):55.

[46] Atkinson R W, Butland B K, Dimitroulopoulou C, et al. Long-term exposure to ambient ozone and mortality: a quantitative systematic review and meta-analysis of evidence from cohort studies [J]. BMJ Open, 2016, 6

(2):e009493.

[47] Jakab G J, Spannhake E W, Canning B J, et al. The effects of ozone on immune function. [J]. Environmental Health Perspectives, 1995,103(suppl 2):77-89.

[48] Al-Hegelan M, Tighe R M, Castillo C, et al. Ambient ozone and pulmonary innate immunity[J]. Immunol Res. 2011,49(1-3):173-191.

[49] 顾依平，方企圣. 臭氧对机体免疫系统的毒性[J]. 国外医学:卫生学分册，1988，5:286-288.

[50] Valacchi G, Fortino V, Bocci V. The dual action of ozone on the skin[J]. 2005,153(6):1096-1100.

[51] Ciencewicki J, Trivedi S, Kleeberger S R. Oxidants and the pathogenesis of lung diseases[J]. Journal of Allergy & Clinical Immunology, 2008,122(3):456-468.

[52] Singh, Chandra K, Chhabra, Gagan, Ndiaye , et al. The Role of Sirtuins in Antioxidant and Redox Signaling [J]. Antioxid Red-ox Signal, 2018, 28(8):643-661.

[53] De Burbure C Y , Heilier J F , Nève, J, et al. Lung Permeability, Antioxidant Status, and NO2 Inhalation: A Selenium Supplementation Study in Rats? [J]. Journal of Toxicology and Environmental Health, Part A, 2007, 70(3-4):284-294.

[54] Perepu R S P , Garcia C , Dostal D , et al. Enhanced death signaling in ozone-exposed ischemic-reperfused hearts[J]. Molecular & Cellular Biochemistry, 2010, 336(1-2):55-64.

[55] Keller J N , Mark R J , Bruce A J , et al. 4-Hydroxynonenal, an aldehydic product of membrane lipid peroxidation, impairs glutamate transport and mitochondrial function in synaptosomes[J]. Neuroscience, 1997, 80(3):685-696.

[56] Uchida K , Shiraishi M , Naito Y , et al. Activation of Stress Signaling Pathways by the End Product of Lipid Peroxidation[J]. Journal of Biological Chemistry, 1999, 274(4):2234-2242.

[57] Hamilton R F , Hazbun M E , Jumper C A , et al. 4-Hydroxynonenal Mimics Ozone-induced Modulation of Macrophage Function Ex Vivo[J]. American Journal of Respiratory Cell and Molecular Biology, 1996, 15(2):275-282.

[58] Kirichenko A , Li L , Morandi M T , et al. 4-Hydroxy-2-nonenal - Protein Adducts and Apoptosis in Murine Lung Cells after Acute Ozone Exposure[J]. Toxicol Appl Pharmacol, 1996, 141(2):416-424.

[59] Pryor W A . The cascade mechanism to explain ozone toxicity : the role of lipid ozonation products[J]. Free Radic Biol Med, 1995, 19(6):935.

[60] Kafoury R , Pryor W , Squadrito G , et al. Induction of Inflammatory Mediators in Human Airway Epithelial Cells by Lipid Ozonation Products [J]. American Journal of Respiratory and Critical Care Medicine, 1999, 160(6):1934-1942.

[61] Leikauf G D , Zhao Q Y , Zhou S Y , et al. Ozonolysis Products of Membrane Fatty Acids Activate Eicosanoid Metabolism in Human Airway Epithelial Cells[J]. American Journal of Respiratory Cell and Molecular Biology, 1993, 9(6):594-602.

[62] Kafoury R M , Pryor W A , Squadrito G L , et al. Lipid Ozonation Products Activate Phospholipases A2, C, and D [J]. Toxicol Appl Pharmacol, 1998, 150(2):338-349.

[63] Uhlson C, Harrison K , Allen C B , et al. Oxidized Phospholipids Derived from Ozone-Treated Lung Surfactant Extract Reduce Macrophage and Epithelial Cell Viability[J]. Chemical Research in Toxicology, 2002, 15(7):896-906.

[64] Kassmann M, Hansel A, Leipold E, et al. Oxidation of multiple methionine residues impairs rapid sodium channel inactivation[J]. Pflügers Archiv-European Journal of Physiology, 2008, 456(6):1085-1095.

[65] Du, Xianjin, Meng, et al. Surfactant Proteins SP-A and SP-D Ameliorate Pneumonia Severity and Intestinal Injury in a Murine Model of Staphylococcus Aureus Pneumonia[J]. Shock, 2016, 46(2):164.

[66] Su W Y , Gordon T. Alterations in surfactant protein A after acute exposure to ozone[J]. Journal of Applied Physiology, 1996, 80(5):1560-1567.

[67] Mikerov A N , Umstead T M , Gan X , et al. Impact of ozone exposure on the phagocytic activity of human surfactant protein A (SP-A) and SP-A variants[J]. American Journal of Physiology-Lung Cellular and Molecular Physiolo-

gy, 2008, 294(1):121-130.

[68] 郁军超，薛连璧.机体 ROS 的产生及对生物大分子的毒性作用[J].山东医药，2012，52(8):94-96,102.

[69] Palli D , Sera F , Giovannelli L , et al. Environmental ozone exposure and oxidative DNA damage in adult residents of Florence, Italy[J]. Environmental Pollution, 2009, 157(5):1521-1525.

[70] Sunil V R , Patel-Vayas K , Shen J , et al. Classical and alternative macrophage activation in the lung following ozone-induced oxidative stress[J]. Toxicology and Applied Pharmacology, 2012, 263(2):195-202.

[71] Calderón-Garcidueñas, L, Wen-Wang L, Zhang Y J , et al. 8-hydroxy-2′-deoxyguanosine, a major mutagenic oxidative DNA lesion, and DNA strand breaks in nasal respiratory epithelium of children exposed to urban pollution. [J]. Environmental Health Perspectives, 1999, 107(6):469-474.

[72] Ren C , Fang S , Wright R O , et al. Urinary 8-hydroxy-2\"-deoxyguanosine as a biomarker of oxidative DNA damage induced by ambient pollution in the Normative Aging Study[J]. Occupational and Environmental Medicine, 2011, 68(8):562-569.

[73] Hassan, Hosni M . Biosynthesis and regulation of superoxide dismutases[J]. Free radical biology & medicine, 1988, 5(5):377-385.

[74] L. A. Sena,N. S. Chandel. Physiological Roles of Mitochondrial Reactive Oxygen Species[J]. Molecular cell, 2012,48(2):158-167

[75] Boveris A , Oshino N , Chance B . The cellular production of hydrogen peroxide[J]. Biochemical Journal, 1972, 128(3):617-630.

[76] Turrens J F, Boveris A. Generation of superoxide anion by the NADH dehydrogenase of bovine heart mitochondria [J]. Biochemical Journal, 1980, 191(2):421-427.

[77] Hortensia Moreno-Macías, Dockery D W, Schwartz J , et al. Ozone exposure, vitamin C intake, and genetic susceptibility of asthmatic children in Mexico City: A cohort study[J]. Respiratory research, 2013, 14(1):14.

[78] Reddy P, Naidoo R N, Robins T G, et al. GSTM1, GSTP1, and NQO1 Polymorphisms and Susceptibility to Atopy and Airway Hyperresponsiveness among South African Schoolchildren[J]. Lung, 2010, 188(5):409-414.

[79] Block. M. L, Lilian Calderón-Garciduenas. Air pollution: mechanisms of neuroinflammation and CNS disease[J]. Trends in Neurosciences, 2009, 32(9):0-516.

[80] Srebot V, Gianicolo E A L, Rainaldi G, et al. Ozone and cardiovascular injury[J]. Cardiovascular Ultrasound, 2009, 7(1):30.

[81] Feng F , Jin Y , Duan L , et al. Regulation of ozone-induced lung inflammation by the epidermal growth factor receptor in mice. [J]. Environmental Toxicology, 2016, 31(12):2016-2027.

[82] Yan Z , Jin Y , An Z , et al. Inflammatory Cell signaling Following Exposures to Particulate Matter and Ozone[J]. Biochimica et Biophysica Acta, 2016, 1860(12):2826-2834.

[83] Williams A S , Leung S Y , Nath P , et al. Role of TLR2, TLR4, and MyD88 in murine ozone-induced airway hyperresponsiveness and neutrophilia[J]. Journal of Applied Physiology, 2007, 103(4):1189-1195.

[84] Damera G , Zhao H , Wang M , et al. Ozone modulates IL-6 secretion in human airway epithelial and smooth muscle cells[J]. American Journal of Physiology Lung Cellular & Molecular Physiology, 2009, 296(4):674-683.

[85] Devlin R B , Duncan K E , Jardim M , et al. Controlled Exposure of Healthy Young Volunteers to Ozone Causes Cardiovascular Effects[J]. Circulation, 2012, 126(1):104-111.

[86] Laskin D L , Sunil V R , Gardner C R , et al. Macrophages and tissue injury: agents of defense or destruction? [J]. Annual Review of Pharmacology & Toxicology, 2011, 51(51):267.

[87] Williams A S , Eynott P R , Leung S Y , et al. Role of cathepsin S in ozone-induced airway hyperresponsiveness and inflammation[J]. Pulmonary Pharmacology & Therapeutics, 2009, 22(1):27-32.

[88] O"Neill L A J , Golenbock D , Bowie A G . The history of Toll-like receptors — redefining innate immunity[J]. Nature Reviews Immunology, 2013, 13(6):453-460.

[89] Williams A S , Leung S Y , Nath P , et al. Role of TLR2, TLR4, and MyD88 in murine ozone-induced airway hyperresponsiveness and neutrophilia[J]. Journal of Applied Physiology, 2007, 103(4):1189-1195.

[90] Garantziotis S , Li Z , Potts E N , et al. TLR4 Is Necessary for Hyaluronan-mediated Airway Hyperresponsiveness after Ozone Inhalation[J]. American Journal of Respiratory and Critical Care Medicine, 2009, 181(7):666-675.

[91] Garantziotis S , Li Z , Potts E N , et al. Hyaluronan Mediates Ozone-induced Airway Hyperresponsiveness in Mice [J]. Journal of Biological Chemistry, 2009, 284(17):11309-11317.

[92] Taylor K R , Yamasaki K , Radek K A , et al. Recognition of Hyaluronan Released in Sterile Injury Involves a Unique Receptor Complex Dependent on Toll-like Receptor 4, CD44, and MD-2[J]. Journal of Biological Chemistry, 2007, 282(25):18265-18275.

[93] Bauer A K , Rondini E A , Hummel K A , et al. Identification of Candidate Genes Downstream of TLR4 Signaling after Ozone Exposure in Mice: A Role for Heat-Shock Protein 70[J]. Environmental Health Perspectives, 2011, 119 (8):1091-1097.

[94] P. J. Shaw, M. F. Mcdermott, T. D. Kanneganti. Inflammasomes and autoimmunity[J]. Trends in Molecular Medicine, 2011, 17(2):57-64.

[95] Eisenbarth S C , Flavell R A . Innate instruction of adaptive immunity revisited: the inflammasome[J]. Embo Molecular Medicine, 2009, 1(2):92-98.

[96] Li F , Zhang P , Zhang M , et al. Hydrogen Sulfide Prevents and Partially Reverses Ozone-induced Feature of Lung Inflammation and Emphysema in Mice[J]. American Journal of Respiratory Cell and Molecular Biology, 2016, 55 (1):72-81.

[97] Che L , Jin Y , Zhang C , et al. Ozone-induced IL-17A and neutrophilic airway inflammation is orchestrated by the caspase-1-IL-1 cascade[J]. Scientific Reports, 2016, 6(none):18680.

[98] R Villarreal, G. D, R. D, et al. Intra-city Differences in Cardiac Expression of Inflammatory Genes and Inflammasomes in Young Urbanites: A Pilot Study[J]. Journal of Toxicologic Pathology, 2012, 25(2):163-173.

[99] Yu G , Bai Z , Chen Z , et al. The NLRP3 inflammasome is a potential target of ozone therapy aiming to ease chronic renal inflammation in chronic kidney disease. [J]. International Immunopharmacology, 2017, 43:203-209.

[100] Smith E J , Shay K P , Thomas N O , et al. Age-related loss of hepatic Nrf2 protein homeostasis: Potential role for heightened expression of miR-146a[J]. Free Radical Biology and Medicine, 2015, 89:1184-1191.

[101] Kensler T W , Wakabayashi N , Biswal S . Cell Survival Responses to Environmental Stresses Via the Keap1-Nrf2-ARE Pathway[J]. Annual Review of Pharmacology and Toxicology, 2007, 47(1):89-116.

[102] Valacchi G , Sticozzi C , Belmonte G , et al. Vitamin C Compound Mixtures Prevent Ozone-Induced Oxidative Damage in Human Keratinocytes as Initial Assessment of Pollution Protection[J]. PLOS ONE, 2015, 10. Kim M Y , Song K S , Park G H , et al. B6C3F1 mice exposed to ozone with 4-(N-methyl-N-nitrosamino)-1-(3-pyridyl)-1-butanone and/or dibutyl phthalate showed toxicities through alterations of NF-kappaB, AP-1, Nrf2, and osteopontin. [J]. Journal of Veterinary Science, 2004, 5(2):131-137.

[103] Gschwind A , Zwick E , Prenzel N , et al. Cell communication networks: epidermal growth factor receptor transactivation as the paradigm for interreceptor signal transmission[J]. Oncogene, 2001, 20(13):1594-1600.

[104] Polosa R , Sapsford R J , Dokic D , et al. Induction of the epidermal growth factor receptor and its ligands in nasal epithelium by ozone[J]. Journal of Allergy and Clinical Immunology, 2004, 113(1):120-126.

[105] Wu, Weidong, Wages, Phillip A, Devlin, Robert B,et al. Src-Mediated EGF Receptor Activation Regulates Ozone-Induced Interleukin 8 Expression in Human Bronchial Epithelial Cells[J]. Environmental Health Perspectives, 2015, 123(3):231-236.

[106] M. Krishna, H. Narang. The complexity of mitogen-activated protein kinases (MAPKs) made simple[J]. Cell Mol Life Sci, 2008, 65(22):3525-3544.

[107] Verhein K C , Salituro F G , Ledeboer M W , et al. Dual p38/JNK Mitogen Activated Protein Kinase Inhibitors

Prevent Ozone-Induced Airway Hyperreactivity in Guinea Pigs[J]. PLoS ONE，2013，8(9)：e75351.

[108] Bao，Aihua，Li，Feng，Zhang，Min，et al. Impact of ozone exposure on the response to glucocorticoid in a mouse model of asthma：involvements of p38 MAPK and MKP-1[J]. Respiratory Research，2014，15(1)：126.

[109] Mccullough S D，Duncan K E，Swanton S M，et al. Ozone Induces a Pro-inflammatory Response in Primary Human Bronchial Epithelial Cells Through MAP Kinase Activation Without NF-κB Activation[J]. American Journal of Respiratory Cell & Molecular Biology，2014，51(3)：426-435.

[110] Vanhaesebroeck，Bart，Leevers，et al. Phosphoinositide 3-kinases：A conserved family of signal transducers[J]. Trends. biochem. sci，1997，22(7)：267.

[111] Afaq F，Zaid M A，Pelle E，et al. Aryl Hydrocarbon Receptor Is an Ozone Sensor in Human Skin[J]. Journal of Investigative Dermatology，2009，129(10)：2396-2403.

[112] Baldwin，Albert S. THE NF-κB AND IκB PROTEINS：New Discoveries and Insights[J]. Annual Review of Immunology，1996，14(1)：649-681.

[113] Kafoury R M，Hernandez J M，Lasky J A，et al. Activation of transcription factor IL-6 (NF-IL-6) and nuclear factor-κB (NF-κB) by lipid ozonation products is crucial to interleukin-8 gene expression in human airway epithelial cells[J]. Environmental Toxicology，2007，22(2)：159-168.

[114] González-Guevara，Edith，Martínez-Lazcano，Juan Carlos，Custodio，Verónica，et al. Exposure to ozone induces a systemic inflammatory response：possible source of the neurological alterations induced by this gas[J]. Inhalation Toxicology，2014，26(8)：485-491.

[115] Dokic D，Trajkovska-Dokic E，Howarth H P. Effects of ozone on nasal mucosa (endothelial cells)[J]. Prilozi，2011，32(1)：87-99.

[116] Backus G S，Howden R，Fostel J，et al. Protective Role of Interleukin-10 in Ozone-Induced Pulmonary Inflammation[J]. Environmental Health Perspectives，2010，118(12)：1721-1727.

[117] Fabbri L M，Aizawa H，，Alpert S E，et al. Airway hyperresponsiveness and changes in cell counts in bronchoalveolar lavage after ozone exposure in dogs[J]. American Review of Respiratory Disease，1984，129(2)：288-91.

[118] 张景鸿，李超乾. 支气管哮喘气道高反应性机制的研究进展[J]. 中国呼吸与危重监护杂志，2011，10(3)：304-307.

[119] Krimmer D，Ichimaru Y，Burgess J，et al. Exposure to Biomass Smoke Extract Enhances Fibronectin Release from Fibroblasts[J]. PLOS ONE，2013，8(12)：e83938.

[120] Verhein，K. C，Hazari，M. S，Moulton，B. C，et al. Three days after a single exposure to ozone，the mechanism of airway hyperreactivity is dependent on substance P and nerve growth factor[J]. AJP：Lung Cellular and Molecular Physiology，2011，300(2)：9.

[121] Verhein K C，Jacoby D B，Fryer A D. IL-1 Receptors Mediate Persistent，but Not Acute，Airway Hyperreactivity to Ozone in Guinea Pigs[J]. American Journal of Respiratory Cell and Molecular Biology，2008，39(6)：730-738.

[122] Vries A D，Engels F，Henricks P A J，et al. Airway hyper-responsiveness in allergic asthma in guinea-pigs is mediated by nerve growth factor via the induction of substance P：a potential role for trkA[J]. Clinical and Experimental Allergy，2006，36(9)：1192-1200.

[123] Auten R L，Potts E N，Mason S N，et al. Maternal Exposure to Particulate Matter Increases Postnatal Ozone-induced Airway Hyperreactivity in Juvenile Mice[J]. American Journal of Respiratory and Critical Care Medicine，2009，180(12)：1218-1226.

[124] Williams A S，Issa R，Durham A，et al. Role of p38 mitogen-activated protein kinase in ozone-induced airway hyperresponsiveness and inflammation[J]. European Journal of Pharmacology，2008，600(1-3)：117-122.

[125] Lambert J A，Song W. Ozone-induced airway hyperresponsiveness：roles of ROCK isoforms[J]. American Journal of Physiology-Lung Cellular and Molecular Physiology，2015，309(12)：L1394-L1397.

[126] Fakhri A A，Ilic L M，Wellenius G A，et al. Autonomic Effects of Controlled Fine Particulate Exposure in Young Healthy Adults：Effect Modification by Ozone[J]. Environmental Health Perspectives，2009，117(8)：1287-1292.

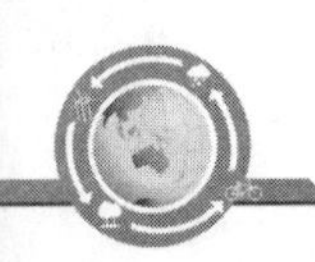

[127] Delves P J , Roitt I M . The immune system. First of two parts[J]. New England Journal of Medicine, 2000, 343 (1):37-49.

[128] Fujimaki H, Ozawa M, Imai T, et al. Effect of short-term exposure to O on antibody response in mice[J]. Environ Res, 1984, 35(2):490-496.

[129] Dziedzic D , White H J . Thymus and pulmonary lymph node response to acute and subchronic ozone inhalation in the mouse[J]. Environmental Research, 1987, 41(2):598-609.

[130] Li, Anna Fen-Yau, Richters, Arnis. Effects of 0. 7 PPM Ozone Exposure on Thymocytes: In Vivo and in Vitro Studies[J]. Inhalation Toxicology, 3(1):61-71.

[131] Loveren H V, Rombout P J, Wagenaar S S, et al. Effects of ozone on the defense to a respiratory Listeria monocytogenes infection in the rat. Suppression of macrophage function and cellular immunity and aggravation of histopathology in lung and liver during infection[J]. Toxicol Appl Pharmacol, 1988, 94(3):374-393.

[132] Bleavins M R , Dziedzic D . An immunofluorescence study of T and B lymphocytes in ozone-induced pulmonary lesions in the mouse[J]. Toxicology & Applied Pharmacology, 1990, 105(1):93-102.

[133] Hidekazu Fujimaki. Impairment of humoral immune responses in mice exposed to nitrogen dioxide and ozone mixtures[J]. Environmental Research, 1989, 48(2):211-217.

[134] Hassett, Christopher, Mustaf, Mohammad G, Coulson, Walter F, et al. Splenomegaly in mice following exposure to ambient levels of ozone[J]. Toxicology Letters, 1985, 26(2):139-144.

[135] Daniel Dziedzic, Harold J. White. T-cell activation in pulmonary lymph nodes of mice exposed to ozone[J]. Environmental Research, 41(2): 610.

[136] Mary Lou Eskew, William J. Scheuchenzuber, Richard W. Scholz,et al. The effects of ozone inhalation on the immunological response of selenium- and vitamin E-deprived rats[J]. Environmental Research, 40(2):274-284.

[137] Burleson G R , Keyes L L , Stutzman J D . Immunosuppression of Pulmonary Natural Killer Activity by Exposure to Ozone[J]. Immunopharmacology and Immunotoxicology, 1989, 11(4):715-735.

[138] Loveren H V , Krajnc E I , Rombout P J A , et al. Effects of ozone, hexachlorobenzene, and bis(tri-n-butyltin)oxide on natural killer activity in the rat lung[J]. Toxicology and Applied Pharmacology, 1990, 102(1):21-33.

[139] Selgrade, Maryjane K, Daniels, Mary J, Crow, Elaine C. Acute, Subchronic, and Chronic Exposure to a Simulated Urban Profile of Ozone: Effects on Extrapulmonary Natural Killer Cell Activity and Lymphocyte Mitogenic Responses[J]. Inhalation Toxicology,2008, 2(4):375-389.

[140] Osebold J W , Gershwin L J , Zee Y C . Studies on the enhancement of allergic lung sensitization by inhalation of ozone and sulfuric acid aerosol[J]. Journal of environmental pathology and toxicology, 1980, 3(5-6):221-234.

[141] Osebold, J. W, Zee, Y. C, Gershwin, L. J. Enhancement of Allergic Lung Sensitization in Mice by Ozone Inhalation [J]. Proceedings of the Society for Experimental Biology & Medicine Society for Experimental Biology & Medicine, 1998, 188(3):259-264.

[142] Ozawa M , Fujimaki H , Imai T , et al. Suppression of IgE Antibody Production after Exposure to Ozone in Mice [J]. International Archives of Allergy and Immunology, 1985, 76(1):16-19.

[143] Goldstein E , Bartlema H C , Ploeg M V D , et al. Effect of Ozone on Lysosomal Enzymes of Alveolar Macrophages Engaged in Phagocytosis and Killing of Inhaled Staphylococcus aureus[J]. Journal of Infectious Diseases, 1978, 138 (3):299-311.

[144] Gilmour M I, Park P, Selgrade M K. Ozone-enhanced pulmonary infection with Streptococcus zooepidemicus in mice. The role of alveolar macrophage function and capsular virulence factors[J]. Am Rev Respir Dis, 1993, 147 (3):753.

[145] Driscoll K , Vollmuth T , Schlesinger R . Acute and subchronic ozone inhalation in the rabbit: Response of alveolar macrophages[J]. Journal of Toxicology & Environmental Health, 1987, 21(1-2):27-43.

[146] Devlin R B , Mcdonnell W F , Mann R , et al. Exposure of Humans to Ambient Levels of Ozone for 6. 6 Hours

Causes Cellular and Biochemical Changes in the Lung[J]. American Journal of Respiratory Cell and Molecular Biology, 1991, 4(1):72-81.

[147] Peterson, M. L, Harder, et al. Effect of ozone on leukocyte function in exposed human subjects[J]. Environmental Research, 1978, 15(3):485-493.

[148] Miller S , Ehrlich R . Susceptibility to Respiratory Infections of Animals Exposed to Ozone I. Susceptibility to Klebsiella Pneumoniae[J]. Journal of Infectious Diseases, 1958, 103(2):145-149.

[149] Huber G L, Laforce F M. Comparative effects of ozone and oxygen on pulmonary antibacterial defense mechanisms [J]. Antimicrob Agents Chemother(Bethesda), 1970, 10(none):129-136.

[150] Selgrade M J K , Illing J W , Starnes D M , et al. Evaluation of Effects of Ozone Exposure on Influenza Infection in Mice Using Several Indicator of Susjceptibility[J]. Fundamental and Applied Toxicology, 1988, 11(1):169-180.

第六章　臭氧污染的流行病学研究

第一节　急性效应

臭氧污染的急性健康效应是指短期暴露（通常为短于数天）于臭氧后，机体出现从生理、亚临床和临床指标的改变，甚至到导致疾病发作或提前死亡的过程。

一、对临床和亚临床效应的影响

流行病学研究表明，臭氧急性暴露对人群的临床和亚临床效应指标产生不良影响。欧美等国家和地区及我国的相关研究表明，臭氧急性暴露对人体的多个器官、系统的临床、亚临床的健康危害已经影响个体健康及家庭经济负担。臭氧急性暴露的急慢性健康效应不容忽视。近年来，我国学者越来越多地开始关注该领域的研究。臭氧作为一种氧化性极强的活性气态污染物，可经过皮肤、黏膜等途径作用于人体，进而对呼吸系统、心血管系统等多系统产生健康危害。

（一）对呼吸系统的影响

呼吸系统是人体吸入臭氧后首先作用的部位，因此臭氧的急性暴露对呼吸系统的影响是直接且明显的。诸多流行病学研究表明，臭氧的急性暴露与人群（尤其是易感人群）肺功能的降低呈显著相关。同时，臭氧也可引起气道炎症、气道上皮细胞的敏感性及气道对外界刺激的高敏性。

1. 对肺功能的影响

流行病学研究表明，臭氧的急性暴露与正常人群及易感人群的肺功能降低呈显著正相关，尤其是在臭氧浓度相对较高的季节。儿童因其呼吸道及机体免疫系统处于发育时期，对臭氧的短期急性暴露较为敏感。老年人因其机体的机能状态处于退化阶段，也成为臭氧暴露的易感人群。此外，哮喘、鼻炎及慢性阻塞性肺部疾病的人群亦是臭氧暴露的敏感群体。

美国环保局2013年的《臭氧及相关光化学氧化物的综合评估》（*Integrated Science Assessment for Ozone and Related Photochemical Oxidants*）中已经明确了臭氧对呼吸系统（尤其是肺功能）具有不良健康效应的证据。该评估报告指出，大气臭氧浓度的短期升高与健康人群及COPD患者人群的肺功能的降低显著相关。同时，大气臭氧浓度的升高与儿童（尤其是哮喘儿童）的肺功能的降低相关。大气臭氧浓度每增加30 μg/L（臭氧最大8 h浓度），相应地引起哮喘儿童肺功能降低1%～2%。例如，希腊学者Anna Karakatsani等在2013—2014学年对188名10～11岁的在校学生进行了一项为期5周的固定群组研究，评估臭氧个体暴露对肺功能的影响。结果显示，周平均臭氧浓度每升高10 $\mu g/m^3$可导致用力肺活量（forced vital capacity，FVC）降低0.03 L（95% CI：0.01～0.05），1 s用力肺活量（forced expiratory volume in 1 s，FEV_1）降低0.01 L（95% CI：−0.03～0.003）。

一些实验性研究也发现了臭氧急性暴露对肺功能的影响，详见本章第三节。

2. 对气道效应生物标志的影响

臭氧对呼吸系统的急性效应还可表现为引起或加重人群的气道炎症，增加气道的敏感性等。分级

浓缩的呼出气一氧化氮（fractional exhaled nitric oxide，FeNO）是反映气道炎症的一个生物标志。因其测量相对容易、准确性较高、临床意义较明确，因而在流行病学研究中被广泛使用。希腊学者 Anna Karakatsani 的研究同时还发现，周平均臭氧浓度每升高 10 $\mu g/m^3$ 分别引起 FeNO 升高 11.10%（95% CI：4.23%～18.43%）、气道其他症状发生率升高 19%（95% CI：−0.53%～42.75%）。仅有少量的流行病学研究阐明了大气臭氧浓度（1 h 最大臭氧浓度约为 100 $\mu g/L$）的短期急性增加与儿童气道炎症相关。

一些实验性研究也发现了臭氧急性暴露对气道炎症和高敏性的影响，详见本章第三节。

（二）对心血管系统的影响

臭氧的短期暴露亦对心血管系统产生不良健康效应，主要引起心率变异性、血压、循环系统炎症及氧化应激生物标志的改变。尽管目前国内外有关臭氧对心血管系统临床和亚临床指标影响的流行病学研究较少，但相关的实验流行病学、毒理学研究已经表明臭氧对心血管系统的急性不良健康效应。臭氧对心血管系统健康效应的实验流行学的相关研究我们将在本章第三节进行介绍。

（三）对其他系统的影响

臭氧是一种具有高度氧化活性的二次大气污染物，人体通过呼吸道、黏膜、皮肤等途径暴露于臭氧环境中。因此，臭氧可直接或间接地作用于神经系统，引起一系列的临床或亚临床的神经系统症状。臭氧本身化学性质比较特殊，其健康效应评估过程受其他因素的影响较为复杂。因此，目前国内外基于臭氧短期暴露对神经系统等症状的影响的流行病学研究还比较匮乏，需要广大学者不断探索来填补该领域的空白。

二、对发病的影响

臭氧是一种高度活性的空气污染物，可以刺激呼吸道，减少肺功能，引发炎症反应。无论是易感人群还是普通人群，臭氧的短期急性暴露都能够引起呼吸等系统的发病，从而增加住院率（包括急诊住院率）。同时，臭氧的短期暴露与心血管及其他系统疾病的发病亦存在关联。本部分将着重介绍臭氧对呼吸系统疾病发病的影响。

对呼吸系统疾病住院率的影响

全世界各地，主要是北美、南美、澳大利亚及亚洲等地，开展了大量的时间序列研究，分析了臭氧急性暴露与呼吸系统的急诊率、住院率的关系。

1. 臭氧急性暴露对呼吸系统疾病住院率的影响

欧美等地区关于臭氧暴露对住院率影响的研究报道了短期内随着臭氧浓度的增加哮喘病的急诊率及住院率随之增加。同时，这些研究发现：特定易感人群如儿童和老年人对臭氧更为敏感。例如，Goodman 等 2017 年做了一项针对美国德克萨斯州 2003—2011 年间臭氧对儿童哮喘疾病住院率及总哮喘住院率影响的时间序列研究。结果表明，儿童哮喘住院率及总哮喘住院率均与臭氧的短期暴露呈统计学正相关。表 6-1 中列举了欧美及亚洲国家过去几年做的有关臭氧对呼吸系统疾病住院率的影响的研究。这些研究中以北美等国家居多，在亚洲只有我国香港地区的一项研究。

表 6-1　欧美等地臭氧急性暴露对呼吸系统疾病发病率的影响

研究	地点	滞后时间（Lag）（d）	时间	增长百分率（%）（95%CI）
Gryparis（2004）	APHEA2（23 个城市）	0～1	1 h max	0.24（−0.86～1.98）
Bell（2007）	98 个美国社区	0～1	24 h avg	0.64（0.34～0.92）

续表

研究	地点	滞后时间（Lag）（d）	时间	增长百分率（%）（95%CI）
Schwartz（2005a）	14个美国城市	0	1 h max	0.76（0.13～1.40）
Bell，Dominici（2008）	98个美国社区	0～6	24 h avg	1.04（0.56～1.55）
Bell（2004）①	95个美国社区	0～6	24 h avg	1.04（0.56～1.55）
Levy（2005）①	美国和美国之外	—	24 h avg	1.64（1.25～2.03）
Katsouyanni（2009）	APHENA-欧洲	0～2	1 h max	1.66（0.47～2.94）
Bell（2005）①	美国和美国之外	—	24 h avg	1.75（1.10～2.37）
Ito（2005）①	美国和美国之外	—	24 h avg	2.20（0.80～3.60）
Wong（2010）	PAPA（4个城市）	0～1	8 h avg	2.26（1.36～3.16）
Katsouyanni（2009）	APHENA-美国	0～2	1 h max	3.02（1.10～4.89）
Cakmak（2011）	7个智利城市	0～6	8 h max	3.35（1.07～5.75）
Katsouyanni（2009）	APHENA-加拿大	0～2	1 h max	5.87（1.82～9.81）
Katsouyanni（2009）②	APHENA-加拿大	0～2	1 h max	0.73（0.23～1.20）
Samoli（2009）	21个欧洲城市	0～1	8 h max	0.66（0.24～1.05）
Bell（2004）①	95个美国社区	0～6	24 h avg	0.78（0.26～1.30）
Schwartz（2005）①	14个美国城市	0	1 h max	1.00（0.30～1.80）
Zanobetti，Schwartz（2008）①	48个美国城市	0	8 h max	1.51（1.14～1.87）
Zanobetti，Schwartz（2008）②	48个美国城市	0～3	8 h max	1.60（0.84～2.33）
Franklin，Schwartz（2008）	18个美国社区	0	24 h avg	1.79（0.90～2.68）
Gryparis（2004）	APHENA2（21个城市）	0～1	8 h max	1.80（0.99～3.06）
Medina-Ramón，Schwartz（2008）	48个美国城市	0～2	8 h max	1.96（1.14～2.82）
Katsouyanni（2009）	APHENA-欧洲	0～2	1 h max	2.38（0.87～3.91）
Bell（2005）①	美国和美国之外	—	24 h avg	3.02（1.45～4.63）
Katsouyanni（2009）	APHENA-加拿大	0～2	1 h max	3.34（1.26～5.38）
Katsouyanni（2009）	APHENA-加拿大	0～2	1 h max	0.42（0.16～0.67）
Levy（2005）①	美国和美国之外	—	24 h avg	3.38（2.27～4.42）
Ito（2005）①	美国和美国之外	—	24 h avg	3.50（2.10～4.90）
Katsouyanni（2009）	APHENA-美国	0～2	1 h max	3.83（1.90～5.79）
Stafoggia（2010）	10个意大利城市	0～5	8 h max	9.15（5.41～13.0）

注：①代表2006年的臭氧空气质量标准文件（air quality criteria document，AQCD）研究中的多城市研究及数据分析。Bell（2005）①、Ito（2005）、Levy（2005）①等几个数据分析研究中使用了一系列的臭氧滞后时间，包括：Lag 0 h、1 h、2 h或平均0～1 h or 1～2 h；每日的滞后包括0～3 d；Lag 0 d和Lag 1～2 d。

②代表APHENA-加拿大研究中风险评估对应于每增加一个IQR（最大1 h臭氧浓度为5.1 μg/L）。

1 h max指“最大1 h臭氧浓度”，24 h avg指“24 h平均臭氧浓度”，8 h max指“最大8 h臭氧浓度”。

APHENA指欧洲和北美联合的一个项目，PAPA指亚洲公共卫生和空气污染。

该表引自美国环保局“Integrated Science Assessment for Qzone and Related Photochemical Oxidants”，EPA 600/R-10/076F | February 2013.

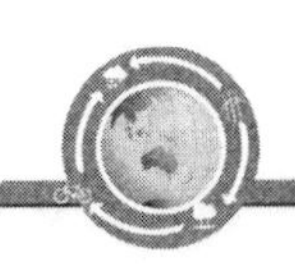

此外，欧洲和加拿大等地的研究人员对多城市的臭氧暴露与呼吸系统疾病住院率开展了一系列研究。Cakmak等评估了1993年4月至2000年3月间的加拿大10个城市全年龄人群中大气臭氧浓度与呼吸系统疾病住院率的关系。该研究采用时间序列分析的方法，主要分析在大气污染物所致的日呼吸系统疾病住院率增加的过程中家庭收入和教育程度的效应修饰作用。研究人员采用随机效应模型，通过筛选城市特异性的污染物滞后时间窗来综合评估每个污染物在多城市间的效应。如臭氧在各城市间最强效应的滞后时间是1～2 d。本研究采用的是全年臭氧浓度进行分析。

Cakmak等研究发现臭氧24 h平均浓度每增加20 μg/L，呼吸系统疾病住院率增加4.4%（95% CI：2.2%～6.5%）。另外多项研究评估了臭氧短期暴露对儿童呼吸系统疾病住院率的影响。Dales等2006年对加拿大1986—2000年间11个城市大气臭氧浓度与新生儿（0～27 d）呼吸系统疾病住院率进行一项研究。该研究发现各城市的臭氧浓度滞后2 d的效应最强，臭氧24 h平均浓度每增加20 μg/L可引起5.4%（95% CI：2.9%～8.0%）新生儿呼吸系统疾病住院率的增加。Dales等的该项研究与Lin等在美国纽约州的两项研究结果是相互佐证的。Lin等的研究对1991—2001年间纽约州11个地区进行研究，观察臭氧浓度0～3 d单天的效应，同样发现在第2天时的效应最强。

总之，流行病学研究支持臭氧短期暴露与呼吸系统相关疾病住院率直接相关，但仍需考虑混杂因素、效应修饰作用等。

2. 臭氧急性暴露对慢性阻塞性肺疾病住院率的影响

Stieb等在2009年研究了加拿大7个城市间臭氧短期暴露对普通人群（包括儿童）COPD急诊率的影响。在全年分析中，臭氧24 h平均浓度每增加18.4 μg/L与滞后2 d的COPD的急诊率呈正相关，即引起3.7%（95% CI：−0.5%～7.9%）的增加。在季节性分析中，该研究发现了温暖季节（4—9月）臭氧急性暴露与COPD的急诊率的相关性更强。而冬季没有发现类似较强的相关性。

3. 臭氧急性暴露对哮喘的影响

Stieb等在2009年也研究了加拿大7个城市间臭氧短期暴露对哮喘急诊率的影响。在全年分析中，臭氧短期内平均24 h浓度每增加20 μg/L与滞后1 d和2 d的哮喘的急诊率呈正相关，分别引起4.7%（95% CI：−1.4%～11.1%）和3.5%（95% CI：0.33%～6.8%）的增加。一些单城市的相关研究也为大气臭氧与哮喘病急诊率的关系提供了依据。例如，Ito等在2007年针对纽约1999—2002年间的空气污染的短期暴露与哮喘的急诊率的关系做了一项研究，其中包括臭氧对哮喘发病率的影响。结果表明，温暖季节，臭氧短期暴露与哮喘急诊率呈正相关，在凉爽季节则呈负相关。臭氧8 h浓度在之后0～1 d情况下每增加30 μg/L，相应地引起哮喘急诊率8.6%～16.9%的升高（温暖季节4—9月）和23.4%～25.1%的降低（凉爽季节）。

我国香港地区做了一项臭氧短期暴露对呼吸系统疾病发病率影响的研究。表6-2列出了该项研究中臭氧对呼吸系统疾病（respiratory disease，RD）、急性呼吸系统疾病（acute respiratory disease，ARD）及COPD发病的影响。该研究发现臭氧短期暴露对女性呼吸系统和COPD的影响更大。

表6-2　臭氧急性暴露对呼吸系统疾病住院率的影响

性别	超额风险	基本效应（95%CI）	*P*值
RD男性	0.79	0.46～1.13	≤0.001
女性	0.65	0.26～1.04	0.001～0.01
ARD男性	1.03	0.52～1.54	≤0.001
女性	0.58	0.01～1.15	0.01～0.05

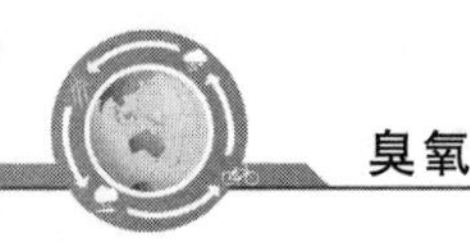
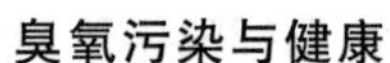

续表

性别	超额风险	基本效应（95%CI）	P 值
COPD 男性	0.91	0.40～1.43	≤0.001
女性	1.55	0.87～2.23	≤0.001

本表引自 Wong 等 2009 年的研究 Modification by influenza on health effects of air pollution in Hong Kong，略有修改。

随着工业化进程的加快，汽车保有量的快速增加，大气污染物的水平持续升高。尽管我国出台了一系列的环境保护措施，但大气臭氧作为二次污染物，其生成受多种因素的影响，近年来呈现持续升高的态势。尤其是温热的夏季，臭氧的急性暴露更容易刺激人体呼吸道，从而引发一系列的不良反应，对于易感人群更容易引起呼吸系统疾病的门急诊率及住院率的增加。尽管欧美等国家评估了臭氧对呼吸系统门急诊及住院率的影响，但因臭氧本身容易消减等特性，在做相关研究时应该全方位、多角度地考虑，将一些混杂因素及效应修饰因素纳入分析中，使分析结果更为可靠。

三、对死亡的影响

大量的时间序列等流行病学研究表明，短期的臭氧暴露可引起心肺相关疾病死亡及非意外性总死亡率的增加。

（一）对呼吸系统疾病死亡率的影响

美国 EPA 2006 年有关臭氧的 AQCD 中发现臭氧短期暴露对呼吸系统疾病死亡率的研究结果不一致。有些研究报道了臭氧短期暴露与呼吸系统疾病死亡率之间有明显的正相关效应，而有些研究则发现相关性较小或几乎可以忽略。近年来，多中心、多城市甚至多个大洲的基于臭氧对各类相关疾病发病的影响研究日渐增多，结果趋于一致，均表现为全年的总死亡率与臭氧的短期暴露呈正相关，尤其是在夏季温暖季节。

以往的臭氧急性健康效应的流行病学研究多在发达国家进行研究。近期，我国学者 Yin 等对我国多城市的急性臭氧暴露对日特定病因死亡率进行了研究。该研究采用的是时间序列研究方法，对 2013—2015 年间全国 272 个有代表性的城市进行了研究，采用分布滞后和过离散广义线性模型评估了每个城市臭氧（滞后 0～3 d）对死亡率的累计效应，使用分层贝叶斯模型综合评估城市特异性评估。用数据回归方法评估了地区、季节及人口统计学的异质性。研究结果表明：臭氧对呼吸系统疾病及 COPD 的日死亡率的影响是正相关的，但这种相关性不具有统计学意义。此外，董继元等 2016 年对我国臭氧的短期暴露与人群的死亡风险做了相关的数据分析，结果表明，大气中臭氧浓度每增加 10 $\mu g/m^3$，人群非意外总死亡率、心血管系统和呼吸系统疾病的死亡率分别增加 0.40%（95% CI：0.303%～0.498%）、0.448%（95% CI：0.171%～0.724%）和 0.461%（95% CI：0.225%～0.697%）。闫美霖等利用时间序列方法分析了广州市越秀区 2006 年 1 月 1 日至 2008 年 12 月 31 日间，不同度量方式下臭氧暴露对人群死亡风险的影响。结果显示：采用 4 种度量方式即 24 h 均值、最大 8 h 均值、1 h 最大值及日间均值，臭氧浓度（lag2）与人群非意外总死亡呈显著正相关（$P<0.05$）。臭氧浓度每增加一个四分位数间距（interquartile range，IQR），总死亡风险增加为 2.89%（95% CI：0.21%～5.63%）、3.71%（95% CI：0.86%～6.69%）、3.60%（95% CI：0.65%～6.36%）和 3.36%（95% CI：0.47%～6.33%）。

（二）对心血管疾病死亡率的影响

国内外臭氧急性暴露对心血管相关疾病死亡率的时间序列研究相对较少，我国 Yin 等的研究中同

时分析了臭氧急性暴露对心血管相关疾病死亡率的影响。结果显示：在全国平均臭氧暴露水平下，8 h臭氧最大浓度每增加 10 μg/m³分别引起全部非意外死亡率、心血管系统疾病、高血压、冠心病及中风的死亡率增加 0.24%［95% 后区间（PI）：0.13%～0.35%］、0.27%（95%PI：0.10%～0.44%）、0.60%（95% PI：0.08%～1.11%）、0.24%（95% PI：0.02%～0.46%）和 0.29%（95%PI：0.07%～0.50%）。该研究为我国大气臭氧的短期暴露对非意外死亡率及心血管系统疾病死亡率的影响提供了强有力的证据。除此之外，臭氧对心血管系统健康效应的研究相对比较少，只有 1996 年的臭氧 AQCD 中对臭氧可能的心血管健康效应做了有限的讨论。而 2006 年臭氧 AQCD 中提到“臭氧直接和/或间接引起的心血管相关发病”，但这方面的文献报道却有限。得出这一结论主要是基于控制人体暴露实验及毒理学研究。

（三）对全因死亡率的影响

臭氧在温暖或夏季的月份的较高死亡风险评估为城市间臭氧对死亡的健康效应。且诸多臭氧对死亡的影响的效应是在极低的臭氧水平显现的。例如，2011 年 Cakmak 等对智利 7 个城市做了一项关于臭氧全年暴露对死亡影响的研究，结果显示：以每日臭氧最大 8 h 浓度为暴露水平，滞后时间窗为 0～6 h，臭氧每升高 30 μg/L 可引起 3.35%（95% CI：1.07%～5.75%）全因死亡率的增加。而 2010 年 Stafoggia 等对意大利的 10 个城市夏季臭氧暴露与全死因死亡之间的关系做了一项研究，结果表明：以每日臭氧最大 8 h 浓度为暴露水平，滞后时间窗为 0～5 h，臭氧每升高 30 μg/L 可引起 9.15%（95% CI：5.41%～13.0%）全因死亡率的增加。

除了研究短期臭氧暴露和全因死亡率之间的关系，最近的研究试图阐明那些 2006 年臭氧 AQCD 中不确定的研究。结果表明 2006 年臭氧 AQCD 研究中短期暴露臭氧和死亡率之间存在较强的关联并支持新的多城市研究。但臭氧与死亡率直接相关性仍存在一定的不确定性，主要考虑混杂效应、效应修饰作用（即多城市间风险评估中臭氧来源的异质性）、臭氧与死亡率直接的浓度-反应关系（concentration-response，C-R）及臭氧与特定病因的死亡率直接的关系等。图 6-1 展示了臭氧单污染物与多污染物对全因死亡率及特定病因死亡率的影响。在这 3 个研究中，研究人员发现通常短期的臭氧暴露与全因、心血管和呼吸道疾病的死亡率呈正相关。加拿大各城市臭氧的评估风险要比美国和欧洲的城市大。但当考虑 PM_{10} 的混杂效应时，臭氧对死亡率风险效应估计的敏感性因数据集和年龄分组而不同。以 APHENA-欧洲这个研究为例，对于全因死亡率而言，全年臭氧的单污染物效应要略弱于多污染物（臭氧＋PM_{10}）的效应，而在夏季臭氧的单污染物效应要强于多污染物（臭氧＋PM_{10}）的效应。对于特定病因的死亡率，如心血管疾病及呼吸系统疾病，无论是全年还是夏季，臭氧的单污染物效应主要显示为强于多污染物（臭氧＋PM_{10}）对死亡率的效应。由此可见，大气臭氧对死亡率的风险效应受多种因素的影响，在做这方面的流行病学研究时应多方面考虑。

我国学者 Li 等 2015 年对广州 2006－2008 年间臭氧的急性暴露对非意外死亡率进行了研究。该研究中分析了 6 种臭氧浓度模式下臭氧急性暴露对急性死亡的影响，这 6 种模式分别是：1 h 最大浓度、最大 8 h 平均浓度、24 h 平均浓度、白天平均浓度、夜间平均浓度和上下班平均浓度，数据来源是 2006—2008 年广州的日均值数据。使用广义线性模型和泊松回归将自然样条函数来分析死亡率、臭氧和协变量数据，同时也研究了臭氧季节性对死亡率的关系。结果显示：1 h 最大浓度、最大 8 h 平均浓度、24 h 平均浓度、白天平均浓度的急性臭氧暴露对死亡率产生显著性影响。每种臭氧浓度模式下的臭氧浓度在 Lag 2 d 时每增加一个 IQR 引起的死亡率增加值分别为 2.92%（95% CI：0.24%～5.66%）、3.60%（95% CI：0.92%～8.49%）、3.03%（95% CI：0.57%～15.8%）和 3.31%（95% CI：0.69%～10.4%）。同时，发现凉爽季节的效应要强于温暖季节。夜间平均浓度和上下班平均浓度的急性臭氧暴露与死亡率呈弱相关。

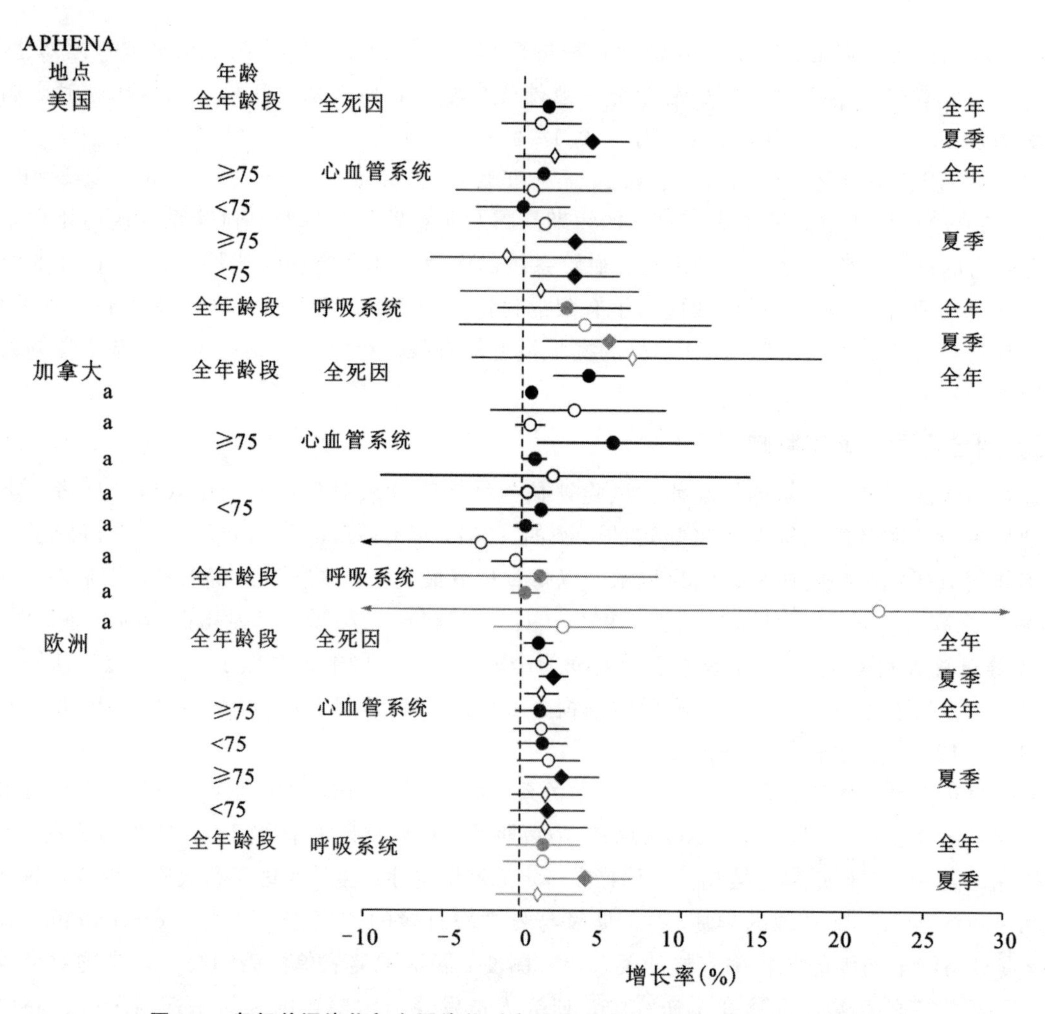

图 6-1 臭氧单污染物与多污染物对全因死亡率及特定病因死亡率的影响

注：臭氧最大 1 h 浓度每升高 40 μg/L 对死亡率的效应评估，所有评估对应的都是臭氧滞后 1 h 的结果，且都是 8 个自由度/年的自然样条函数模型。

圆形：全年分析结果。菱形：夏季分析结果。实心：臭氧单一污染物模型。空心：臭氧与 PM_{10} 的混合污染物模型。黑色图形：全因死亡率。深灰图形：心血管系统死亡率。浅灰图形：呼吸系统死亡率。

a 代表 APHENA-加拿大研究中的对应于每增加一个 IQR（最大 1 h 臭氧浓度为 5.1 μg/L）风险评估。

该图引自美国环保局 "Integrated Science Assessment for Ozone and Related Photochemical Oxidants" 图 6-30（796 页 6-231），EPA 600/R-10/076F | February 2013 | www. epa. gov/ord.

（夏永杰　陈仁杰　阚海东）

第二节　慢性效应

目前流行病学研究对臭氧的慢性效应研究相对较少。臭氧的慢性效应研究采用队列研究和横断面研究，且多集中在美国、英国等西方国家，我国开展研究甚少。研究的健康效应终点包括临床效应指标（血压和肺功能）、亚临床效应指标（血液中各种效应生物标志物）、发病、死亡和患病等。因此，本小节综述了臭氧暴露对人群健康的慢性效应的流行病学研究。

一、对临床和亚临床效应指标的影响

（一）对血压的影响

Dong 等学者对中国 3 个东北城市（沈阳、鞍山和荆州）11 个行政区的 24 845 名成人开展了大气污染物长期暴露（2009—2010 年）与居民血压水平关联的大型横断面研究。该研究揭示了室外臭氧长期暴露可导致中国居民血压水平（收缩压和舒张压）升高。例如，臭氧浓度每升高 22 $\mu g/m^3$ ［四分位间距（interquartile，IQR）］，导致平均收缩压和舒张压分别升高 0.73 mmHg（95% CI：0.35～1.11）和 0.37 mmHg（95% CI：0.14～0.61）。此外，该研究还进一步做了性别等因素的敏感性分析，男性成人的血压升高与臭氧暴露的相关性更为密切。Chuang 等人基于台湾大规模老年人健康状况及生活状况调查（survey of health and living status of the elderly in taiwan，SHLSE）研究基础上开展了长期室外大气污染物暴露（包括细颗粒物和臭氧）与血压和效应生物标志物相关指标的关联研究。研究发现室外臭氧的长期暴露会造成血压水平升高。例如，臭氧浓度每升高 8.95 $\mu g/m^3$（IQR），导致收缩压和舒张压分别升高 21.51 mmHg（95% CI：6.90～26.13）和 20.56 mmHg（95% CI：18.14～22.97）。臭氧引起血压升高的机制目前尚不明确，可能是臭氧暴露后引起循环系统炎症反应、氧化应激、血管内皮功能紊乱等因素造成血压升高，也可能是臭氧暴露后刺激神经系统，进而引发血管收缩造成血压升高。

（二）对肺功能的影响

大量流行病学研究表明暴露于较高浓度水平的颗粒物会降低肺功能，但是暴露于臭氧与肺功能之间的关系仍是一个有趣而重要的研究方向。因此，一些学者在不同人群（包括成人和儿童）中开展了相关研究。基于美国国家心肺血液研究所发起的社区人群动脉粥样硬化风险研究（the population-based atherosclerosis risk in communities，ARIC）的健康数据，Qian 等学者对 10 240 名美国中年人开展了长期臭氧暴露与肺功能各指标之间相关关系研究。该研究中肺功能指标包括用力肺活量（FVC）和一秒用力呼气量（FEV_1）。研究得出的结论是长期环境臭氧暴露会降低肺功能。比如，该研究的多重线性回归模型结果显示臭氧浓度与儿童 FVC 和 FEV_1 呈显著的负相关关系。儿童 FVC 与臭氧的回归关系系数为−0.014 5（SE=0.002 3，$P<0.001$），FEV_1 与臭氧的回归关系系数为−0.010 7（SE=0.002 7，$P<0.001$）。进一步依据研究对象目前是否吸烟、近期是否服用呼吸道药物、近期是否有呼吸系统症状和是否有慢性肺部疾病史等开展了一系列的分层分析。分层分析结果表明目前吸烟者、近期服用呼吸道药物的人群、近期有呼吸系统症状和有慢性肺部疾病的人群长期暴露于臭氧更能降低肺功能。Tager 等学者在美国也开展了类似的研究。该研究纳入的研究对象是 255 名 16～19 岁健康大学生，排除正在吸烟、患有慢性疾病史（如心肺系统疾病）和有其他不良嗜好（如饮酒）者。肺功能指标除了上述提及的 2 项指标外，还收集了最大呼气流量的 50%分位数（$PEF_{25\sim75}$）、最大呼气流量的第 75 百分位数（PEF_{75}）和最大呼气流量的 50%分位数与 FVC 的比值（$PEF_{25\sim75}/FVC$）。该研究报道长期暴露于室外臭氧同样会降低健康人群的肺功能。Hwang 等人在 2007 年 10 月至 2009 年 11 月对台湾 12 岁儿童开展了为期 2 年的前瞻性队列研究。研究对象由 2 941 名不吸烟的儿童组成，并且所有研究对象均完成了基线和随访的肺功能测试，肺功能指标同 Tager 等学者研究的指标相同。该研究再次证实长期暴露于臭氧环境会损害儿童肺功能的发展，并且与女童相比，男童肺功能更易受到臭氧污染的影响。例如，臭氧浓度每升高 22.9 $\mu g/m^3$，所有儿童的肺功能指标 FVC、FEV_1 和 $PEF_{25\sim75}$ 分别降低了 41.43 mL（95% CI：−15.31～67.54）、45.41 mL（95% CI：19.42～71.39）和 60.10 mL/s（95% CI：8.06～112.14），其中男孩相应肺功能指标分别降低了 54.71 mL（95% CI：21.56～87.86）、58.80 mL（95%

CI：27.38～90.23）和 68.21 mL/s（95% CI：2.70～133.72），女孩相应肺功能指标分别降低了 41.89 mL（95% CI：15.59～68.19）、45.86 mL（95% CI：18.28～73.45）和 72.40 mL/s（95% CI：4.05～140.74）。上述研究表明无论是成人还是儿童，长期暴露于室外臭氧均会造成肺功能不同程度的降低。我国应该开展类似研究，定量分析和评估我国臭氧污染对居民肺功能的慢性危害，这对相关环境决策有着重要意义。

（三）对效应生物指标的影响

生物标志物是可以标记系统、器官、组织、细胞及亚细胞结构或功能的改变或可能发生改变的生化指标。效应生物标志物（生物标志物功能上分类的类别之一）能够特异性/灵敏地反映环境因素对机体早期生物学效应，在确定这些物质在体内的存在及其所产生损害的性质和程度、研究其作用的暴露-反应关系、评价预防措施等方面具有重要意义。因此，研究长期暴露大气污染与效应生物指标之间的关联尤为重要。目前流行病学研究证实暴露在较高水平的大气细颗粒物环境中，会使血液中某些成分发生改变，但是臭氧污染的相关文献甚少。Chuang 等人在研究长期暴露室外大气污染与血压关系的同时，还收集了研究对象的生物样本即血液样本并分析了这些样本中的效应生物标志物。这些效应生物标志物包括血糖［空腹血糖、糖化血红蛋白（HbA1c）］、血脂（总胆固醇、甘油三酯、高密度脂蛋白）和炎症因子（IL-6、中性粒细胞）。他们发现随着臭氧浓度的升高，血糖（空腹血糖和糖化血红蛋白）、血脂（总胆固醇）和炎症指标（中性粒细胞）均有不同程度的升高。例如，臭氧浓度每升高 8.95 $\mu g/m^3$，空腹血糖和糖化血红蛋白分别升高 21.10 mg/dl（95% CI：12.03～30.17）和 1.30%（95% CI：0.97～1.63），总胆固醇升高56.47 mg/dl（95% CI：47.26～65.69），中性粒细胞升高 13.74%（95% CI：11.50～15.99）。糖化血红蛋白与氧化应激和内皮功能障碍有关，在动脉粥样硬化的发病机制中起重要作用，这提示高血糖和动脉粥样硬化风险与臭氧暴露密切相关。Green 等人在 1999—2004 年间对 2 086 名中年女性开展了长期臭氧暴露与血清中心血管疾病危险的效应标志物的关联研究。血清中效应标志物包括超敏 C 反应蛋白（hs-CRP）、纤溶蛋白原、纤溶酶原激活物抑制物-1（PAI-1）、组织特异性纤溶酶原激活物抗原（tPA-Ag）和凝血因子Ⅶ活性（Factor Ⅶ）。研究表明长期暴露于臭氧环境会影响中年女性的炎症反应和止血功能。例如，臭氧每升高 21.4 $\mu g/m^3$，凝血因子Ⅶ活性上升 5.7%（95% CI：2.9%～8.5%）。

二、对发病的影响

目前臭氧暴露对发病影响的研究主要集中在心血管系统、呼吸系统疾病和中枢神经系统疾病。心血管系统疾病包括高血压、心律失常等；呼吸系统疾病包括呼吸系统窘迫综合征和肺癌；中枢神经系统疾病主要是指阿尔兹海默症。

（一）对心血管系统发病的影响

Coogan 等学者对美国黑人成年女性开展了为期 11 年（1995—2011 年）的健康随访（the black women's study，BWHS），并分析了环境臭氧的长期暴露与这些研究对象的高血压发病有无关联及关联的程度。该大型队列研究揭示了长期暴露在较高浓度的臭氧环境下会增加人群高血压的发病风险，即臭氧浓度每升高 14.3 $\mu g/m^3$，高血压的发病风险为 1.09（95% CI：1.00～1.18）。模型控制其他污染物后，臭氧的长期暴露仍会增加高血压的发病风险（hazard ratio，HR>1），但未发现统计学意义。Atkinson 等学者在 836 557 名 40～89 岁的英国队列研究中也发现长期暴露于臭氧可能会增加心律失常的发病风险。研究显示暴露于臭氧的人群心律失常的发病风险是非暴露人群发病的 1.01 倍（95% CI：0.98～1.05）。

（二）对呼吸系统发病的影响

已有研究表明环境因素如吸烟和酗酒可能会增加呼吸系统窘迫综合征（acute respiratory distress syndrome，ARDS）的发病风险，但是大气污染对ARDS的发病影响的流行病学证据尚为缺乏。因此，Ware等学者在1 558名患者中开展了长期大气污染对患者发生呼吸系统窘迫综合征的风险前瞻性观察性研究。这些纳入的患者居住在距离环境监测站小于50 km的环境中，并且这些研究对象在研究开始时没有ARDS但是在后期随访过程中可能会出现ARDS的发病风险。研究表明ARDS的发病风险会随着臭氧浓度的升高而上升；在整个队列人群中，长期暴露于臭氧的患者的ARDS发病风险是非暴露者的1.58倍（95% CI：1.27～1.96）；臭氧对患有创伤（ARDS的危险因素之一）的患者与ARDS发病的关联比没有患有创伤患者发病影响更强，差异有统计学意义，其OR（odds ratio）值为2.26（95% CI：1.46～3.50），并且该研究还发现臭氧与吸烟暴露均有协同作用，即同时暴露于臭氧和吸烟环境的患者发生呼吸系统窘迫综合征的风险更大。Hysrad等学者在加拿大开展了长期空气污染暴露与肺癌发病关联的人群病例交叉研究。研究发现虽然臭氧长期暴露与肺癌发病关系未有统计学意义，但是依然提示长期暴露于臭氧环境可能会增加肺癌的发病风险。该研究指出臭氧每上升10 μg/L，居民肺癌的发病风险OR值为1.09（95% CI：0.85～1.39）。

（三）对中枢神经系统疾病发病的影响

目前在大气污染对中枢神经系统疾病发病的影响领域的研究集中在动物实验。这些动物实验集中研究大气污染与阿尔兹海默症神经病理学的关联，但是大气污染对阿尔兹海默症发病的真实效应尚不明晰。因此，Jung等学者在台湾开展了臭氧长期暴露与新诊断的阿尔兹海默症关联的研究。该研究在2001—2010年间纳入了95 690名65岁及以上的老年人。暴露数据来源于台湾环境保护局2000—2010年数据。研究发现基线（研究开始）臭氧浓度每升高20.6 $\mu g/m^3$，阿尔兹海默症的发病风险HR为1.06（95% CI：1.00～1.12）。随访时，臭氧浓度每升高23.3 $\mu g/m^3$，阿尔兹海默症的发病风险增加了2.11%（95% CI：2.92～3.33）。这些结果表明长期暴露在美国环保署现行臭氧限值之上的浓度环境下会增加阿尔兹海默症患者的发病风险。

三、对死亡的影响

臭氧除了影响临床、亚临床指标及疾病的发病外，还严重影响居民的生命。目前研究的死亡结局主要集中在对全因死亡的影响和分疾病别死亡的影响。分疾病别死亡主要包括心血管系统死亡、呼吸系统死亡、脑血管死亡和心肺系统死亡。

（一）对全因死亡的影响

Tuner等学者在美国成年人中开展了为期22年的慢性环境臭氧暴露与全因和分疾病别死亡率之间关系的大型前瞻性队列研究。该队列分析了669 046名研究对象，其中随访到2004年有237 201名研究对象死亡。研究发现，单污染物模型中，臭氧与总因死亡率呈显著正相关。在此模型基础上，进一步控制细颗粒物，臭氧浓度每升高21.4 $\mu g/m^3$，总因死亡的风险比率HR值为1.02（95% CI：1.01～1.04）；进一步控制二氧化氮，结果相似。Bentayeb等学者在1989—2013年间对20 625名法国国家电厂和燃气公司的工人开展了大型队列研究。虽然研究者们在整个研究期间未发现长期臭氧暴露会增加非意外造成的死亡风险，但是依据随访年份的分层分析，结果显示不同年份期间的长期暴露室外臭氧环境会显著增加非意外造成的死亡风险。

（二）对心血管系统死亡的影响

Crouse等学者在25岁及以上的加拿大成人中开展了为期16年的大气中细颗粒物、臭氧和二氧化

氮等污染物长期暴露与分疾病别死亡关系的队列研究（canadian census health and environment cohort，CanCHEC）。该队列报告臭氧浓度每升高 20.3 μg/m³，居民心血管系统疾病和缺血性心脏病死亡风险均会增加，其 HR 值分别为 1.037（95% CI：1.028～1.047）和 1.087（95% CI：1.075～1.100）。模型调整了细颗粒物和二氧化氮后，居民上述疾病死亡风险仍增加，其 HR 值分别为 1.038（95% CI：1.024～1.052）和 1.062（95% CI：1.045～1.080）。Zanobetti 等学者在患有慢性疾病的美国人群中开展了臭氧长期暴露与分疾病别死亡率（1985—2006 年）相关性的队列研究。此研究报道温暖季节（5—9 月）臭氧浓度每上升 10.7 μg/m³，居民充血性心力衰竭、心肌梗死和慢性阻塞性肺部疾病死亡风险均增加，其 HR 值分别为 1.06（95% CI：1.03～1.08）、1.09（95% CI：1.05～1.10）和 1.07（95% CI：1.05～1.10）。此外他们还发现臭氧暴露的慢性健康危害存在区域差异，这个差异可能与不同区域的温度差异有关。Tuner 等学者还发现，单污染物模型中臭氧与因循环系统疾病造成死亡呈显著正相关，模型进一步控制细颗粒物，臭氧浓度每升高 21.4 μg/m³，居民循环系统疾病造成死亡风险的 HR 值为 1.03（95% CI：1.01～1.05）；进一步控制二氧化氮，结果未发生改变。上述研究也证实了在分疾病别死亡中，臭氧污染与心血管系统较为密切。目前臭氧污染与心血管疾病关系的生物学机制尚不明晰，但已有流行病学调查发现臭氧污染与人群血液特征改变（如炎症因子升高、糖化血红蛋白水平升高）、心脏功能失调（如心律失常）等相关，上述发现可以在一定程度上解释臭氧污染对心血管系统的不良健康效应。

（三）对呼吸系统死亡的影响

Tuner 等学者的研究还发现单污染物模型中，臭氧长期暴露会显著增加呼吸系统疾病死亡风险；模型进一步控制细颗粒物，臭氧每升高 21.4 μg/m³，呼吸系统疾病造成的死亡风险比率 HR 值为 1.12（95% CI：1.08～1.16）；进一步控制二氧化氮，得出类似的结果。Jerrett 等学者于 1977—2000 年间对美国448 850名研究对象开展了为期 18 年的臭氧暴露与心血管系统和呼吸系统死亡风险关联的前瞻性队列研究，并报道无论是采用单污染物模型还是采用双污染模型，均发现臭氧长期暴露会增加呼吸系统死亡的相对风险。单污染物和双污染物模型（进一步控制细颗粒物）发现，臭氧浓度每升高 21.4 μg/m³，呼吸系统疾病死亡相对风险 RR 值为 1.040（95% CI：1.010～1.067）。Hao 等美国学者在 2007—2008 年间对老年人（年龄≥45 岁）开展了类似的队列研究，其中随访时死亡人数为 265 223 人。该研究也报道长期暴露于室外臭氧可能会增加下呼吸道疾病的死亡风险。臭氧每升高 10.7 μg/m³，居民下呼吸道疾病死亡的风险 HR 值为 1.05（95% CI：1.01～1.09）。然而，有些研究发现臭氧与呼吸系统疾病造成的死亡之间不存在相关性甚至呈负相关。例如，Carey 等学者对 835 607 名 40～89 岁英国成年人开展了为期 5 年的慢性大气污染物暴露对居民呼吸系统疾病死亡率影响的队列研究，并未发现慢性环境臭氧暴露与呼吸系统死亡率之间存在相关性。加拿大 CanCHEC 队列研究却报道二者呈负相关，其 HR 值为 0.971（95% CI：0.953～0.989）。上述研究的不一致可能是研究对象特征、研究时间、暴露计算方法和其他未知因素等造成，因此需要开展更多的研究来探索臭氧的长期暴露与呼吸系统死亡风险的关联及关联程度。

（四）对脑血管死亡的影响

Crouse 等学者在加拿大开展的 CanCHEC 研究未发现臭氧长期暴露与脑血管疾病死亡风险存在相关性（HR 0.981；95% CI：0.961～1.001），模型进一步控制了细颗粒物和二氧化氮，虽然发现臭氧浓度升高会增加脑血管疾病的死亡风险（HR 1.023），但仍无统计学意义（95% CI：0.993～1.005）。该研究虽然未发现臭氧长期暴露与脑血管疾病死亡存在统计学显著意义，但仍然表明臭氧污染会对脑血管造成损害，这需要继续开展相关研究来探索二者关系。

(五) 对心肺相关疾病死亡的影响

Wang 等学者于 1996—2004 年间在澳大利亚东部港市布里斯班开展了环境气态污染长期暴露与心肺相关疾病死亡风险的关联性研究，所研究的气态污染包括臭氧、二氧化氮和二氧化硫。但是该项研究报道环境臭氧长期暴露与心肺相关疾病死亡风险并不存在统计学相关性。Jerrett 等学者开展的队列研究报道了臭氧长期暴露会显著增加心肺相关疾病死亡的相对风险。即长期暴露于臭氧环境的人群中因心肺相关疾病造成的死亡风险是未暴露于该危险因素的人群中死亡风险的 1.014 倍（95% CI：1.007～1.022）。

四、对其他健康结局的效应

臭氧对人体健康的慢性效应除了上述效应外，还有些研究对臭氧可能会影响的其他健康结果指标进行了相关研究，主要集中在患者的患病情况和居民期望寿命等方面。

(一) 对患病的影响

当前流行病学对臭氧长期暴露与疾病患病的关系研究主要集中在呼吸系统方面，尤其是儿童的呼吸系统疾病（包括哮喘、鼻炎、喘息、特应性皮炎等）。Gao 等学者在中国香港 2 203 名 8～10 岁儿童中开展了大气污染的慢性健康效应的横断面研究。儿童健康信息采用了国际儿童哮喘及过敏性疾病研究的核心问卷，包括医生诊断哮喘、过去 12 个月喘息症状、过去 12 个月咳嗽症状，并报道了室外大气污染会对儿童呼吸道健康造成一定的损害。Pénard-Morand 等学者在法国 6 672 名 9～11 岁儿童中也开展了大气污染的慢性健康效应的横断面研究。该调查的儿童健康信息（包括哮喘、过敏性鼻炎和特应性皮炎）也是采用国际儿童哮喘及过敏性疾病研究的核心问卷，此外还收集了皮肤点刺试验和运动诱导支气管反应性的临床测试数据。研究发现长期暴露于室外大气污染（包括臭氧）可能会增加儿童呼吸系统疾病和特应性皮炎的患病风险。比如，运动诱导的支气管反应性、哮喘和特应性皮炎的患病与臭氧的浓度成正相关，并且皮肤点刺试验出现阳性的风险 OR 值为 1.34（95% CI：1.24～1.26）。Ramadour等学者则采用国际儿童哮喘及过敏性疾病研究的核心问卷和视频问卷相结合的方式收集了 2 445名 13～14 岁儿童健康方面的信息（鼻炎、哮喘症状和哮喘患病情况），并开展了长期臭氧环境暴露与哮喘患病情况的大型横断面的流行病学调查。该研究发现长期暴露室外臭氧与自我报告的哮喘患病情况相关。对呼吸系统患病影响而言，目前研究对象的焦点主要在儿童。因为儿童的机体往往存在各系统发育不完全，尤其是气道狭窄和免疫功能较弱，对臭氧污染更为敏感，更易发生哮喘、鼻炎、皮疹等。臭氧污染也会通过炎症反应诱发或加重哮喘等疾病。另外，儿童对污染物的呼吸单位表面积高于成人，这也可以在一定程度上解释儿童对大气污染的易感性。

(二) 对期望寿命的影响

Li 等学者研究了 2002—2008 年间美国 48 个州的 3 109 个相邻郡县居民的长期暴露臭氧环境与居民期望寿命的关联。研究发现，与低浓度臭氧的郡县（77.9 $\mu g/m^3$）相比，臭氧浓度最高的郡县（104.4 $\mu g/m^3$）的男性和女性居民平均期望寿命分别减少 1.7 年和 1.4 年。例如，臭氧浓度每升高 10.7 $\mu g/m^3$，男性和女性的平均期望寿命分别减少 0.25 年和 0.21 年。暴露-反应关系曲线显示，同臭氧参考浓度值（96.3 $\mu g/m^3$）比较，那些郡县的臭氧浓度高于参考值的居民期望寿命较低，而臭氧浓度低于参考值的郡县居民有较高的期望寿命。敏感性分析结果揭示臭氧与期望寿命之间的关系在不同的人口规模下差异不大。这项研究揭示较高浓度的臭氧污染能显著降低居民的期望寿命；如能降低臭氧污染，则将会使期望寿命增加，这需要进一步的研究来评估不同力度的臭氧控制对居民期望寿命的影响。目前我国在这一方面的研究尚属空白，因此未来研究要重视，以期为我国进一步深入开展臭氧污染治理提供理论依据和科学支持。

综上所述，本节在不同层次的健康效应上总结了臭氧长期暴露的慢性效应。但是我国相关研究甚少，这就提示了今后我国臭氧领域的研究方向。诚然，由于大气污染物之间存在明显的相关关系，很难将臭氧的效应单独分开估算。因此，今后的研究需要从整体的角度研究固态污染（如 PM_1、$PM_{2.5}$）和气态污染物（如臭氧）对人体健康的影响及其交互作用。

（夏永杰　陈仁杰　阚海东）

第三节　实验流行病学

实验研究是流行病学研究中检验假设最有效的方法。在实验研究中，暴露（干预）和结局有明确的时间先后顺序，可以有充分的把握进行因果推断。但在实际应用上，实验研究的开展存在诸多困难，如所需费用较高、不便于进行大规模研究，且通常很难满足伦理学要求。而类实验研究则较好地弥补了这一缺点。本节将从实验研究和类实验研究两种研究方法来阐述臭氧导致健康效应的流行病学证据。

一、实验研究

实验研究的基本要素是随机、对照和重复，并在条件许可的情况下采用盲法。在完全随机化的实验研究中，必须将研究对象随机分成实验组和对照组，对实验组人群给予干预措施，即所研究的因素，对对照组人群不给予相同的干预措施，观察一段时间后，测量并比较两组的结局。此时，为了防止观察者和研究对象对于试验结果主观因素的影响，可采用盲法。

关于臭氧的实验研究主要是利用暴露舱来控制研究对象的臭氧暴露水平，测量并比较不同臭氧暴露水平下的效应指标。由于建立和维护一个暴露舱的花费较高，也有研究者采用呼吸面罩的方式进行臭氧暴露水平的干预。在实验研究中，研究对象结局变量的改变与臭氧浓度、每分通气量和暴露时长有关。不管是采用暴露舱方式进行干预还是采用呼吸面罩方式进行干预，研究者一般采用高浓度臭氧-短时间暴露的模式，并且通过让研究对象进行运动来提高每分通气量。此类干预性研究在中国尚未开展，但是国外已有干预性研究证明臭氧的短期暴露会导致心肺相关临床效应及亚临床效应的改变。

（一）对呼吸系统临床效应指标的影响

Adams 进行了一系列的暴露舱研究和呼吸面罩研究来探讨臭氧对呼吸系统临床效应指标的影响。为了比较暴露舱干预方法和呼吸面罩干预方法对于肺功能影响的差异及不同臭氧暴露水平对于呼吸系统效应指标影响的差异，Adams 采用了 5 种暴露模式：①利用暴露舱，暴露于 0.12 μg/L 浓度的臭氧 6.6 h；②利用暴露舱，暴露于清洁空气（臭氧浓度为 0）6.6 h；③利用呼吸面罩，暴露于0.12 μg/L浓度的臭氧 6.6 h；④利用呼吸面罩，暴露于 0.08 μg/L 浓度的臭氧 6.6 h；⑤利用呼吸面罩，暴露于 0.04 μg/L浓度的臭氧 6.6 h。研究发现不管是采用暴露舱干预，还是采用呼吸面罩干预，暴露于 0.12 μg/L浓度的臭氧 6.6 h 均会导致肺功能明显下降，且两种方法对于肺功能的影响没有差异。但是，不同浓度的臭氧暴露对于肺功能的影响存在明显差异。暴露于 0.12 μg/L 浓度的臭氧 3 h 即可引起 FEV_1 明显下降，暴露 6.6 h 后，FEV_1 下降 11%左右，FVC 下降 13%左右。暴露于 0.08 μg/L 浓度的臭氧 5 h 后才会引起 FEV_1 显著下降，暴露 6.6 h 后，FEV_1 与 FVC 均下降了 4%左右。而暴露于 0.04 μg/L浓度的臭氧 6.6 h 后，肺功能未发现有明显的改变。Brown 等人也发现暴露于 0.06 μg/L 浓度的臭氧 6.6 h，会引起 FEV_1 下降 2.85%。诸多的实验流行病学证据表明，同样是暴露 6.6 h，臭氧浓度与 FEV_1 降低量存在明显的剂量-反应关系（图 6-2）。除此以外，相比较低浓度的臭氧暴露，较高浓度的臭氧暴露引起的呼吸道症状更严重。暴露于 0.12 μg/L 浓度的臭氧 6.6 h 后，研究对象的深吸气痛

(pain on deep inspiration，PDI) 得分和总症状得分 (total symptoms score，TSS) 分别是 9 分 (总分为 40 分) 和 26 分 (总分为 160 分)，明显高于低浓度臭氧暴露后的得分。

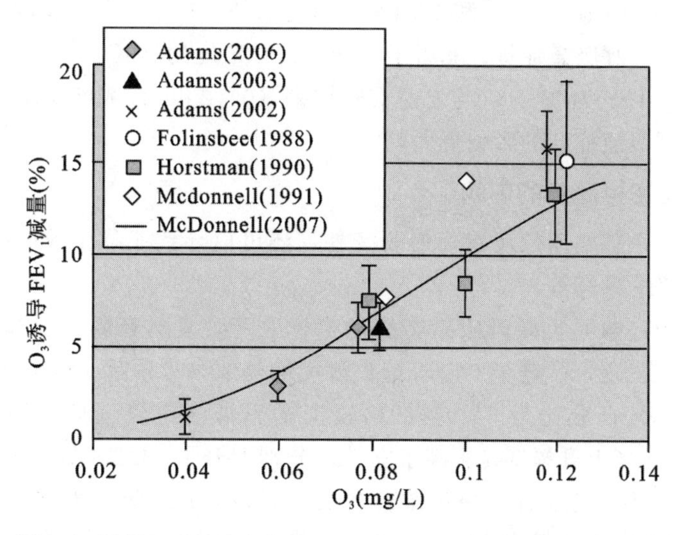

图 6-2　暴露于不同浓度臭氧 6.6 h 与 FEV_1 降低的剂量-反应关系

引自：Brown JS，Bateson TF，McDonnell WF，et al. Effects of exposure to 0.06×10^{-6} ozone on FEV1 in humans：a secondary analysis of existing data [J] . Environmental health perspectives，2008，116 (8)：1023-1026.

在暴露舱中持续暴露相同浓度的臭氧称之为方波型臭氧暴露模式，此种模式不能很好地模拟环境臭氧浓度的日间变化，即从早晨浓度开始升高，午间时臭氧浓度达到顶峰，随后下降。因此，Adams 在原先试验的基础上增加了三角型臭氧暴露模式 (图 6-3)。两种暴露模式具体为：①方波型，在暴露舱中，暴露于 0.08 μg/L 的臭氧 6.6 h；②三角型，臭氧浓度从最开始的 0.03 μg/L 上升到第 4 小时的 0.15 μg/L,随后下降至第 6 小时的 0.05 μg/L，在这段时间内的平均暴露水平是 0.08 μg/L。研究结果表明，在方波型暴露模式下，FEV_1 直到第 6 小时才出现显著下降，最终下降了 3.51L。在三角型暴露模式下，FEV_1 在暴露 4 h 后即出现显著下降，最终下降了 3.12L。同样的，在方波型暴露模式下，PDI 及 TSS 在暴露 5 h 后开始出现明显的升高；而暴露在三角型模式下，4 h 后 PDI 及 TSS 就已经显著升高。由此可以看出，臭氧浓度的变化模式也会对肺功能及呼吸道症状产生不同的影响。

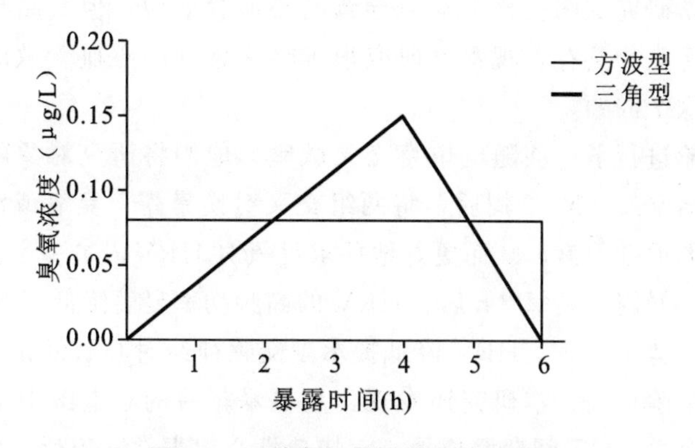

图 6-3　两种臭氧暴露模式的示意图

在前两个研究中，臭氧的暴露水平均不超过0.12 μg/L。因此，Adams又做了一个补充试验，以研究高浓度臭氧短期暴露对呼吸系统临床效应的影响。研究结果显示，暴露于0.30 μg/L浓度的臭氧2 h即可导致FEV_1和FVC分别下降11.5%和12.4%。除此以外，短期高剂量暴露也会引起一系列的症状表现，如咳嗽、深吸气痛、呼吸急促等。暴露于0.30 μg/L浓度的臭氧2 h后，以上3种症状的得分分别为6分、12分、9分，TSS为31分。与之前实验结果（0.12 μg/L浓度暴露6.6 h后TSS为26分）相比，高浓度臭氧对于呼吸道症状的影响更大。

（二）对呼吸系统生物标志物的影响

臭氧除了可以引起一系列临床效应指标的改变外，还可以导致亚临床效应的改变，如引起呼吸道炎症水平和氧化应激水平的升高等。

诱导痰中的炎症细胞计数是反映呼吸道炎症的指标之一，臭氧暴露可引起炎症细胞计数的改变。Kim等人利用暴露舱研究发现，暴露于0.06 μg/L浓度的臭氧6.6 h后，嗜中性粒细胞（polymorphonuclear neutrophil，PMN）百分比为54.0%，相较于暴露清洁空气（臭氧浓度为0 μg/L）上升了15.7%，其中男性的PMN%上升幅度显著高于女性，分别上升了24.2%和8.5%，说明男性对于臭氧暴露引起的呼吸道炎症更为敏感。针对更高浓度的臭氧暴露，Lay等人发现0.40 μg/L浓度暴露2 h后，诱导痰中的PMN%相比于暴露清洁空气显著上升了32.1%。除了中性粒细胞以外，Lay的研究还发现，暴露于0.40 μg/L浓度臭氧2 h后，诱导痰中的单核细胞百分比上升了7.2%，而巨噬细胞百分比下降了11.0%。这些细胞作为抗原递呈细胞也会参与到呼吸道的炎症反应中。

臭氧暴露还可引起呼吸道炎症因子水平的升高。Alexis等人发现，暴露0.08 μg/L浓度的臭氧6.6 h后，健康人诱导痰中的（IL-6、IL-8、IL-12 p70和TNFα均有显著升高。其中IL-6、IL-8和TNFα作为促炎细胞因子，与炎性细胞介导的呼吸道炎症反应有关；IL-12 p70则在抗原呈递与免疫应答中扮演重要角色。Bosson等人发现相对于健康人，哮喘患者对于臭氧导致的呼吸道炎症反应更敏感。在研究对象暴露于0.20 μg/L浓度的臭氧2 h后，他们利用支气管黏膜活组织检查技术收集研究对象的支气管上皮细胞，并检测其中的细胞因子。结果显示，哮喘患者的上皮细胞中的IL-5、粒细胞-巨噬细胞集落刺激因子（GM-CSF）和上皮中性粒细胞活化肽78（ENA-78）的表达均有所增加，而健康者的这些细胞因子水平在暴露前后并没有发生显著变化。

（三）对循环系统临床效应指标的影响

大量的观察性流行病学研究试图去探求臭氧导致的心血管效应，但其结果不完全一致。可能的原因之一是臭氧往往与其他污染物共存，观察性研究很难将观察到的心血管效应归因于臭氧的暴露，而实验性研究很好地解决了这个问题。

Devlin等人利用暴露舱进行了一项随机单盲交叉试验。他们将研究对象随机分成两组，分别暴露于0.30 μg/L的臭氧和清洁空气2 h。2周后，将两组交叉对换暴露于臭氧或清洁空气中，通过志愿者前后自身对比，控制可能的混杂因素，从而更好地探求臭氧对HRV及心室复极化的影响。研究结果显示，与暴露清洁空气相比，暴露于臭氧2 h后，HRV的高频功率显著降低了51.2%。暴露结束24 h后仍有下降趋势，尽管这种趋势不显著。HRV降低提示副交感神经对心脏的正常控制作用减弱，从而使机体发生严重心律失常的危险增高。本研究还发现，臭氧暴露后的心电图中QT间期增长1.2%。QT间期的长短与心室复极化有关，QT间期增长是心室快速性心律失常和猝死的危险因素之一。然而，也有研究显示臭氧的短期暴露对于心率变异性和血管功能并没有影响。Barath等人采用随机双盲对照试验，发现臭氧暴露0.3 μg/L 75 min后，研究对象的HRV和双侧前臂血流并没有显著改变。臭氧对HRV影响的结果不一致，可能是由于暴露时间不同导致，Barath的研究采用的暴露时间短于Devlin的研究。

Arjomandi 等人通过暴露舱干预性研究来探求不同浓度臭氧对血压和心率的影响。他们采用的研究设计是：让研究对象分别暴露于 0 μg/L、0.1 μg/L 和 0.2 μg/L 的臭氧 4 h，每次暴露间隔 3 周。于每次暴露前（0 h）、暴露结束后 0 h（4 h）和暴露结束后 20 h（24 h）时测量血压和心率。结果显示，臭氧暴露前和暴露后相比较，三组暴露均会导致血压的升高和心率的降低，但是这种变化在三组暴露间无显著差异，说明还没有足够的证据证明臭氧会引起血压和心率的改变。在 Miller 等人的代谢组研究中也未曾发现臭氧暴露与血压和心率有显著性关联。

（四）对循环系统生物标志物的影响

臭氧暴露与应激激素改变及脂质代谢有关。Miller 等人利用代谢组学方法，分析暴露舱内 0.30 μg/L 浓度的臭氧暴露和清洁空气暴露 2 h 后的差异代谢物。结果显示，臭氧暴露会引起血清中皮质醇和皮质酮水平的增高，同时伴有单酰基甘油、甘油及中长链脂肪酸的增高，这意味着臭氧导致的脂质分解可能是由应激激素所介导的。其可能的生物学通路为：臭氧暴露后，肺部的 C 纤维（C-fiber）受到刺激，将信号传至大脑，激活交感神经和下丘脑-垂体-肾上腺轴，促进肾上腺和交感神经末梢的应激激素释放。这些应激激素可以作用于特异的代谢器官，并通过激活细胞上的糖皮质激素受体和肾上腺素受体来影响糖类和脂质代谢。

实验性研究还发现臭氧暴露会引起循环系统炎症反应。Devlin 等人的随机单盲交叉试验发现，暴露于 0.30 μg/L 臭氧 2 h 后，炎症相关生物标志物 IL-8 和 TNF-α 显著增高。暴露结束 24 h 后 IL-1β 和 C 反应蛋白（CRP）也显著升高。Arjomandi 等人在研究中也测定了暴露后血清中 GM-CSF、IL-1β、IL-5、IL-6、IL-8、IL-12 p70、TNFα 等细胞因子的浓度，但是结果发现臭氧暴露与这些细胞因子间无显著关联。在 Miller 等人的研究中，也未发现臭氧暴露与循环系统炎症因子相关。

除诱导炎症反应之外，Devlin 等人还发现臭氧暴露也会引起与纤维蛋白溶解相关的生物标志物的改变。具体表现为：暴露 2 h 后纤溶酶原激活物抑制剂 1（PAI-1）开始下降，效应一直持续 24 h；试验结束 24 h 后，相比于非暴露组，暴露组血浆中的纤溶酶原也下降了 41.5%；组织纤溶酶原激活物（tPA）在臭氧暴露后存在上升的趋势，尽管这种趋势不显著。纤溶酶原的降低提示臭氧暴露可能造成纤维蛋白沉积；而 tPA 的增加和 PAI-1 的降低表明纤维蛋白溶解系统被激活，以调节臭氧所导致的血液高凝状态。但是，Arjomandi 的研究结果显示，臭氧暴露与纤溶酶原、tPA、凝血酶原时间没有显著关联。同样的，在 Barath 等人的研究中，也没有发现臭氧暴露对 PAI-1 和 tPA 产生影响。

总之，臭氧影响循环系统健康效应的生物学机制并不清楚。尽管有部分研究报道，但是结果却不完全一致。研究结果的不一致可能是因为暴露浓度不同、暴露窗不同、选取的效应指标物不同，也有可能是由于臭氧无法直接进入循环系统对其产生直接的、急性的效应。因此，关于臭氧对于循环系统的影响还需要更多的实验性研究来证实。

二、类实验研究

当受实际条件所限，不能完全进行随机分组或不能设立平行对照组的干预性研究，我们称之为类实验研究。类实验研究无法随机设置对照组，但仍可设置非随机对照组。类实验研究也可不设置对照组，而以实验组自身为对照，即干预试验前与干预试验后对比。某些自然干预试验，虽然本质上是类实验研究，但其性质却如同实验研究。如北京 2008 年举办的奥林匹克运动会（以下简称“北京奥运会”）、南京 2014 年举办的青年奥林匹克运动会（以下简称“南京青奥会”）等大型活动期间对于空气质量的干预就是很理想的自然干预。

（一）对临床效应指标的影响

为了成功举办第 29 届奥运会，中国政府为改善北京的空气质量做出了前所未有的努力，包括交通管制和企业排污限制等措施。因此，北京奥运会期间，空气质量相较以往有了大幅度的改善。阚海东等人正是利用这个契机，研究北京奥运会前和北京奥运会期间污染物与哮喘门诊量之间的关系。研究结果显示，奥运会期间的臭氧平均浓度从北京奥运会前未进行空气治理时的 65.8 μg/L 下降到 61.0 μg/L，哮喘患者日均门诊量从 12.5 人/d 下降至 7.3 人/d。研究期间，臭氧日均浓度每升高 10 μg/L，可引起哮喘患者门诊量增加 4.4%。

除了对呼吸系统疾病有影响外，臭氧也可对循环系统产生健康影响。Day 等人利用白领大部分时间待在室内的活动特点，招募 89 名健康白领，利用空气净化器降低他们所在办公室和住宅室内的颗粒物浓度水平，同时净化器也会产生少量的臭氧，提高室内臭氧水平，以研究臭氧对健康的影响。研究期间臭氧 24 h 的平均暴露水平为 6.71 μg/L（浓度范围为 1.45～19.45 μg/L），2 周的平均暴露水平为 7.84 μg/L（范围为 4.46 μg/L～13.28 μg/L）。结果分析显示，臭氧暴露会导致血压的升高，且效应会持续较长时间。臭氧的 24 h 平均浓度每升高 10 μg/L 可导致收缩压升高 3.1%、舒张压升高 4.4%。臭氧的 2 周平均浓度每升高 10 μg/L 可引起收缩压升高 8.7%、舒张压升高 10.1%。

（二）对效应生物标志物的影响

依托北京奥运会期间空气治理所做的类实验研究发现，许多与心血管系统炎症反应和血栓形成相关的生物标志物在奥运会前、奥运会期间及奥运会后发生改变。针对臭氧来说，24 h 内即可引起血小板活化标志物选择素-P（sCD62P）、血管假性血友病因子（vWF）的降低，这两种细胞因子均和血栓形成及内皮功能障碍有关。在本研究中，臭氧暴露貌似起到保护作用，但实际上可能是臭氧和其他多种污染物存在很强的负相关所导致，由此也看出了类实验研究的一些缺陷。

与依托于北京奥运会的研究类似，李慧楚等人也同样地利用南京青奥会期间空气治理做了相似的类实验研究。研究发现，青奥会期间的臭氧平均浓度为 19.2 $\mu g/m^3$，相比于青奥会前下降了 21.4 $\mu g/m^3$，青奥会结束后臭氧浓度由回升至 64.4 $\mu g/m^3$。在整个研究期间，大部分效应生物标志物都呈现出先降低后升高的趋势。具体来说，臭氧的暴露会引起可溶性 CD40 配体（sCD40L）、细胞间黏附分子 1（ICAM-1）、P-选择素、血管黏附分子 1（VCAM-1）和 IL-1β 的升高。这些因子主要通过诱导炎症细胞活化、聚集、黏附等功能参与炎症反应和血栓形成，促进心血管疾病的发生发展。

Day 等人利用净化器做的类实验研究也有相同的发现。他们检测了研究对象血浆中的 CRP、sCD62P 和 vWF；晨尿中的 8 羟基脱氧鸟苷（8-OHdG）；呼出气冷凝液中的丙二醛（MDA）和亚硝酸盐硝酸盐总量。结果发现，臭氧短期暴露会引起循环系统炎症反应和氧化应激，主要表现为 sCD62P、vWF 和 8-OHdG 随着暴露水平的升高而升高；臭氧短期暴露也会引起呼吸系统炎症反应和氧化应激，主要表现为 MDA 和亚硝酸盐硝酸盐总量的增高。

（牛　越　陈仁杰　阚海东）

参考文献

[1] Dong G H, Qian Z, Xaverius P K, et al. Association Between Long-Term Air Pollution and Increased Blood Pressure and Hypertension in China[J]. Hypertension, 2013, 61(3):578-584.

[2] Chuang K J , Yan Y H , Chiu S Y , et al. Long-term air pollution exposure and risk factors for cardiovascular diseases among the elderly in Taiwan[J]. Occupational and Environmental Medicine, 2011, 68(1):64-68.

[3] Qian Z , Liao D , Lin H M , et al. Lung Function and Long-Term Exposure to Air Pollutants in Middle-Aged American Adults[J]. Archives of Environmental & Occupational Health, 2005, 60(3):156-163.

[4] Tager I B , Balmes J , Lurmann F , et al. Chronic Exposure to Ambient Ozone and Lung Function in Young Adults [J]. Epidemiology, 2005, 16(6):751-759.

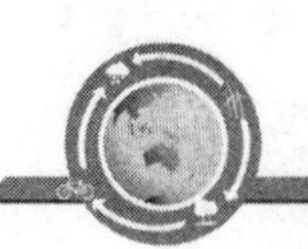

[5] Hwang B F , Chen Y H , Lin Y T , et al. Relationship between exposure to fine particulates and ozone and reduced lung function in children[J]. Environmental Research, 2015, 137(none):382-390.

[6] Green R , Broadwin R , Malig B , et al. Long-and Short-Term Exposure To Air Pollution and Inflammatory/Hemostatic Markers in Midlife Women[J]. Epidemiology, 2016, 27(2):211.

[7] Coogan P F , White L F , Yu J , et al. Long-Term Exposure to NO\r, 2\r, and Ozone and Hypertension Incidence in the Black Women's Health Study[J]. American Journal of Hypertension, 2017, 30(4):367-372.

[8] Ware L B , Zhao Z , Koyama T , et al. Long-Term Ozone Exposure Increases the Risk of Developing the Acute Respiratory Distress Syndrome[J]. American Journal of Respiratory and Critical Care Medicine, 2016, 193(10): 1143-1150.

[9] Hystad P , Demers P A , Johnson K C , et al. Long-term Residential Exposure to Air Pollution and Lung Cancer Risk [J]. Epidemiology, 2013, 24(5):762-772.

[10] Jung CR, Lin YT, Hwang BF. Ozone, Particulate Matter, and Newly Diagnosed Alzheimer's Disease: A Population-Based Cohort Study in Taiwan[J]. Journal of Alzheimers Disease Jad, 2015, 44(2):573-584.

[11] Turner M C , Jerrett M , Pope Iii C A , et al. Long-Term Ozone Exposure and Mortality in a Large Prospective Study[J]. American Journal of Respiratory and Critical Care Medicine, 2016, 193(10):1134-1142.

[12] R. Ménard. Ambient $PM_{2.5}$, O_3 , and NO_2 exposures and associations with mortality over 16 years of follow-up in the Canadian Census Health and Environment Cohort (CanCHEC)[J]. Environmental Health Perspectives, 2015, 85 (none):5-14.

[13] Zanobetti A , Schwartz J . Ozone and Survival in Four Cohorts with Potentially Predisposing Diseases[J]. American Journal of Respiratory and Critical Care Medicine, 2011, 184(7):836-841.

[14] Jerrett M , Burnett R T , Pope C A , et al. Long-Term Ozone Exposure and Mortality[J]. New England Journal of Medicine, 2009, 360(11):1085-1095.

[15] Hao Y , Balluz L , Strosnider H , et al. Ozone, Fine Particulate Matter, and Chronic Lower Respiratory Disease Mortality in the United States[J]. American Journal of Respiratory and Critical Care Medicine, 2015, 192(3): 337-341.

[16] Carey I M , Atkinson R W , Kent A J , et al. Mortality Associations with Long-Term Exposure to Outdoor Air Pollution in a National English Cohort[J]. American Journal of Respiratory and Critical Care Medicine, 2013, 187(11): 1226-1233.

[17] Wang X Y , Hu W , Tong S . Long-term exposure to gaseous air pollutants and cardio-respiratory mortality in Brisbane, Australia[J]. Geospatial health, 2009, 3(2):257-263.

[18] Gao Y , Chan E Y , Li L , et al. Chronic effects of ambient air pollution on respiratory morbidities among Chinese children: a cross-sectional study in Hong Kong[J]. BMC Public Health, 2014, 14(1):105.

[19] Long-term exposure to background air pollution related to respiratory and allergic health in schoolchildren[J]. Clinical And Experimental Allergy: Journal Of The British Society For Allergy And Clinical Immunology, 2005, 35(10): 1279-1287.

[20] Prevalence of asthma and rhinitis in relation to long-term exposure to gaseous air pollutants[J]. Allergy, 2000, 55 (12):1163-1169.

[21] Li C , Balluz L S , Vaidyanathan A , et al. Long-Term Exposure to Ozone and Life Expectancy in the United States, 2002 to 2008[J]. Medicine, 2016, 95(7):e2474.

[22] Winquist A , Klein M , Tolbert P , et al. Comparison of emergency department and hospital admissions data for air pollution time-series studies[J]. Environmental Health, 2012, 11(1):70-83.

[23] Dales R E , Cakmak S , Vidal C B . Air Pollution and Hospitalization for Headache in Chile[J]. American Journal of Epidemiology, 2009, 170(8):1057-1066.

[24] 王丽.汽车消费和空气污染相关性的面板数据分析 [J].中国人口、资源与环境，2014，248(5):462-466.

[25] Kotelnikov S N , Stepanov E V , Ivashkin V T . Ozone concentration in the ground atmosphere and morbidity during extreme heat in the summer of 2010[J]. Doklady Biological Sciences, 2017, 473(1):64-68.

[26] Orru H , Andersson C , Ebi K L , et al. Impact of climate change on ozone-related mortality and morbidity in Europe [J]. European Respiratory Journal, 2012, 41(2):285-294.

[27] Cleary E G , Cifuentes M , Grinstein G , et al. Association of Low-Level Ozone with Cognitive Decline in Older Adults[J]. Journal of Alzheimer's disease: JAD, 2017, 61(1):1-12.

[28] Ierodiakonou D , Zanobetti A , Coull B A , et al. Ambient air pollution, lung function, and airway responsiveness in asthmatic children[J]. Journal of Allergy and Clinical Immunology, 2016, 137(2):390-399.

[29] Schildcrout, J. S . Ambient Air Pollution and Asthma Exacerbations in Children: An Eight-City Analysis[J]. American Journal of Epidemiology, 2006, 164(6):505-517.

[30] Liu L , Poon R , Chen L , et al. Acute Effects of Air Pollution on Pulmonary Function, Airway Inflammation, and Oxidative Stress in Asthmatic Children[J]. Environmental Health Perspectives, 2009, 117(4):668-674.

[31] Ji M , Cohan D S , Bell M L . Meta-analysis of the association between short-term exposure to ambient ozone and respiratory hospital admissions[J]. Environmental Research Letters, 2011, 6(2):024006.

[32] 闫美霖. 广州市越秀区臭氧短期暴露与人群死亡风险的时间序列研究及健康风险评估[D]. 北京：北京大学，2013.

[33] Li H , Wu S , Pan L , et al. Short-term effects of various ozone metrics on cardiopulmonary function in chronic obstructive pulmonary disease patients: Results from a panel study in Beijing, China[J]. Environmental Pollution, 2018, 232(1):358-366.

[34] Karakatsani A , Samoli E , Rodopoulou S , et al. Weekly Personal Ozone Exposure and Respiratory Health in a Panel of Greek Schoolchildren[J]. Environmental Health Perspectives, 2017, 125(7):077016-1-7.

[35] Karakatsani A , Samoli E , Rodopoulou S , et al. Weekly Personal Ozone Exposure and Respiratory Health in a Panel of Greek Schoolchildren[J]. Environmental Health Perspectives, 2017, 125(7):077017.

[36] 董继元，刘兴荣，张本忠，等. 我国臭氧短期暴露与人群死亡风险的 Meta 分析[J]. 环境科学学报，2016，36(4)：1477-1485.

[37] Stafoggia M , Forastiere F , Faustini A , et al. Susceptibility Factors to Ozone-Related Mortality-A Population-Based Case-Crossover Analysis[J]. American Journal of Respiratory and Critical Care Medicine, 2010, 182(3):376-384.

[38] Hwang B F , Chen Y H , Lin Y T , et al. Relationship between exposure to fine particulates and ozone and reduced lung function in children[J]. Environmental Research, 2015, 137(none):382-390.

[39] Green R , Broadwin R , Malig B , et al. Long-and Short-Term Exposure To Air Pollution and Inflammatory/Hemostatic Markers in Midlife Women[J]. Epidemiology, 2016, 27(2):211.

[40] Coogan P F , White L F , Yu J , et al. Long-Term Exposure to NO\r, 2\r, and Ozone and Hypertension Incidence in the Black Women's Health Study[J]. American Journal of Hypertension, 2017, 30(4):367-372.

[41] Ware L B , Zhao Z , Koyama T , et al. Long-Term Ozone Exposure Increases the Risk of Developing the Acute Respiratory Distress Syndrome[J]. American Journal of Respiratory and Critical Care Medicine, 2015, 193(10): 1143-1150.

[42] Adams, William C . Comparison of Chamber And Face-Mask 6. 6-Hour Exposures To Ozone On Pulmonary Function And Symptoms Responses[J]. Inhalation Toxicology, 2002, 14(7):745-764.

[43] Bosson J . Ozone-indeced bronchial epithelial cytokine expression differes between healthy and asthmatic subjects[J]. Clin Exp Allergy, 2003, 15(3):265-281.

[44] Lay J C , Alexis N E , Kleeberger S R , et al. Ozone enhances markers of innate immunity and antigen presentation on airway monocytes in healthy individuals[J]. Journal of Allergy and Clinical Immunology, 2007, 120(3):719-722.

[45] Brown J S , Bateson T F , Mcdonnell W F . Effects of Exposure to 0. 06 ppm Ozone on FEV1 in Humans: A Secondary Analysis of Existing Data[J]. Environmental Health Perspectives, 2008, 116(8):1023-1026.

[46] Kim C S , Alexis N E , Rappold A G , et al. Lung Function and Inflammatory Responses in Healthy Young Adults

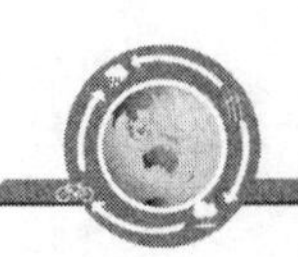

Exposed to 0.06 ppm Ozone for 6］ 6 Hours[J]. American Journal of Respiratory and Critical Care Medicine，2011，183(9):1215-1221.

[47] Devlin R B ，Duncan K E ，Jardim M ，et al. Controlled Exposure of Healthy Young Volunteers to Ozone Causes Cardiovascular Effects[J]. Circulation，2012，126(1):104-111.

[48] Association Between Changes in Air Pollution Levels During the Beijing Olympics and Biomarkers of Inflammation and Thrombosis in Healthy Young Adults[J]. JAMA，2012，307(19):2068-2078.

[49] Miller D B ，Ghio A J ，Karoly E D ，et al. Ozone Exposure Increases Circulating Stress Hormones and Lipid Metabolites in Humans[J]. American Journal of Respiratory and Critical Care Medicine，2016，193(12):1382-1391.

[50] Day D B ，Xiang J ，Mo J ，et al. Association of Ozone Exposure With Cardiorespiratory Pathophysiologic Mechanisms in Healthy Adults[J]. JAMA Internal Medicine，2017,177(9):1244-1353.

[51] Li H ，Zhou L ，Wang C ，et al. Associations Between Air Quality Changes and Biomarkers of Systemic Inflammation During the 2014 Nanjing Youth Olympics：A Quasi-Experimental Study[J]. American Journal of Epidemiology，2017，185(12):1-7.

第七章 易 感 性

第一节 臭氧污染的人口学特征

臭氧对人群健康的影响一方面与臭氧在不同地域的污染浓度有关，另一方面也与人群自身的生理学特征、社会学特征及疾病状况等因素有关。所以臭氧污染的人口学特征在臭氧所致健康危害中具有重要的作用。

一、臭氧污染的地域与城乡分布

（一）地域分布

近地面臭氧污染中，我国南方城市臭氧浓度高于北方，一年内超标的时间跨度大、天数多。东、西部城市臭氧最高浓度出现的时间也有差异。臭氧污染浓度地域差异除与高原强紫外线照射有关外，也与干旱、温度高等气象因素有关。

城市化进程和工业发展等人为因素也是导致臭氧浓度增加的主要原因。2010—2014 年全年臭氧平均浓度显示，全国臭氧污染最严重的城市分别为重庆、武汉、广州、上海、青岛、北京、沈阳、天津、济南和长春。上海一直是备受臭氧污染困扰的城市之一，2017 年，上海臭氧日平均浓度超出国家环境空气质量二级标准 21 $\mu g/m^3$，较 2016 年上升了 10.4%。

（二）城乡分布

臭氧污染主要形成于市区及市郊，城市市郊的臭氧浓度往往比市中心高，这主要是因为城区产生的污染物对下风向地区臭氧的产生影响较大。由于臭氧活性较大，城区内不断加剧的大气污染物会暂时与臭氧发生反应，形成其他污染物，随风飘向郊区，然后反应后再重新生成臭氧。据研究，在城市工业区下风向 150 km 外的农村地区可以检测到相当严重的臭氧污染。此外，臭氧浓度具有明显的区域特征。例如，北京市内的臭氧浓度较低，而周边县的臭氧浓度却较高，有更多植被的最北部区域臭氧浓度最高。此外，有研究表明，北京周边地区如天津、河北等地的污染源排放对北京市区及近郊县区的高浓度臭氧有重要贡献，并且主要以直接向城市近郊区输入臭氧的方式影响当地的臭氧浓度水平。

二、臭氧污染对不同特征及不同健康状况人群的影响

1. 遗传因素

遗传因素和环境因素在疾病发生发展过程中起到重要作用。研究发现，谷胱甘肽硫转移酶超家族主要有谷胱甘肽硫转移酶 P1（glutathione S-transferase pi-1，GSTP1）、GSTM1 和 GSTT1 三种，都在呼吸道有表达，它们与哮喘的致病机制关系密切。缺乏 GSTP1 Ile105 基因位点的 DNA 序列改变会增加氧化应激和气道炎症敏感性，这是哮喘致病机制的一个重要过程，而携带 Ile105 变体等位基因的儿童暴露臭氧后发生哮喘的可能性会明显降低。此外，Romieu 等也发现缺乏 GSTM1 的个体和缺乏

GSTP1 缬氨酸基因型的个体暴露臭氧后对呼吸道疾病更加敏感，给予抗氧化治疗后症状会大大改善。Kleeberger 等人的小鼠实验也表明，单一常染色体隐性基因会增加亚急性臭氧暴露所致炎症的敏感性。总之，这些研究表明遗传因素会增加或减少人体对臭氧的易感性，但是这方面的研究数据相对较少，需要进一步进行大样本的人群流行病学调查，确定更多对臭氧敏感的基因型来了解遗传因素在臭氧健康危害中的作用。

2. 已患有疾病的人群

对于已患有疾病的人群，臭氧对其的影响也受到研究者的关注。特别是患有呼吸道疾病、心血管疾病和代谢性疾病的人群。呼吸道疾病主要有哮喘和 COPD 等；代谢性疾病主要有脂代谢紊乱、胰岛素抵抗和糖尿病等。

（1）哮喘。呼吸系统疾病患者属于臭氧暴露的高危人群，近年来的生态学研究表明，环境中臭氧的8 h最大平均浓度每升高 0.01 mg/m^3，呼吸系统疾病的死亡风险将升高 0.5%。哮喘作为患病率较高的呼吸系统疾病，臭氧对其的影响也更为广泛。大量的流行病学研究发现，臭氧暴露能增加哮喘患者的门诊率及急诊率。来自美国加拿大的一项研究表明，臭氧浓度每增加 0.387 mg/m^3，使哮喘患者的急诊率增加 6.6%（OR：1.066，95% CI：1.032～1.082）。Chen 等人的研究也表明哮喘人群暴露臭氧后对吸入性变应原的敏感性增加。对 30 名过敏性哮喘患者和 30 名健康人的实验性研究中发现，哮喘患者暴露于气溶胶和臭氧后的功能性反应与健康人明显不同，表明哮喘患者可能是臭氧暴露的易感人群；然而，在另一项研究中发现，患有无症状过敏性哮喘的青少年和健康青少年暴露于臭氧后，其肺功能反应无明显差异，但在他们运动过程中再暴露于 0.386 mg/m^3 臭氧后，无症状过敏性哮喘的青少年会表现出明显的呼吸抵抗。墨西哥的一项队列研究纳入了 257 名哮喘儿童，控制了潜在的混杂因素后发现，抗氧化防御功能受到损害的哮喘儿童，臭氧对其肺功能损害的危险性明显增加。所以，目前的许多流行病学研究和实验性研究均表明哮喘人群对臭氧的敏感性较健康人群显著增加，但敏感性增加的具体机制及其他的有害影响仍需要进一步探索。

在一项采用哮喘大鼠的研究中发现，低浓度暴露臭氧会降低哮喘大鼠 $CD4^+$ $CD25^+$ $Foxp3^+$ T 细胞的数量，抑制 Foxp3 mRNA 的表达，促进 Th1 和 Th2 细胞的失衡，这表明臭氧暴露所致的免疫细胞失衡是诱发哮喘发作的重要机制之一。此外，也有研究发现，卵清蛋白诱发的哮喘小鼠暴露于臭氧出现明显的气道高反应性、气道抵抗、肺顺应性降低及肺部炎症，而这些反应与气道组织中 p38 MAPK 的激活及氧化应激明显相关。

（2）COPD。COPD 是呼吸系统疾病中另一种发病率较高的疾病，但是研究臭氧对 COPD 患者影响的研究甚少。在一项实验性研究中，39 位有严重 COPD 的患者纳入研究，每天监测空气中包括臭氧在内的 4 种空气污染物，研究发现，有严重 COPD 的患者对臭氧更为敏感。另一项研究中，观察了患有 COPD 和没有 COPD 的男性对臭氧暴露的反应，结果发现，健康男性的平均动脉氧饱和度轻度上升，而患有 COPD 的男性平均动脉氧饱和度轻度下降，而且与健康男性相比，COPD 的男性暴露于臭氧后 FEV_1 大大降低；对于患有 COPD 和没有 COPD 的老年男性，尽管对臭氧的反应相对迟缓，但是在较差的环境暴露条件下，臭氧还是引起了肺功能损害。臭氧和运动对 COPD 人群肺功能损伤的联合影响更大，但是是否运动会增加 COPD 患者对臭氧的反应尚不清楚。对于目前臭氧与 COPD 患者相关性研究数量还较少的情况下，尚没有充分证据来确定 COPD 是否会恶化臭氧所致的不良健康效应。

（3）心血管疾病（cardiovascular disease，CVD）。世界卫生组织（world health organization，WHO）2014 年的统计数据显示，2010—2014 年间，全世界每年大约有 200 万人死因与臭氧浓度过高

有关，其中60％患有心血管疾病。2014年，上海市因臭氧污染而导致的老年居民死亡数为1 892人、住院人数为2.6万人。Almeida等发现，与非事故性死亡率相比，暴露臭氧和心血管疾病死亡率之间的相关性非常强。患有心血管疾病的人群中，心房颤动的患者对臭氧的敏感性更高。波士顿的一项研究发现，体内有植入性心律转复除颤器的患者发生阵发性心房颤动和同期环境中的高浓度臭氧有关，因此，患有心房颤动的患者暴露于环境中的臭氧可能会出现更为严重的恶性事件。

心肺功能不全的患者暴露于空气污染物大大增加了其危险性，部分是由于臭氧加速了心力衰竭的病理进展并加重了机体的缺氧状况。Bedada等研究者分析了每天的臭氧浓度与具有CVD住院史的患者及没有CVD住院史的患者之间的关系，研究发现，短期暴露于臭氧导致具有心肌梗死住院史的患者出现更高的死亡率。Dye等人用大鼠模型来探索CVD患者对臭氧的敏感性及导致疾病恶化的原因，结果发现，臭氧剂量、肺部抗氧化环境及特定种类的遗传因素是影响这一过程的三种重要因素。这些研究表明患有CVD增加了个体对臭氧的敏感性，但相关的研究证据并不多，同时也存在诸多的混杂因素，所以尚不能够充分推断CVD是臭氧相关健康效应的潜在危险因素，需要继续进行大样本流行病学研究来确定CVD与臭氧之间的关系。

3. 孕妇

孕妇作为特殊人群，由于其特殊的生理状况，更容易受到臭氧的危害，研究者也愈加关注母亲在怀孕期间暴露臭氧对后代身体健康的影响。Sharkhuu等人用怀孕的小鼠作为研究对象，观察小鼠暴露于不同浓度的臭氧后对生殖系统的影响，结果发现，亲代暴露于臭氧会影响生殖结局，降低了子代的免疫功能，并可能增加子代过敏性肺病的相关危险指标。Vinikoor-Imler等研究者采用出生队列来探索产前暴露空气污染物与早产及低出生体重间的关系，结果表明城市和农村地区的臭氧浓度都和婴儿早产及低出生体重的危险性有关，且这一结果与Yitshak-Sade等在以色列医院对959名分娩孕妇研究中发现的臭氧暴露与低出生体重关系的结果一致。此外，Lin等人的研究发现，对于有妊娠期糖尿病的孕妇暴露于臭氧更容易增加早产的风险。妊娠前3个月暴露于臭氧会增加妊娠后期的血压，增加妊娠高血压的风险。此外，Haro等人采用孕期大鼠的研究发现，孕期暴露于臭氧可能影响大鼠快速动眼睡眠和昼夜节律的调节，这一结果可能为孕期暴露臭氧所致不良妊娠结局的机制探索提出了新思路，但其详细的作用机制并不完全清楚，而且妊娠期间臭氧暴露对孕妇本身影响的相关研究也相对较少，所以未来的研究可以从臭氧对孕妇健康的影响来探究导致不良妊娠结局的作用机制。

4. 儿童或老人

由于臭氧的比重大于空气，约为空气的1.66倍，所以身高较低的儿童会成为臭氧暴露的最大受害者。其次，运动量大的儿童受到臭氧危害的机会也越多，因此臭氧导致儿童疾病的发病率也越高。

18岁以下儿童的呼吸系统尚处于生长发育阶段，由于肺功能发育不完善、肺表面积大、肺活量大而更易受到臭氧污染，对臭氧更加敏感。人们普遍认为，儿童比成年人的户外活动时间更多，因此比成年人接触的臭氧也更多。通气量在儿童与成年人之间也有差别，尤其在中度或重度活动中更为明显，通常11岁以上儿童及成年人比1～11岁儿童的通气量更高，但是相对于儿童较小的肺容积来说，1～11岁儿童的通气量更高，所以常常会增加臭氧到达肺表面的量。运动强度对通气量也有重要影响，中等强度运动的儿童和31岁以下成年人相比，其高强度的运动导致通气量增加了2倍。

许多研究表明儿童对臭氧特别敏感。Halonen等的研究表明儿童由于呼吸道正处于发育阶段，所以对臭氧特别敏感。2005—2011年在纽约开展的一项病例-交叉研究评估了5～17岁儿童臭氧暴露和哮喘急诊及入院之间的关系，研究发现，臭氧水平与儿童哮喘的急诊和入住院密切相关。Hang等研究者在

台湾 12 岁的儿童间开展了一项前瞻性队列研究，研究发现，儿童暴露的臭氧浓度越高，用力肺活量越低，这项研究表明长期暴露于臭氧对儿童肺功能的发育有明显的不良效应。

Gabehart 等研究认为肺部对臭氧的反应与年龄明显相关，新生儿的肺部对臭氧的反应与成年人的肺部对臭氧的反应不同，暴露臭氧后，新生儿的肺内表现为黏液增多、气道中性粒细胞减少、抗氧化能力减弱，这可能与肺部 TLR4 的表达降低有关。此外，Elsayed 等也认为新生儿对臭氧的敏感性较婴幼儿及成人更强。Silverman 等认为 6～18 岁的儿童受到空气污染物的危害更大，环境中臭氧浓度每增加 0.047 mg/m^3，重症监护室接诊率增加 19%（95% CI：1%～40%），普通住院的风险增加 20%（95% CI：11%～29%）。

除儿童外，老年人群也是臭氧暴露的敏感人群。和 18～64 岁的人群相比，老年人群在户外活动的时间更多，但通气量更低，所以老年人群暴露于臭氧的时间和浓度更大。65 岁以上老年人群由于身体素质及肺功能较弱，更易于受到污染物的侵袭。研究发现，老年人群暴露臭氧的死亡风险是年轻人的 2 倍。同时，存在心血管疾病或呼吸道疾病的老年人群对臭氧更加敏感。臭氧浓度每增加 0.21 mg/m^3，65 岁以上老年人的死亡率会增加 1.1%。Xu 等研究者发现臭氧暴露对 65～79 岁的老年人比对 80 岁或 80 岁以上的老年人的健康风险更高，但之前的研究却发现臭氧对健康的风险随着年龄的增大而增高，可能在于 80 岁或 80 岁以上的老年人在户外的活动减少有关，但其作用机制尚不清楚，需要进一步研究。Bell 等对 167 篇文献进行数据分析，发现老年人群对臭氧的短期暴露特别敏感。同样地，O'Neill 等人在墨西哥的研究观察环境中臭氧对人群死亡率的影响是否会随着年龄的变化而变化，结果发现老年人是臭氧相关死亡率的高危人群，这一结果与 Medinaramón 等人在美国 48 个城市开展的研究相一致。此外，Halonen 等人的研究发现，晴朗季节的臭氧水平与老年人群的哮喘和 COPD 入院率呈正相关，推测老年人对臭氧敏感性增加的原因可能与老年人低下的抗氧化能力及减弱的防御机制有关。Servais 等使用不同年龄大鼠探索年龄在机体对臭氧敏感性中的机制，研究发现，和成年大鼠及未成年大鼠相比，老年大鼠对臭氧更加敏感，可能与其通气量及抗氧化酶活性低下有关。另一项大鼠的毒理学实验检测了年龄在臭氧致肺反应中的作用，研究显示，与青年大鼠相比，吸入臭氧后的老年大鼠肺损伤更为严重。此外，暴露于臭氧致死剂量的幼年和老年大鼠出现的致死率更高，进一步表明老年大鼠比年轻大鼠对臭氧更加敏感。

综上所述，流行病学研究和毒理学实验研究均表明儿童和老年人群更容易受到臭氧危害。

三、臭氧污染与人群社会经济状况的关系

（一）臭氧污染的人群职业分布

1. 打印、复印工作人员

打印机、传真机、多功能一体机、复印机等这些人类已经离不开的办公“助手”，在给人类带来方便、快捷、高效等诸多好处时，也给人类带来一些不容忽视的环境问题，成为办公室的“隐形杀手”。复（打）印机操作人员因长期接触高浓度臭氧，对身体有一定的危害。日本公共健康研究所的研究发现，在连续工作的复印机 50 cm 周围的空气中，臭氧浓度是安全标准的 2 倍多，所以复印机在运转期间和高强度作业下产生的臭氧浓度最高，距离复印机越近，臭氧浓度越高，危害越大。再加上臭氧的比重较空气大，大约是空气的 1.65 倍，所以更易于聚集在人体呼吸带高度。所以办公室内的复印机应尽量远离工作人员，适当通风是降低办公室内臭氧浓度的一个重要措施，或者在办公室内安装通风设备来降低臭氧浓度。

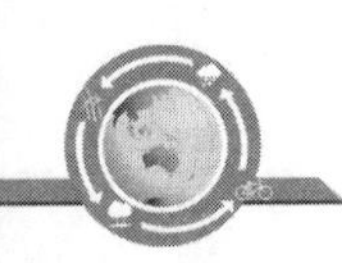

2. 交通警察、公路维修工

近地面1～2 km中存在的臭氧主要是由大量人为活动产生的氮氧化物和挥发性有机物在太阳光照射下，经过一系列光化学反应生成的二次污染物，对人类的身体健康造成严重危害。臭氧的前体物氮氧化物和挥发性有机物主要来源于工业生产、燃料燃烧和机动车尾气排放。

机动车尾气是产生臭氧前体物的一个重要来源，交通警察的主要职责是在道路上指挥交通，公路维修工主要负责高速路等道路的扩建、维修等，所以交通警察和公路维修工接触机动车尾气的时间、浓度、频率较其他职业人群相对较高，受到的臭氧污染也较严重，更易发生臭氧相关的健康损害。研究发现，交通警察暴露臭氧会导致其更加疲劳，影响工作，同时出现明显的呼吸道症状，并导致肺功能降低。一项横断面研究发现，交通警察与在办公室工作的警察相比，交通警察的咳嗽、咳痰及鼻窦炎等呼吸道症状患病率更高，鼻刺激患病率也更高。

3. 建筑施工人员

臭氧产生的一个重要条件是温度，研究已经表明温度是环境中臭氧和人群死亡率间的独立影响因素。夏季由于温度较高，环境中的臭氧浓度也是一年中的高峰，因此夏季露天作业人员，特别是建筑施工人员接触臭氧的浓度和持续时间很高，容易产生健康危害。

4. 电焊作业工人

焊接过程中会产生很多有毒有害物质，包括重金属、臭氧及氮氧化物等。焊接过程中30 s内就会产生臭氧，然而臭氧在焊接后仍会停留在空气中10多分钟。臭氧进入机体，与组织中的细胞和因子作用产生活性氧，导致DNA损伤。通常在焊接过程中人体组织产生的活性氧水平最高。铝焊接工人接触臭氧后，其血清中铜蓝蛋白浓度降低。Azari等也发现由于焊接工人暴露于较高臭氧浓度，其血清丙二醛水平较高。

5. 飞机乘务人员

轻度暴露臭氧会产生上呼吸道症状和眼球刺激症状，严重的急性暴露会导致肺水肿，补充维生素E、维生素C和β胡萝卜素有助于保护机体免受臭氧所致的氧化损伤。

为了评估飞行中臭氧对人类视觉系统的影响，Daubs检测了波音747在伦敦和美国之间航线上的100个座舱，在低于54 864 m的高空中臭氧浓度较高，随着飞行高度的升高，臭氧浓度反而逐渐降低。同样，一项关于波音747SP飞机调查中，乘务人员由于臭氧暴露导致的相关症状和波音747SP显著相关，飞行后的症状也与其在波音747SP的经历显著相关，有21名飞行乘务员在波音747SP的飞行中有轻度症状和严重症状。

（二）臭氧污染与人群社会经济因素的关系

社会经济因素通常由个人或社区的社会经济所代表，社会经济因素包括职业状况、家庭收入、教育水平和医疗保险状态等。社会经济因素通常与获得医疗卫生、房屋质量、防控观念及污染物暴露浓度等有关。人群受到臭氧污染的危害程度与人群接触臭氧的时间、接触臭氧的浓度及社会经济因素明显有关。

1. 职业及收入状况

Bell等的研究发现失业人员或职业地位较低的人群更易受到臭氧的暴露危害。和职业地位较高人群相比，失业人员或职业地位较低人群其经济收入较低，一旦经济收入较低，生活环境、生活水平、生活资源及生活保障等都会出现较大差异，从而在房屋结构、住宅周围环境、空调使用情况、乘坐交通工具、接受的文化水平及获取的医疗卫生服务等方面体现出差别，最终导致不同社会经济因素的人

群暴露臭氧的水平不同，产生的危害也不同。

一些研究发现，低收入地区比高收入地区的平均臭氧浓度更高，但是也有研究认为低收入地区和高收入地区臭氧浓度相似。加利福尼亚南部海岸盆地的人群暴露研究发现，低收入区域的平均臭氧浓度比高收入区域更高，但是在美国的另一项研究发现，收入水平对臭氧的影响不大，臭氧浓度相似。考虑到臭氧的高反应性，室内臭氧浓度会比环境中臭氧浓度更低，而且通风状态也能影响室内/室外臭氧浓度比值，因此使用空调和开窗能够改变臭氧暴露及其影响。收入较高家庭一般能够负担起空调的费用，空调的高普及率能减轻臭氧对人群的危害。但是这种结果有以下几个方面值得商榷：①研究调查的是空调的普及率而不是真实的使用情况；②结果具有区域差异，即温度较高地区的空调普及率更高，而常年温度较低区域的空调普及率较低，所以得出这种结论的证据比较有限，需要进一步地探索空调对臭氧浓度的影响。

2. 受教育程度

在一项 372 位年龄在 18～35 岁的人群研究中，社会经济地位由家庭中父亲的受教育情况反映。研究发现父亲的受教育程度会影响孩子 FEV_1，其中中等社会经济地位的群体对臭氧最敏感，另一项类似的研究也得出父亲的受教育程度会影响子代肺部对臭氧的反应。在美国纽约州，那些母亲的文化水平是高中未毕业的孩子、出生后依靠医疗补助或自费的孩子及住在贫困环境中的孩子和母亲的文化水平是高中以上的孩子、出生后有保险的孩子或者没有住在贫穷环境中的孩子相比，长期暴露于臭氧与哮喘入院的关系更为密切。因此，受教育程度作为社会经济收入的一个代替指标，可能会影响人群暴露臭氧的量及暴露臭氧所致的危害。

3. 社会经济地位

在社会经济地位对臭氧健康危害的研究中，亚特兰大开展的一项研究评估了社区社会经济地位的作用。结果显示，社区社会经济地位是导致哮喘儿童对空气污染物敏感的因素之一，社会经济地位较低家庭环境中的儿童通常对臭氧特别敏感，急诊入院率也高。Son 等人根据社会经济地位来探索臭氧暴露与儿童哮喘入院的关系，研究发现，因哮喘入院的儿童人数随居住地区社会经济地位的降低而升高。

Yitshak-Sade 等人观察了 959 名以色列的孕妇，发现暴露于高温和臭氧与低出生体重儿有关，且住宅环境差更容易导致婴儿出现低出生体重。出现这种结果的原因可能是，一方面，社会经济地位较低的孕妇较少或没有使用空调，而是经常开窗通风，导致暴露于室外环境中的臭氧更多，而且臭氧是二次污染物，没有空调的高温下室内产生的臭氧更多。另一方面，社会经济地位较低的孕妇其住宅周围环境较差，或者周围存在高污染状况，更易于受到臭氧污染。

有研究者对美国 3 个城市（亚特兰大、达拉斯和圣路易斯）的社区社会经济地位与臭氧所致的儿童呼吸道疾病发病率的关系进行评估，结果表明，多个美国城市中臭氧都和儿童呼吸道疾病发病率有相关关系，社区社会经济地位对这种关系有明显修正作用。每个城市中，住在社会经济地位较低环境中的儿童对臭氧的敏感性更高，潜在的呼吸道发病率也更高。在墨西哥、里约热内卢、圣保罗和圣地亚哥 4 个城市探寻社会经济地位对臭氧浓度和死亡率的潜在影响，结果发现社会经济地位在人群空气污染物的易感性上有重要作用，社会经济地位低下的人群死于呼吸道疾病（特别是 COPD）的风险更高。但是，一项来自纽约市的调查得出不同的结论，研究认为社会经济地位并没有在臭氧和学龄儿童哮喘住院的关系中起到作用，臭氧水平对不同社会经济地位婴儿死亡率的影响也没有差别。虽然存在不一致的结论，但大多数研究还是认为社会经济地位的高低与人群臭氧相关的健康效应的危险性明显相关。

(三) 臭氧污染与医疗保险的关系

医疗保险状况也会对臭氧所致的健康危害产生影响。研究发现，臭氧对医疗保险人群和老年人群产生的影响更大。但是目前，健康保险状况的效应估计并不大，而且在各个国家间也并不一致，因此需要进一步的研究加以确定。医疗保险状况对臭氧污染的影响可以有以下 3 种解释：①更多的老年人会拥有医疗保险；②医疗保险代表了更多经济上处于不利地位的人；③有潜在职业性暴露的人会有医疗保险，如户外工作者。

四、臭氧污染与人群性别及种族的关系

(一) 性别差异

1. 人群总死亡率

与同龄男性相比，环境中臭氧浓度每增加 0.214 mg/m^3，60 岁以上女性的死亡率会增加 0.60%，但是在 60 岁以下的人群中并没有发现死亡率危险的性别差异。这可能与女性激素水平的变化有关，绝经后的女性对臭氧的敏感性增加，但是这一假设需要进一步的研究来确认；另一方面在于女性和男性相比，女性的气道反应更强，更易出血明显的反应。上海的一项研究发现，臭氧对女性死亡率的影响更大，这一结果与 Medinaramón 和 Cabello 等的研究结果相一致，即女性对环境中的臭氧更加敏感，Mikerov 等人在动物实验中也发现雌性小鼠对臭氧更加敏感。

2. 呼吸系统疾病

体内激素水平的差异及呼吸系统结构/形态学差异可能会影响男性与女性之间呼吸系统疾病风险。Lauritzen 等的研究发现，短期暴露于高浓度的臭氧，女性 FEV_1 的降低比男性更为明显，由此看来，臭氧对呼吸系统的影响在人群中有很强的异质性。有证据显示，在 COPD 的急诊和住院的研究中，女性比男性的相对危险度更高。然而在哮喘急诊的研究中，2～14 岁的男性和 15～34 岁的女性相对危险度更大，而在 35～64 岁的人群中并没有性别差异。同样地，纽约的一项研究发现，女孩暴露于臭氧所致的哮喘急诊主要发生在 10～17 岁，而男孩在各个年龄段均呈现臭氧与哮喘急诊之间的相关性，结果表明男孩比女孩在臭氧所致的哮喘发病中更为迅速与敏感，青春期是臭氧导致哮喘发作的关键时期，臭氧污染在男女性别上出现差异的原因需要进一步探索。

3. 心脑血管疾病

以中风为例，每天暴露于臭氧可能会增加因中风而入院的危险性，多项研究表明，和女性相比，男性对臭氧所致的心脑血管疾病更加敏感。Xu 等人使用时间分层的病例-交叉研究方法调查了 1994—2000 年美国阿勒格尼县年龄 65 岁及以上人群臭氧暴露与中风住院的关系，结果发现臭氧对中风住院的风险在男性群体中更高。但是，来自法国的一项研究认为臭氧浓度与缺血性中风之间的关系在男性与女性之间并无差别。所以目前对于男性和女性因臭氧暴露而发生心脑血管疾病的差异并没一致的结论，尚需进一步研究。

综合上述研究，臭氧暴露对人群总死亡率、呼吸系统疾病的影响在女性中更为敏感，但对心脑血管及哮喘的影响在男性中更为敏感。

(二) 种族差异

在美国 48 个城市开展的单纯病例研究发现黑色人种对臭氧更加敏感，臭氧暴露导致黑色人种的 FEV_1 大大降低。环境中臭氧浓度每增加 0.214 mg/m^3，黑色人种死亡率则增加 0.53%。在亚特兰大开

展的一项研究中也发现，低收入家庭的黑色人种儿童在暴露于高浓度臭氧后哮喘更容易恶化。在纽约的时间-序列研究中发现，与白色人种相比，臭氧导致黑色人种的呼吸道入院率更高。Hackbarth 等也调查了臭氧水平导致人群住院率和急诊率增加的种族差异，发现臭氧所致的黑色人种超额归因危险度是白色人种的 2.5 倍左右，西班牙裔人群虽然臭氧的暴露浓度最高，但是其超额归因危险度和白色人种相似，亚洲/太平洋岛人群的超额归因危险度比白色人种更低。其他研究也认为白色人种和其他人种因臭氧污染而导致的呼吸道疾病入院率差别很大，白色人种的相对危险度为 1.032（95% CI：0.977～1.089)，其他人种为 1.122（95% CI：1.074～1.172)。

Bravo 及 Glad 等研究者对黑色人种和白色人种之间臭氧敏感性差异的原因进行了探索，可能有以下几个原因：①居住地是城市地区还是农村地区；②夏天是否有空调；③是否在哮喘发作的第一时间有家庭医生进行及时诊治；④黑色人种和白色人种之间内在的生理性或遗传性差异。

虽然有这些理论的支持，但是种族差异在臭氧污染所致健康危害差异中的机制尚不明确，且这方面的研究证据相对较少。此外，一些结果可能受到社会经济地位等混杂因素的影响，造成结果的不确定性，比如 Gwynn 等人认为污染物所致健康危害的种族间差异可以用社会经济地位的差异和卫生保健差异来解释，但目前证据尚不充分，需要进一步研究。

（赵金镯）

第二节 基因与表观基因

一、臭氧与基因多态性的相互作用及其相关疾病易感性

大气污染包括颗粒物、臭氧和氮氧化合物所引起的有害健康结局已被广泛关注。流行病学和临床数据表明，大气污染增加呼吸系统相关疾病的就医率和死亡率，减低肺疾病患者的肺功能指标。目前的研究报道认为，不同个体对大气污染的生理响应有差异。例如，正常人群中可观察到不同个体响应臭氧暴露时肺功能损伤有所差别。除了性别、年龄、饮食、暴露史、疾病史等因素外，不同个体的遗传和表观遗传因子与污染物的相互作用，特别是涉及大气污染过程引起机体的氧化胁迫和炎症反应等调控基因路径中的基因多形态和表观修饰差异，均可影响污染暴露的健康结局。表明个体基因和表观遗传的易感性在臭氧暴露诱导的健康风险中扮演着重要角色。随着基因组学和表观基因组学技术在动物模型和人群研究中的应用，越来越多的臭氧暴露易感性因素得到了识别和鉴定。

作为一种强氧化剂，臭氧作用于上皮黏液，可导致大量自由基的产生。臭氧环境浓度升高与呼吸系统疾病恶化和就医率显著正相关，其毒性主要通过引起人群和动物的呼吸道中的先天性免疫应答来实现，主要表现在中性粒细胞炎症、气道高反应性、趋化因子和细胞因子生成、呼吸道上皮细胞损伤、黏液分泌增加，最终造成肺功能损伤。体外暴露实验已证实支气管上皮细胞暴露于臭氧，能够增加免疫调节因子（包括 IL6 和 IL8、细胞间黏附分子 ICAM-1、粒细胞巨噬细胞集落刺激因子 GMCSF 及趋化因子 RANTES 和 TNF-α 的分泌。臭氧对人群不同个体及不同品系动物的肺损伤和其他不良健康结局有差异，可推断臭氧致肺损伤作用通路中存在易感性因子；阐明易感基因及其机制对易感人群的暴露风险控制至关重要。

（一）臭氧遗传易感性动物模型研究

全基因组扫描技术发现小鼠的基因遗传性状可影响臭氧暴露的效应。小鼠 17 号和 11 号染色体基因

被发现与臭氧诱导的呼吸道中性粒细胞浸润症状关联，而17号和11号染色体富集的基因参与编码炎症和氧化胁迫相关蛋白（TNF-α和SOD）；同时，TNF-α基因的抑制和敲除能够降低机体对臭氧暴露的响应，进一步证实了细胞因子在臭氧诱导毒性中的介导作用。小鼠17号和11号染色体基因同时也与臭氧急性暴露诱导的肺损伤、肺水肿和死亡呈连锁关系；此区域被识别的编码基因涉及抗氧化（黄嘌呤脱氢酶）和炎症（一氧化氮合成酶和髓过氧物酶）。臭氧诱导的小鼠肺通透性增高与其4号染色体中的类钟形受体（TLR4）相关。不同品系的C3和OuJ小鼠TLR4基因信息有所差异，从而对臭氧暴露诱导的肺通透性毒性响应有差异，此结果证实动物体的免疫应答基因的遗传多态性可能影响臭氧暴露的易感性。比较分析IL-10基因野生型和缺失型小鼠的肺炎症反应差异，发现臭氧暴露后，IL-10基因缺失型小鼠气管肺泡灌洗液中多形核白细胞和中性粒细胞数量明显比野生型小鼠增多，IL-10能够保护机体抵抗臭氧诱导的肺中性粒细胞炎症和细胞增殖反应，其可能途径是IL-10调节先天和适应性免疫应答的机制。臭氧暴露实验中也发现，*Notch*3和*Notch*4基因缺失型小鼠的气管肺泡灌洗液中蛋白浓度和中性粒细胞显著高于野生型老鼠，表明*Notch*3和*Notch*4基因保护了机体抵抗臭氧诱导的先天免疫炎症。*Notch*基因的保护机制可能是通过抑制臭氧诱导的呼吸道中的肿瘤坏死因子α表达，从而减低炎症反应。

综上所述，在小鼠动物模型中发现臭氧暴露的易感基因主要涉及炎症和氧化胁迫相关基因，同时动物模型的结果也为人群的易感基因研究提供了潜在参考。

（二）臭氧遗传易感性人群模型研究

在人群研究中，也发现多种类型的基因多态性与臭氧的毒性效应相关（表7-1），其中包括涉及代谢和解毒相关的基因。还原型辅酶Ⅰ/Ⅱ依赖的醌氧化还原酶1（NQO1）作为机体的一种重要代谢酶，其催化醌生成的氢醌能够与臭氧反应后生成活性氧。当机体吸入臭氧后，臭氧能够与肺上皮黏液中的醌反应，生成氢醌并产生大量活性氧；当活性氧超过机体抗氧化系统所承载的阈值时，会对肺组织造成损伤，带来一系列呼吸系统疾病。人群NQO1基因在外显子6区存在多态性，其中187位存在丝氨酸和脯氨酸两种形态。脯氨酸形态抗降解，比丝氨酸形态具有较强的催化活力，因此脯氨酸形态的NQO1活力增加，会造成与臭氧反应生成更多的活性氧，从而对机体的损伤更剧烈。谷胱甘肽巯基转移酶（glutathione S-transferases，GSTs）是体内生物转化最重要的第Ⅱ相代谢酶之一，它可以催化亲核性的谷胱甘肽，与各种亲电子的外源化学物质结合。许多外源化学物在生物转化第Ⅰ相反应中极易形成一些生物活性中间产物，它们可与细胞中的生物大分子发生共价结合，对机体造成损害。谷胱甘肽与其结合后，可阻断这种共价结合的发生，起到解毒作用。*GSTs*基因是细胞抗损伤、抗癌变的主要解毒系统。*GSTs*基因多态性的存在可引起所表达的相应酶的活性不同，导致解毒功能发生改变，从而增加对污染物的易感性。*GSTM*1和*GSTP*基因分别编码*GST μ*、*GSTπ*两种亚型，且具有基因多态性。其*GSTM*1无效基因型（即缺失基因型*GSTM*1 *null*）和*GSTP*的缬氨酸基因型（*GSTP Val/Val*）对臭氧暴露产生的氧化胁迫解毒能力较弱。

人群臭氧暴露数据表明，当臭氧浓度大于80 μg/L时，同时携带*NQO*1脯氨酸型和*GSTM*1缺失型基因的个体，其FEV_1指标显著低于野生型个体，并伴随呼吸道上皮损伤程度的升高，同时*NQO*1和*GSTM*1基因型个体的DNA氧化胁迫损伤标志物8-OHdG显著增加。类似的结果显示，户外运动中的臭氧暴露也能增加易感个体的氧化胁迫标志物（脂质过氧化物）水平。在人群臭氧暴露实验中，*GSTM*1基因缺失型人群的鼻黏膜活检结果显示抗氧化酶和超氧化物歧化酶升高，以抵抗臭氧诱导的高强度氧化胁迫。过氧化氢酶（CAT）和髓过氧化物酶（MPO）基因多态性对臭氧暴露诱导呼吸系统疾病发生也有交互作用。另外，携带*GSTM*1缺失基因型和*GSTP*缬氨酸基因型的哮喘人群暴露在臭氧

环境中，更加易感呼吸系统症状（如呼吸困难）。在哮喘儿童人群中，也发现低活力的 *GSTM*1 基因型携带个体，在随臭氧暴露剂量升高时，其肺功能活性呈下降趋势；不过通过补充抗氧化剂维生素 C 和维生素 E，能够保护肺功能受损。

在人群研究中，促炎细胞因子 *TNFα* 基因多态性也被证实能直接影响大气污染物暴露的有害结局。炎症相关的 *TNFα* 基因在人群中存在 *TNF*-308*G*/*A* 形态，在户外活动中暴露吸入臭氧，*TNF*-308*G*/*G* 基因携带者相对于 *TNF*-308*A*/*A* 或 *TNF*-308*G*/*A* 基因型的 FEV_1 显著下降。人群流行病学研究中，低浓度的环境臭氧暴露，*TNF*-308*G*/*G* 基因型能够降低患哮喘风险，且 *TNF*-308*G*/*G* 基因的保护作用在 *GSTM*1 *null* 和 *GSTP Val*/*Val* 个体中被降低。以上相悖结果，可能是受实验设计和人群的差异所影响。

基因与环境的交互作用在臭氧诱导的健康效应中扮演着重要角色，研究基因和环境的交互作用有助于阐明臭氧的作用机制和相关的遗传风险因子。大量的遗传相关性研究探索了臭氧暴露损伤肺功能的易感基因。氧化胁迫相关基因（*NQO*1、*GSTM*1、*GSTP*1）易感性能够增加臭氧对呼吸系统疾病、肺功能损伤和哮喘发作的风险；炎症易感基因（*TNF*）能加剧臭氧暴露的肺功能损伤及诱发哮喘发生。动物的遗传连锁实验能够识别臭氧暴露易感基因的染色体位置；人群研究则直接暗示了氧化胁迫和炎症通路是臭氧损伤人体健康的分子机制。易感基因形态的鉴别，有助于指导携带者远离高浓度臭氧环境，将其健康风险降至最低。

表 7-1　臭氧暴露与人群易感基因相关研究

研究设计	人群	基因	环境暴露	指标	结局
处理和对照	健康成人	*NQO*1 *GSTM*1	运动中环境暴露臭氧	FEV_1 *ROS*-*DNA*	臭氧暴露降低 *NQO*1 *Pro*/*Pro* 和 *GSTM*1-*null* 基因个体 FEV_1，升高 *ROS*-*DNA*
处理和对照	健康成人	*NQO*1 *GSTM*1	运动中吸入臭氧	脂质过氧化产物	臭氧暴露升高 *NQO*1 *Pro*/*Pro* 和 *GSTM*1-*null* 基因个体氧化胁迫标志物水平
离体	鼻外科手术	*GSTM*1	活检组织臭氧暴露	SOD 活性	臭氧暴露升高 *GSTM*1-*null* 基因型活检组织 SOD 活性
病例对照	哮喘父母和子女	*NQO*1 *GSTM*1	环境臭氧暴露	哮喘发病率	低 *NQO*1 *Pro*/*Pro* 和 *GSTM*1-*null* 基因子女哮喘发病率降低
随机对照试验	哮喘儿童	*GSTM*1	环境臭氧暴露和维生素补充	用力呼气流量	*GSTM*1-*null* 基因哮喘儿童用力呼气流量低于 *GSTM*1-*positive* 儿童，且维生素能够改善用力呼气流量指标
随机对照试验	哮喘儿童	*GSTM*1 *GSTP*1	环境臭氧暴露和维生素补充	呼吸系统症状	臭氧暴露加剧 *GSTM*1-*null* 和 *GSTP Val*/*Val* 基因儿童呼吸系统症状
处理和对照	健康成人	*TNF*、*TLR*4、*SOD*2 *GPX*1	运动中吸入臭氧	FEV_1	臭氧暴露降低 *TNF*-308*G*/*G* 个体 FEV_1 指标
处理和对照	儿童	*TNF*、*GSTM*1 *GSTP*1	臭氧环境暴露	哮喘、喘息	*TNF*-308*G*/*G* 基因形态在低浓度的臭氧暴露下，对哮喘和喘息风险起保护作用，而 *GSTM*1-*null* 和 *GSTP Val*/*Val* 基因加剧风险

二、臭氧对基因表观修饰的影响及其相关疾病易感性

表观遗传（epigenetics），是指 DNA 序列不发生变化，但基因表达却发生了可遗传的改变。这样的改变是细胞内除了遗传信息以外的其他可遗传物质发生的改变，且这种改变在发育和细胞增殖过程中能稳定传递。表观遗传改变在大气污染引起的健康效应中越来越受到关注。人群流行病学、体外动物实验和细胞生物学实验都表明污染物的有害效应与表观遗传修饰改变有关。同时，疾病的发生过程通常也伴随着表观遗传修饰的动态变化。污染物诱导的表观遗传改变，通过影响基因的表达调控最终诱发相应疾病的发生。

目前表观遗传的调控机制包括 DNA 甲基化、组蛋白修饰和非编码 RNA（non-coding RNA）等。DNA 甲基化是指在 DNA 甲基化转移酶的作用下，在基因组 CpG 二核苷酸的胞嘧啶 5′碳位以共价键形式结合一个甲基基团。当基因启动子区 CpG 岛 DNA 甲基化后，可引起与序列特异性甲基化蛋白的结合，阻止转录因子与启动子的作用，从而阻抑基因转录过程。在哺乳动物基因组中，组蛋白则可以有很多修饰形式。一个核小体由 2 个 H2A、2 个 H2B、2 个 H3、2 个 H4 组成的八聚体和 147bp 缠绕在外面的 DNA 组成。组成核小体的组蛋白的核心部分大致呈现均一状态，游离在外的 N-端则可以被各种各样的基团修饰，包括组蛋白末端的乙酰化、甲基化、磷酸化、泛素化、ADP 核糖基化等；这些修饰会影响基因的转录活性。非编码 RNA 是指不编码蛋白质的 RNA。其中包括 rRNA、tRNA 和 microRNA等多种功能已知的 RNA，还有一些功能未知的 RNA。这些 RNA 的共同特点是能从基因组上转录而来，但不翻译成蛋白，而是在 RNA 水平上就能行使各自的生物学功能。microRNA 是一类 21～23 nt的小 RNA，其前体大概是 70～100 nt，形成标准的 stem 结构，加工后成为 21～23 nt 的单链 RNA。microRNA 的作用机制是与 mRNA 互补，让 mRNA 沉默或者降解，从而调控其翻译成蛋白的过程。表观遗传在环境暴露（大气污染物、重金属和内分泌干扰物等）和疾病（癌症、呼吸系统疾病、心血管系统疾病等）发生过程都扮演着重要角色。

（一）臭氧暴露改变表观遗传修饰

Soberanes 等推测大气污染物暴露与活性氧增加、*DNMT*1 表达水平增加、基因启动子区域高甲基化相关。可能是其产生了过量的 ROS，通过线粒体 ROS-JNK-DNMT1 通路而引起 DNA 甲基转移酶 1（*DNMT*1）的活化，从而引起的 DNA 甲基化水平改变。长散在核重复序列 1（long interspersed nucleotide element-1，LINE-1）和 Alu 重复序列的甲基化水平是反映全基因组甲基化水平的一个较好的替代指标。LINE-1 甲基化水平与基因组甲基化水平直接相关，其水平能够表征基因组总体甲基化水平，所以目前 LINE-1 是表征基因组总体甲基化水平的指示物。LINE-1 甲基水平下降与染色体稳定性和基因表达异常有关，并认为是呼吸系统疾病的一个重要特征。在含有臭氧的交通源污染空气暴露 4 h 后，血液和肺组织中的 LINE-1 基因甲基化水平下降；随着暴露时间延长，下降更加明显。

臭氧的强氧化性具备干扰体内 miRNA 功能的潜能。目前在臭氧暴露的体内研究发现，臭氧暴露会显著诱导痰液中 10 种与免疫疾病相关的 miRNAs 的表达，所调控的基因富集在炎症和免疫信号通路基因，其中 miR-145 直接与哮喘的多个生理症状相关联。类似的结果在空气颗粒物中也被发现，颗粒物暴露能够增加钢铁厂工人与氧化应激和炎症反应相关的 miRNA-21、miRNA-222、miRNA-421 及 miRNA-146a 等表达水平。调控氧化应激和炎症反应相关的 miRNAs 能够被颗粒物、柴油机尾气及多环芳烃等空气污染物影响。在人支气管上皮细胞体外暴露柴油机尾气颗粒物实验中，也发现多种调控炎症反应通路的 miRNAs 表达响应。

DNA 甲基化、组蛋白修饰和非编码 RNA 等表观遗传调控的形式并不是独立的。小肠上皮细胞中的研究证实，TLR4 受体基因可以通过组蛋白去乙酰化和 DNA 甲基化降低基因表达，以防止过度炎症响应。尽管不具备抗原特性，臭氧能够通过间接活化抗原呈递细胞，从而调节机体适应性免疫，其中 TLR4 受体被认为在小鼠臭氧暴露引起的炎症和生理响应中起介导作用，并在臭氧与免疫过程中发挥重要作用。据此推断肺上皮细胞在臭氧暴露后存在类似的表观遗传调控机制。有研究证实，miRNAs 也参与调控 TLR4 信号通路，包括 miR-146 参与调控 IRAK1 和 TRAF6，从而通过 NFκB 活化 AP-1，并最终以髓样分化因子（myeloid differential protein-88，MyD88）途径活化 TLR4 信号通路；同时也以 miR-155 激活 TRIF 转录因子，从而导致干扰素分泌，并最终活化 TLR4 信号通路。

（二）臭氧通过表观遗传修饰改变疾病易感性

许多涉及 T 细胞功能、免疫和炎症反应的基因启动子的甲基化水平受到大气污染暴露影响。Nadeau 等证实空气污染物如 PAHs、颗粒物（particulate matter，PM）、O_3 可通过增加 Foxp3 基因的甲基化水平而损害 T 调节细胞的功能，加重哮喘症状。白介素、干扰素等细胞因子在变应性致敏反应和哮喘的发生发展中起重要作用。Bind 等研究证实臭氧暴露能够增加 IFN-γ 的甲基化水平，降低 IL-6 的甲基化水平，其结果会导致 IgE 水平升高，从而能够促进变应性致敏反应和哮喘的发生发展。Fu 等发现 ADRB2 基因甲基化水平与儿童哮喘严重性存在正相关关系，在 *ADRB2* 基因甲基化水平高的儿童中，高浓度 NO_2 组哮喘加重的风险是低浓度 NO_2 组的 4.59 倍，但在 *ADRB2* 基因甲基化水平低的儿童中不存在这个关系。另一项研究发现 177 名儿童血液和唾液中 *ADRB2* 基因的甲基化水平与哮喘症状减轻相关。臭氧暴露剂量与 ICAM-1 的去甲基化相关，ICAM-1 甲基化程度降低能够使 ICAM-1 蛋白水平升高，ICAM-1 在促进炎症部位的粘连性、控制肿瘤恶化和转移及调节机体免疫反应中起重要作用。

表观遗传修饰通过化学修饰来改变功能基因的表达以适应环境变化，这种改变比进化过程中的基因改变更快捷，也有相对稳定的遗传特征，是生物体以更大的灵活性适应环境变化的基本方式之一。目前人群流行病学、体外动物实验及细胞生物学研究都表明在包括臭氧在内的大气污染物暴露诱导的有害健康结局的发生、发展过程中，表观遗传学调控起着重要作用。由于表观遗传学效应发生往往是在疾病产生的早期，并且具有可逆性，因此，对其进行研究还可为臭氧暴露相关疾病早期诊断和预防筛选潜在的标志物。

（申河清　田美平）

参考文献

[1] Wang S Z, Li Y T, Chen T, et al. Temporal and spatial distribution characteristics of ozone in Beijing[J]. Huanjingkexue, 2014,35(12):4446.

[2] 晋乐飞，冯斐斐，段丽菊，等. 臭氧对呼吸系统影响研究进展[J]. 中国公共卫生，2015,31(5):685-689.

[3] Desqueyroux H, Pujet J C, Prosper M, et al. Effects of air pollution on adults with chronic obstructive pulmonary disease[J]. Arch Environ Health, 2002,57(6):554-560.

[4] Dye J A, Ledbetter A D, Schladweiler M C, et al. Whole body plethysmography reveals differential ventilatory responses to ozone in rat models of cardiovascular disease[J]. Inhal Toxicol, 2015,27(1):14-25.

[5] Bates D V. Ambient ozone and mortality[J]. Epidemiology, 2005,16(4):427-429.

[6] de Almeida S P, Casimiro E, Calheiros J. Short-term association between exposure to ozone and mortality in Oporto, Portugal[J]. Environ Res, 2011,111(3):406-410.

[7] Jazani R K, Saremi M, Rezapour T, et al. Influence of traffic-related noise and air pollution on self-reported fatigue

[J]. Int J Occup Saf Ergon, 2015,21(2):193-200.

[8] Bell M L, Dominici F. Effect modification by community characteristics on the short-term effects of ozone exposure and mortality in 98 US communities[J]. Am J Epidemiol, 2008,167(8):986-997.

[9] Bell M L, Zanobetti A, Dominici F. Who is more affected by ozone pollution? A systematic review and meta-analysis [J]. Am J Epidemiol, 2014,180(1):15-28.

[10] O'Lenick C R, Winquist A, Mulholland J A, et al. Assessment of neighbourhood-level socioeconomic status as a modifier of air pollution-asthma associations among children in Atlanta[J]. J Epidemiol Community Health, 2017,71(2):129-136.

[11] Harms C A. Does gender affect pulmonary function and exercise capacity? [J]. Respir Physiol Neurobiol, 2006,151(2-3):124-131.

[12] Glad J A, Brink L L, Talbott E O, et al. The relationship of ambient ozone and $PM_{2.5}$ levels and asthma emergency department visits: possible influence of gender and ethnicity[J]. Arch Environ Occup Health, 2012,67(2):103-108.

[13] Lucas R M, Norval M, Neale R E, et al. The consequences for human health of stratospheric ozone depletion in association with other environmental factors[J]. Photochem. Photobiol. Sci. 2015,14(1):53-87.

[14] Ando, Mitsuru. Risk evaluation of stratospheric ozone depletion resulting from chlorofluorocarbons(CFC) on human health. [J]. Nippon Eiseigaku Zasshi (Japanese Journal of Hygiene),1990,45(5):947-953.

[15] de Gruijl F R, Longstreth A J, Norval B M, et al. Health effects from stratospheric ozone depletion and interactions with climate change†[J]. Photochemical & Photobiological Sciences, 2003, 2(1):16-28.

[16] Skin Cancer Risks Avoided by the Montreal Protocol—Worldwide Modeling Integrating Coupled Climate-Chemistry Models with a Risk Model for UV[J]. Photochemistry & Photobiology, 2013,89(1):234-246.

[17] GLOSTER H M, BRODLAND D G. The Epidemiology of Skin Cancer[J]. Dermatologic Surgery, 1996, 22(3):217-26.

[18] Woodhead A D, Setlow R B, Tanaka M. Environmental Factors in Nonmelanoma and Melanoma Skin Cancer[J]. Journal of Epidemiology,1999,9(6sup):102-114.

[19] Chang N B, Feng R, Gao Z, et al. Skin cancer incidence is highly associated with ultraviolet-B radiation history[J]. International Journal of Hygiene & Environmental Health,2010,213(5):359-368.

[20] Makin J. Implications of climate change for skin cancer prevention in Australia[J]. Health Promotion Journal of Australia,2011,22(4):39-41.

[21] Salmon P J, Chan W C, Griffin J, et al. Extremely high levels of melanoma in Tauranga, New Zealand: Possible causes and comparisons with Australia and the northern hemisphere[J]. Australasian Journal of Dermatology, 2007,48(4):208-216.

[22] Abarca J F, Casiccia C C, Zamorano F D. Increase in sunburns and photosensitivity disorders at the edge of the Antarctic ozone hole, Southern Chile, 1986-2000[J]. Journal of the American Academy of Dermatology,2002,46(2):193-9.

[23] Oikarinen A, Raitio A. Melanoma and other skin cancers in circumpolar areas[J]. International Journal of Circumpolar Health, 2000,59(1):52-56.

[24] Lichon V, Goldman G. Treatment of Nonmelanoma Skin Cancer[J]. Jama Internal Medicine,2013,173(22):2096.

[25] Wester U, Boldemann C, Jansson B, et al. Population UV-Dose and Skin Area—Do Sunbeds Rival the Sun? [J]. Health Physics,1999,77(4):436-440.

[26] Marks R. An overview of skin cancers. Incidence and causation[J]. Cancer, 1995,75(2):607-612.

[27] Garssen J, van Loveren H. Effects of Ultraviolet Exposure on the Immune System[J]. Critical Reviews in Immunology, 2001,21(4):359-397.

[28] Kripke M L. Ultraviolet Radiation and Immunology: Something New under the Sun-Presidential Address[J]. Cancer Research, 1994,54(23):6102-6105.

[29] Bentham G. Depletion of the ozone layer: consequences for non-infectious human diseases[J]. Parasitology, 1993,106(1):S39-S46.

[30] RN S, AN P. The causes of skin cancer: a comprehensive review. [J]. Drugs Today (Barc), 2005,41(1): 37-53.

[31] Cullen, P A. Ozone Depletion and Solar Ultraviolet Radiation: Ocular Effects, a United Nations Environment Programme Perspective[J]. Eye & Contact Lens: Science & Clinical Practice,2011,37(4):185-190.

[32] Charman W N. Ocular hazards arising from depletion of the natural atmospheric ozone layer: a review * [J]. Ophthalmic Physiol Opt, 2007,10(4):333-341.

[33] Van Kuijk F J. Effects of ultraviolet light on the eye: role of protective glasses. [J]. Environmental Health Perspectives,1995,96:177-184.

[34] Sliney D H. UV radiation ocular exposure dosimetry[J]. Journal of Photochemistry and Photobiology B: Biology, 1995,31(1-2):69-77.

[35] Lucas R M, Ponsonby A. Ultraviolet radiation and health: Friend and foe[J]. The Medical journal of Australia, 2002,177(11-12):594-598.

[36] AD S. Biomedical and economic consequences of stratosphere ozone depletion. [J]. Radiatsionnaia biologiia, radioecologiia, 1998,38(2):238-47.

[37] Norval M, Cullen A P, de Gruijl F R, et al. The effects on human health from stratospheric ozone depletion and its interactions with climate change[J]. Photochemical & Photobiological Sciences,2007,6(3): 232-51.

[38] De Gruijl F R, Van der Leun J C. Estimate of the Wavelength Dependency of Ultraviolet Carcinogenesis in Humans and Its Relevance to the Risk Assessment of a Stratospheric Ozone Depletion[J]. Health Physics, 1994, 67(4): 319-325.

[39] Anno S, Abe T, Sairyo K, et al. Interactions Between SNP Alleles at Multiple Loci and Variation in Skin Pigmentation in 122 Caucasians[J]. Evol Bioinform Online, 2007,3(6):169-178.

[40] Setlow R B. Shedding light on proteins, nucleic acids, cells, humans and fish[J]. Mutation Research/Fundamental and Molecular Mechanisms of Mutagenesis, 2002,511(1):1-14.

[41] Misra R B, Lal K, Farooq M, et al. Effect of solar UV radiation on earthworm (Metaphire posthuma)[J]. Ecotoxicology and Environmental Safety,2005,62(3): 391-396.

[42] Thiele J J, Schroeter C, Hsieh S N, et al. The Antioxidant Network of the Stratum corneum[J]. Current problems in dermatology, 2001,29(1):26-42.

[43] Dugo M A, Han F, Tchounwou P B. Persistent polar depletion of stratospheric ozone and emergent mechanisms of ultraviolet radiation-mediated health dysregulation[J]. Reviews on Environmental Health, 2012, 27(2-3):103-119.

[44] Hajrasouliha A R, Kaplan H J. Light and ocular immunity[J]. Current Opinion in Allergy and Clinical Immunology, 2012,12(5):504-509.

[45] Wilson S R, Solomon K R, Tang X. Changes in tropospheric composition and air quality due to stratospheric ozone depletion and climate change[J]. Photochemical & Photobiological Sciences,2007, 6(3):301-10.

[46] Burke K, Wei H. Synergistic damage by UVA radiation and pollutants[J]. Toxicology and Industrial Health,2009,25(4-5):219-224.

[47] Young A R. The biological effects of ozone depletion[J]. British journal of clinical practice. Supplement, 1997,89(5): 10-15.

[48] Martens W J M, den Elzen M G J, Slaper H, et al. The impact of ozone depletion on skin cancer incidence: An assessment of the Netherlands and Australia[J]. Environmental Modeling and Assessment, 1996,1(4):229-240.

[49] Andrady A, Aucamp P J, Bais A F, et al. Environmental effects of ozone depletion and its interactions with climate change: progress report, 2009[J]. Photochemical and Photobiological Sciences, 2010,9(3):275-294.

[50] Longstreth J. Anticipated public health consequences of global climate change. [J]. Environmental Health Perspectives,1991,96:139-144.

[51] McMICHAEL, J A. Global Environmental Change and Human Population Health: A Conceptual and Scientific Challenge for Epidemiology[J]. International Journal of Epidemiology,1993,22(1):1-8.

[52] Diffey B. Climate change, ozone depletion and the impact on ultraviolet exposure of human skin[J]. Physics in Medicine & Biology, 2004,49(1):R1-R11.

[53] Sather M E, Cavender K. Trends analyses of 30 years of ambient 8 hour ozone and precursor monitoring data in the South Central U. S.: progress and challenges[J]. Environ Sci Process Impacts, 2016,18(7):819-831.

[54] Karlsson P E, Klingberg J, Engardt M, et al. Past, present and future concentrations of ground-level ozone and potential impacts on ecosystems and human health in northern Europe[J]. Science of The Total Environment,2017,576:22-35.

[55] 李霄阳，李思杰，刘鹏飞，等. 2016 年中国城市臭氧浓度的时空变化规律[J]. 环境科学学报，2018,38(4):1263-1274.

[56] 2013 年夏季典型光化学污染过程中长三角典型城市 O^3 来源识别[J]. 环境科学，2015,36(1):1-10.

[57] 段玉森，张懿华，王东方，等. 我国部分城市臭氧污染时空分布特征分析[J]. 环境监测管理与技术，2011,23(12):34-39.

[58] 段晓瞳，曹念文，王潇，等. 2015 年中国近地面臭氧浓度特征分析[J]. 环境科学，38(12):4976-4982.

[59] Hidy G M, Blanchard C L. Precursor Reductions and Ground-Level Ozone in the Continental US[J]. Journal of the Air & Waste Management Association, 2015,65(10):1261-1282.

[60] Verstraeten W W, Neu J L, Williams J E, et al. Rapid increases in tropospheric ozone production and export from China[J]. Nature Geoscience, 2015,8(9):690-695.

[61] 单源源. 基于 OMI 数据的中国中东部臭氧及前体物的时空分布[J]. 环境科学研究，2016,29(8):1128-1136.

[62] 王宇骏，黄新雨，裴成磊，等. 广州市近地面臭氧时空变化及其生成对前体物的敏感性初步分析[J]. 安全与环境工程，2016,23(3):83-88.

[63] English P, Neutra R, Scalf R, et al. Examining associations between childhood asthma and traffic flow using a geographic information system. [J]. Environmental Health Perspectives,1999,107(9):761-767.

[64] IB T, N K, L N, et al. Methods development for epidemiologic investigations of the health effects of prolonged ozone exposure. Part I: Variability of pulmonary function measures. [J]. Res Rep Health Eff Inst,1998,81(81): 1-25.

[65] Yang C, Yang H, Guo S, et al. Alternative ozone metrics and daily mortality in Suzhou: The China Air Pollution and Health Effects Study (CAPES)[J]. Science of the Total Environment,2012, 426:83-89.

[66] Hrubá F K, Fabiánová E, Koppová K, et al. Childhood respiratory symptoms, hospital admissions, and long-term exposure to airborne particulate matter[J]. J Expo Anal Environ Epidemiol. ,2001,11(1):33-40.

[67] Larkin A, Geddes J A, Martin R V, et al. A Global Land Use Regression Model for Nitrogen Dioxide Air Pollution [J]. Environmental Science & Technology:7b-1148b. 2017, 51(12):6957-6964.

[68] suvaroglu T, Jerrett M, Sears M R, et al. Spatial analysis of air pollution and childhood asthma in Hamilton, Canada: Comparing exposure methods in sensitive subgroups[J]. Environmental Health, 2009,8(1):14.

[69] 王祥荣. 上海城市土地利用/覆盖演变对空气环境的潜在影响[J]. 复旦学报(自然科学版),2003,22 (6):117-121.

[70] Brown K W, Sarnat J A, Suh H H, et al. Factors influencing relationships between personal and ambient concentrations of gaseous and particulate pollutants[J]. Science of the Total Environment,2009,407(12):3754-3765.

[71] Green R, Broadwin R, Malig B, et al. Long-and Short-Term Exposure To Air Pollution and Inflammatory/Hemo-

static Markers in Midlife Women[J]. Epidemiology,2016, 27(2):211-220.

[72] Hystad P, Demers P A, Johnson K C, et al. Long-term Residential Exposure to Air Pollution and Lung Cancer Risk [J]. Epidemiology,2013,24(5):762-772.

[73] Buteau S, Hatzopoulou M, Crouse D L, et al. Comparison of spatiotemporal prediction models of daily exposure of individuals to ambient nitrogen dioxide and ozone in Montreal, Canada[J]. Environmental Research, 2017, 156: 201-230.

[74] Chen R, Cai J, Meng X, et al. Ozone and Daily Mortality Rate in 21 Cities of East Asia: How Does Season Modify the Association? [J]. American Journal of Epidemiology,2014,180(7):729-736.

[75] 林亲铁,李适宇,厉红梅.基于生命周期分析的致癌排放物人体健康风险评价[J].化工环保,2004,24(5):367-372.

[76] Kassomenos P A, Dimitriou K, Paschalidou A K. Human health damage caused by particulate matter PM10and ozone in urban environments: the case of Athens, Greece[J]. Environmental Monitoring and Assessment,2013,185(8): 6933-6942.

[77] 陶舒曼,陶芳标.孕期环境暴露与儿童发育和健康[J].中华预防医学杂志,2016,50(2):192-197.

[78] Lee P, Roberts J M, Catov J M. First Trimester Exposure to Ambient Air Pollution, Pregnancy Complications and Adverse Birth Outcomes in Allegheny County, PA[J]. Maternal and Child Health Journal,2013,17(3):545-555.

[79] Ritz B, Wilhelm M, Zhao Y. Air Pollution and Infant Death in Southern California, 1989-2000[J]. PEDIATRICS, 2006,118(2):493-502.

[80] Liu S, Krewski D, Shi Y, et al. Association between maternal exposure to ambient air pollutants during pregnancy and fetal growth restriction[J]. JOURNAL OF EXPOSURE SCIENCE AND ENVIRONMENTAL EPIDEMIOLOGY,2007,17(5):426-432.

[81] Tatum A J, Shapiro G G. The effects of outdoor air pollution and tobacco smoke on asthma[J]. Immunology & Allergy Clinics of North America, 2005,25(1):15-30.

[82] Hollingsworth J W, Kleeberger S R, Foster W M. Ozone and Pulmonary Innate Immunity[J]. Proceedings of the American Thoracic Society, 2007,4(3):240-246.

[83] Devlin R B, McKinnon K P, Noah T, et al. Ozone-induced release of cytokines and fibronectin by alveolar macrophages and airway epithelial cells[J]. The American Journal of Physiology,1994,266(1):612-619.

[84] Rusznak C, Devalia J L, Sapsford R J, et al. Ozone-induced mediator release from human bronchial epithelial cells in vitro and the influence of nedocromil sodium[J]. European Respiratory Journal, 1996,9(11):2298-2305.

[85] Bayram H, Sapsford R J, Abdelaziz M M, et al. Effect of ozone and nitrogen dioxide on the release of proinflammatory mediators from bronchial epithelial cells of nonatopic nonasthmatic subjects and atopic asthmatic patients in vitro [J]. J Allergy Clin Immunol,2001,107(2):287-294.

[86] Backus-Hazzard G S, Howden R, Kleeberger S R. Genetic susceptibility to ozone-induced lung inflammation in animal models of asthma[J]. Current Opinion in Allergy and Clinical Immunology,2004,4(5):349-353.

[87] Kleeberger S R, Levitt R C, Zhang L, et al. Linkage analysis of susceptibility to ozone-induced lung inflammation in inbred mice[J]. Nature Genetics,1997,17(4):475-478.

[88] Cho H Y, Zhang L Y, Kleeberger S R. Ozone-induced lung inflammation and hyperreactivity are mediated via tumor necrosis factor-receptors[J]. AJP Lung Cellular and Molecular Physiology, 2001,280(3):L537-L546.

[89] Shore S A, SCHWARTZMAN I N, LE BLANC B, et al. Tumor Necrosis Factor Receptor 2 Contributes to Ozone-induced Airway Hyperresponsiveness in Mice[J]. Am J Respir Crit Care Med,2001,164(4):602-607.

[90] Prows D R, Shertzer H G, Daly M J, et al. Genetic analysis of ozone-induced acute lung injury in sensitive and resistant strains of mice[J]. Nature Genetics,1997,17(4):471-474.

[91] Prows D R, Daly M J, Shertzer H G, et al. Ozone-induced acute lung injury: genetic analysis of F(2) mice generated

from A/J and C57BL/6J strains[J]. The American Journal of Physiology,1999,277(1):372-380.

[92] Kleeberger S R, Reddy S, Zhang L, et al. Genetic Susceptibility to Ozone-Induced Lung Hyperpermeability[J]. American Journal of Respiratory Cell and Molecular Biology,2000,22(5):620-627.

[93] Kleeberger S R, Reddy S P M, Zhang L Y, et al. Toll-like receptor 4 mediates ozone-induced murine lung hyperpermeability via inducible nitric oxide synthase[J]. Am J Physiol Lung Cell Mol Physiol, 2001,280(2):L326-L333.

[94] Kleeberger S R. Genetic aspects of pulmonary responses to inhaled pollutants[J]. Experimental & Toxicologic Pathology Official Journal of the Gesellschaft Für Toxikologische Pathologie,2001,57(supp-S1):147-153.

[95] Backus G S, Howden R, Fostel J, et al. Protective Role of Interleukin-10 in Ozone-Induced Pulmonary Inflammation [J]. Environmental Health Perspectives,2010,118(12):1721-1727.

[96] Verhein K C, McCaw Z, Gladwell W, et al. Novel Roles for Notch3 and Notch4 Receptors in Gene Expression and Susceptibility to Ozone-Induced Lung Inflammation in Mice[J]. Environmental Health Perspectives,2015, 123(8): 799-805.

[97] Zhao T H, Wang J L, Wang Y, et al. Effects of Antioxidant Enzymes of Ascorbate-Glutathione Cycle in Soybean (Glycine Max) Leaves Exposed to Ozone[J]. Advanced Materials Research,2011,204(210):672-677.

[98] Bauer A K, Kleeberger S R. Genetic mechanisms of susceptibility to ozone-induced lung disease[J]. Annals of the New York Academy of Sciences, 2010,1203(1):113-119.

[99] BERGAMASCHI E, DE PALMA G, MOZZONI P, et al. Polymorphism of Quinone-metabolizing Enzymes and Susceptibility to Ozone-induced Acute Effects[J]. American Journal of Respiratory and Critical Care Medicine, 2001,163 (6):1426-1431.

[100] Otto-Knapp R, Jurgovsky K, Schierhorn K, et al. Antioxidative enzymes in human nasal mucosa after exposure to ozone. Possible role of GSTM1 deficiency[J]. Inflammation Research,2003,52(2):51-55.

[101] Wenten M, Gauderman W J, Berhane K, et al. Functional Variants in the Catalase and Myeloperoxidase Genes, Ambient Air Pollution, and Respiratory-related School Absences: An Example of Epistasis in Gene-Environment Interactions[J]. American Journal of Epidemiology,2009,170(12):1494-1501.

[102] Romieu I, Ramirez-Aguilar M, Sienra-Monge J J, et al. GSTM1 and GSTP1 and respiratory health in asthmatic children exposed to ozone[J]. European Respiratory Journal,2006,28(5):953-959.

[103] Romieu I, Sienra-Monge JJ, Ramírez-Aguilar M, et al. Genetic polymorphism of GSTM1 and antioxidant supplementation influence lung function in relation to ozone exposure in asthmatic children in Mexico City[J]. Thorax, 2004,59(1):8-10.

[104] Yang I A, Holz O, Jörres R A, et al. Association of Tumor Necrosis Factor-?? Polymorphisms and Ozone-induced Change in Lung Function[J]. American Journal of Respiratory and Critical Care Medicine, 2005,171(2):171-176.

[105] Li Y, Gauderman W J, Avol E, et al. Associations of Tumor Necrosis Factor G-308A with Childhood Asthma and Wheezing[J]. American Journal of Respiratory and Critical Care Medicine,2006,173(9):970-976.

[106] David G L, Romieu I, Sienra-Monge J J, et al. Nicotinamide Adenine Dinucleotide (Phosphate) Reduced: Quinone Oxidoreductase and Glutathione S-Transferase M1 Polymorphisms and Childhood Asthma[J]. American Journal of Respiratory and Critical Care Medicine,2003,168(10):1199-1204.

[107] Inbar M. Basic concepts of epigenetics[J]. Fertility and Sterility. 2013,99(3):607-615.

[108] Dodge J E, Ramsahoye B H, Wo Z G, et al. De novo methylation of MMLV provirus in embryonic stem cells: CpG versus non-CpG methylation[J]. Gene,2002,289(1-2):41-48.

[109] McCarthy, Nicola. Epigenetics: Histone modification[J]. Nature Reviews Cancer,2013,13(6):379.

[110] Baccarelli A, Bollati V. Epigenetics and environmental chemicals[J]. Current Opinion in Pediatrics,2009,21(2):243-251.

[111] Brand S, Kesper D R A, Teich R, et al. DNA methylation of TH1/TH2 cytokine genes affects sensitization and progress of experimental asthma[J]. Journal of Allergy & Clinical Immunology,2012,129(6):1602-1610.

[112] Bi-Huei Y, Stefan F, Stefanie H, et al. Development of a unique epigenetic signature during in vivo Th17 differentiation[J]. Nucleic Acids Research, 2015, 43(3):1537-1548.

[113] Bégin P, Nadeau K C. Epigenetic regulation of asthma and allergic disease[J]. Allergy, Asthma & Clinical Immunology,2014,10(1):27.

[114] Yang IV, Pedersen BS, Liu A,et al. DNA Methylation and Childhood Asthma in the Inner-City[J]. Journal of Allergy & Clinical Immunology,2015,136(1):69-80.

[115] Somineni H K, Zhang X, Myers J M B, et al. Ten-eleven translocation 1 (TET1) methylation is associated with childhood asthma and traffic-related air pollution[J]. Journal of Allergy & Clinical Immunology, 2015,137(3):797-805.

[116] Morales E, Bustamante M, Vilahur N, et al. DNA Hypomethylation at ALOX12 is Associated with Persistent Wheezing in Childhood[J]. American Journal of Respiratory & Critical Care Medicine, 2012,185(9):937-943.

[117] Acevedo N, Reinius L E, Greco D, et al. Risk of childhood asthma is associated with CpG-site polymorphisms, regional DNA methylation and mRNA levels at the GSDMB/ORMDL3 locus[J]. Human Molecular Genetics,2015,24(3):875-890.

[118] Bai W, Chen Y, Yang J, et al. Aberrant miRNA profiles associated with chronic benzene poisoning[J]. Experimental & Molecular Pathology,2014,96(3):426-430.

[119] Takahashi K, Sugi Y, Hosono A, et al. Epigenetic Regulation of TLR4 Gene Expression in Intestinal Epithelial Cells for the Maintenance of Intestinal Homeostasis[J]. Journal of Immunology,2009,183(10):6522-6529.

[120] Tili E, Michaille J J, Cimino A, et al. Modulation of miR-155 and miR-125b Levels following Lipopolysaccharide/TNF-? Stimulation and Their Possible Roles in Regulating the Response to Endotoxin Shock[J]. The Journal of Immunology,2007,179(8):5082-5089.

[121] Luczak M W, Jagodzinski P P. The role of DNA methylation in cancer development[J]. Folia Histochem Cytobiol, 2006,44(3):143-154.

[122] Ding R, Jin Y, Liu X, et al. Dose- and time- effect responses of DNA methylation and histone H3K9 acetylation changes induced by traffic-related air pollution[J]. Scientific Reports,2017,7:43737.

[123] Soberanes S, Gonzalez A, Urich D, et al. Particulate matter Air Pollution induces hypermethylation of the p16 promoter Via a mitochondrial ROS-JNK-DNMT1 pathway[J]. Scientific Reports, 2012,2(2):275.

[124] Nadeau K, McDonald-Hyman C, Noth E M, et al. Ambient air pollution impairs regulatory T-cell function in asthma[J]. J Allergy Clin Immunol,2010,126(4):845-852.

[125] Bind M, Lepeule J, Zanobetti A, et al. Air pollution and gene-specific methylation in the Normative Aging Study [J]. Epigenetics,2014,9(3):448-458.

[126] A F, BP L, JF G, et al. An environmental epigenetic study of ADRB2 5′-UTR methylation and childhood asthma severity[J]. Clinical and Experimental Allergy,2012,42(11):1575-1581.

[127] Gaffin J M, Raby B A, Petty C R, et al. Î -2 Adrenergic receptor gene methylation is associated with decreased asthma severity in inner-city Schoolchildren[J]. Clinical and Experimental Allergy,2014, 44(5):681-689.

[128] 丁锐.交通相关空气污染引起 DNA 甲基化及组蛋白 H3K9 乙酰化改变的表观遗传研究[D].杭州:浙江大学,2016.

[129] Wang Z, Neuburg D, Li C, et al. Global Gene Expression Profiling in Whole-Blood Samples from Individuals Exposed to Metal Fumes[J]. Environmental Health Perspectives,2005,113(2):233-241.

[130] Liu C, Xu J, Chen Y, et al. Characterization of genome-wide H3K27ac profiles reveals a distinct $PM_{2.5}$-associated

histone modification signature[J]. Environmental Health,2015,14(1):65.

[131] Fry R C, Rager J E, Bauer R N, et al. Air toxics and epigenetic effects: Ozone altered microRNAs in the sputum of human subjects[J]. American Journal of Physiology Lung Cellular & Molecular Physiology, 2014,306(12):L1129.

[132] Motta V, Angelici L, Nordio F, et al. Integrative Analysis of miRNA and Inflammatory Gene Expression After Acute Particulate Matter Exposure[J]. Toxicological Sciences,2013,132(2):307-316.

[133] Bollati V, Marinelli B, Apostoli P, et al. Exposure to Metal-Rich Particulate Matter Modifies the Expression of Candidate MicroRNAs in Peripheral Blood Leukocytes[J]. Environmental Health Perspectives, 2010, 118(6): 763-768.

[134] Yamamoto M, Singh A, Sava F, et al. MicroRNA Expression in Response to Controlled Exposure to Diesel Exhaust: Attenuation by the Antioxidant N-Acetylcysteine in a Randomized Crossover Study[J]. Environ Health Perspect,2013,121(6):670-675.

[135] Jardim M, Fry R, Jaspers I, et al. Disruption of MicroRNA Expression in Human Airway Cells by Diesel Exhaust Particles is Linked to Tumorigenesis-Associated Pathways[J]. Environmental Health Perspectives,2009, 117(11): 1745-1751.

[136] Jardim M J, Dailey L, Silbajoris R, et al. Distinct MicroRNA Expression in Human Airway Cells of Asthmatic Donors Identifies a Novel Asthma-Associated Gene[J]. American Journal of Respiratory Cell and Molecular Biology, 2012,47(4):536-542.

[137] 吕占禄，王先良，钱岩，等. 表观遗传学机制与空气污染的健康效应[J]. 生态毒理学报，2015,10(4):19-26.

第八章　臭氧与其他环境因素的联合作用

第一节　臭氧与气象因素的联合作用

一、气象因素对近地层 O_3 浓度的影响

近年来，气候变化导致的大气增温现象明显，高温热浪则是发生频率较高的温度极端事件，并且在亚洲的太平洋沿岸地区和欧洲的部分地区都经历了高温天气的增加和低温天气的减少（IPCC，2014）。在高温热浪频发的夏季，通常也伴随着突出的 O_3 污染，尤其是在经济发展迅速的长江三角洲地区，O_3 的日超标现象明显，也越来越受到政府和民众的关注。

O_3 污染是空间与时间积累的过程，其污染来源主要有 3 种途径：一是外来输送，即上游区域污染源排放、生物源排放等对本地 O_3 污染的贡献；二是本地源排放的一次污染物经光化学反应形成 O_3；三是气象条件影响 O_3 的生消及浓度的高低；源排放的不确定、大气化学反应的非线性，及气象条件与大气化学过程间关系的复杂，导致明确 O_3 的来源有一定困难，但 3 种途径中最重要的可能是气象条件对 O_3 的影响，因为对于某一区域来说，气象条件的变化在 O_3 的形成和转化过程中起着至关重要的作用，它可以通过影响前体物的扩散、大气环流、光化学环境等影响 O_3 浓度的变化。在各种气象条件中较重要的影响因素有气温、相对湿度、风速、降水等。

（一）温度

温度可以通过影响大气扩散能力对 O_3 浓度造成影响。温度影响大气结构，通常，在白天，近地表的空气由于地表加热，温度升高，气流向上输送，同时也把污染物输送到距离地面更高的地方。当逆温出现的时候，大气的垂直混合能力减弱，边界层高度降低，致使污染物更多地在地球表面累积，将加剧 O_3 污染事件的发生。逆温层有时候能持续几天，甚至几个星期。因此，在副热带高压控制地区的夏季和早秋季节常成为 O_3 污染事件的高发季节。

温度也直接影响 O_3 生成反应的化学速率，同时也是大气光照条件的重要指标，因而在一定程度上可以作为高浓度 O_3 的指示因子。图 8-1 反映了观测日最大小时 O_3 浓度［(O_3) max］随日最大温度的变化情况，从中可以看出，温度低于 295 K 时，观测背景浓度为 30～40 μg/L；在 295～312 K 时，［(O_3) max］随温度升高几乎呈线性增长；温度高于 312 K 时，［(O_3) max］随温度升高呈略下降趋势，研究表明其极端高温条件下与前体物排放及过氧乙酰硝酸酯（peroxyacetyl nitrate，PAN）化学反应的变化相关。同样地，Sillman 和 Samson（1995 年）对美国 1988 年 4—9 月的观测数据表明，在温度超过 300 K 时，O_3 浓度以 3～5 ppb/K 的速率持续上升，且在城市的上升速率高于乡村地区。Wunderli 和 Gehrig（1991 年）研究了瑞士两个城市 O_3 峰值随温度的变化情况，指出 O_3 峰值以 3～5 μg/L/K 的速率随日平均温度升高，在无人影响的高海拔站点 O_3 峰值随温度的变化很小，主要原因可能是人为排放随温度增加而增大，如机动车排放及电力消耗增加。

在气候变暖的背景下，高温提高了化学过程反应速率，同时植物 VOCs 排放在春季增加更早而秋季持续到更晚，高浓度 O_3 季节延长，一定程度上增加了 O_3 污染的可能性。然而由于高温下异戊二烯排放的减少及 PAN 分解作用的减弱，在极端高温条件下部分地区 O_3 浓度仍有可能降低。夏季稳定期的

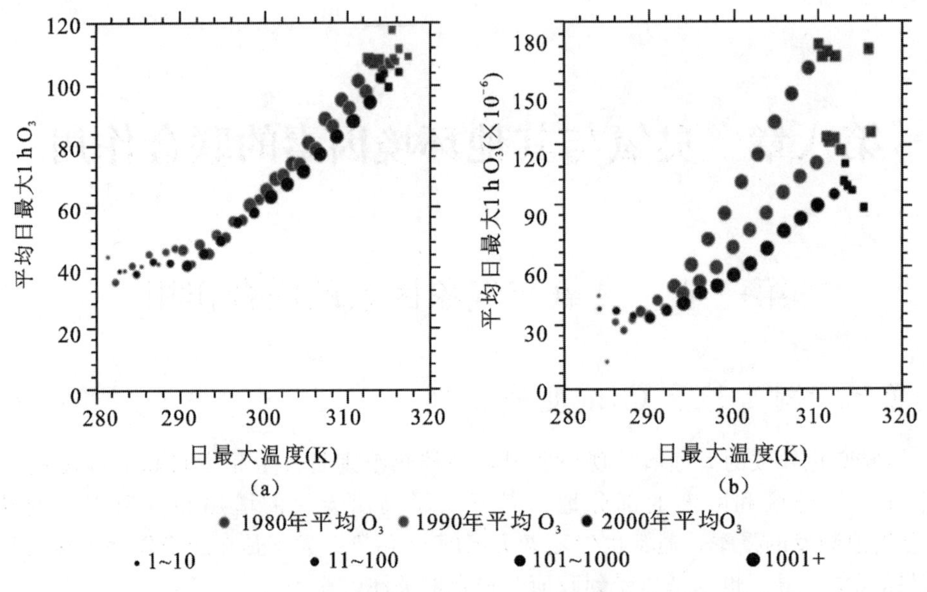

图 8-1 观测最大小时 O_3 浓度［（O_3）max］随日最大温度变化图

观测数据来自美国加利福尼亚 1980—2005 年 O_3 季节（6—10 月）

（a）圣华金谷地区空气；（b）南海岸地区空气

增加，导致 O_3 及其前体物扩散的下降，引起 O_3 的增加，如大部分模式都预报了更多的 O_3 超标日，这也是一些城市遭受 O_3 污染的可能因素，特别是在美国东部。而且，高温期间植物 VOCs 排放增加与稳定性增加共同作用下，O_3 增加更显著，如美国在这样的条件下 O_3 可增加 4.2～16.8 $\mu g/m^3$，同时这些地区的 O_3 生成也对 NO_x 排放更敏感。因此，温度对 O_3 浓度的影响是复杂的，需综合考虑生物、化学及气候变化的共同作用。

以上海为例（图 8-2），2013 年和 2014 年 O_3 季节（5—10 月）的日最大 O_3 浓度在气温较低时，与温度无明显对应关系；而在温度较高时（日最高温度＞25℃），O_3 浓度随温度升高而升高，且变化趋势温度越高越显著。

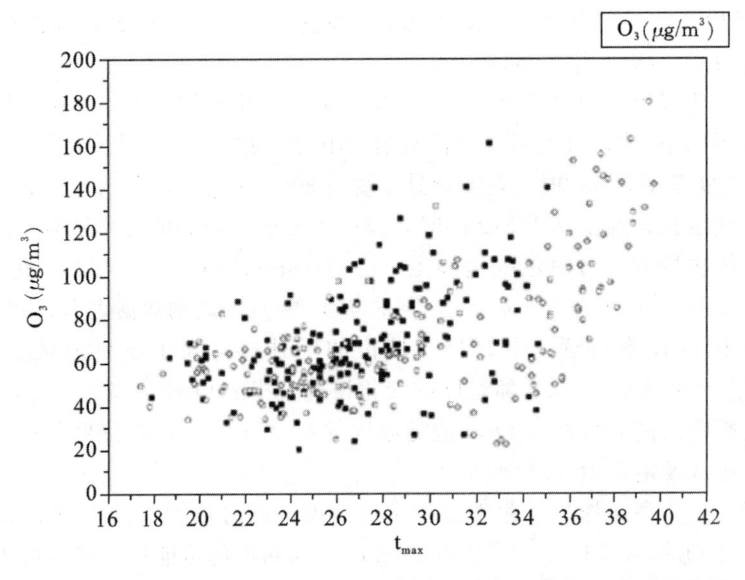

图 8-2 2013 年和 2014 年 5—10 月日最高温度与日最大 O_3 浓度散点图

以 2013 年和 2014 年为例。2013 年 5—6 月及 9—10 月间［图 8-3（a）］显示，温度总体明显低于 7—8 月，O_3浓度随温度上升呈缓慢上升趋势。7－8 月温度明显高于常年同期，在此期间 O_3浓度随温度上升而显著升高。采用线性回归，可得出 7—8 月 O_3浓度与温度的相关系数（R^2）达到 0.51；而且温度每升高 1℃，O_3浓度可升高约 21.4 $\mu g/m^3$。2014 年的同期的温度明显低于前一年［图 8-3（b）］，O_3与温度仍呈线性相关，但变化趋势减缓（3.6×10^{-9}/K）且相关性显著降低（$R^2=0.21$）。

由此可见，温度的升高对 O_3生成有很强的促进作用，在夏季高温时段两者呈较高的线性相关。这与其他研究结果一致，主要原因可归结为气温对 PAN 的生命周期及生物排放量的影响，高温有利于 PAN 分解及生物 VOCs 排放的增加，从而促进 O_3生成。

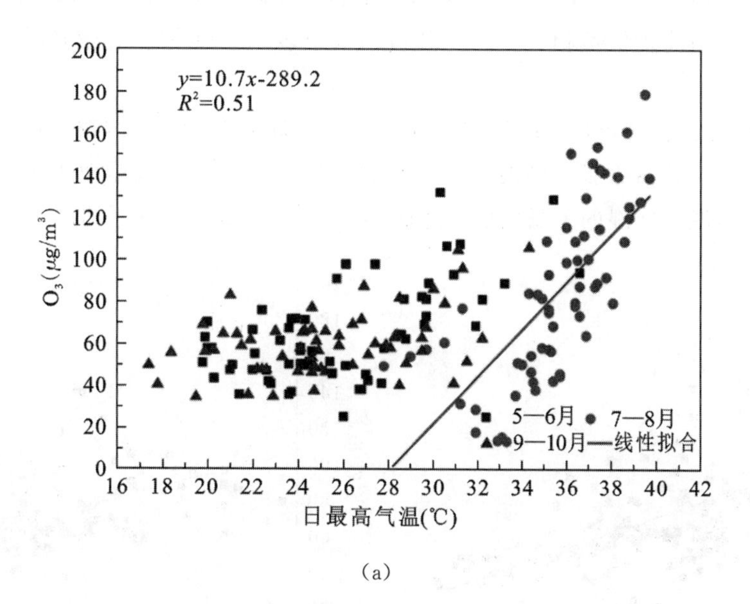

（a）

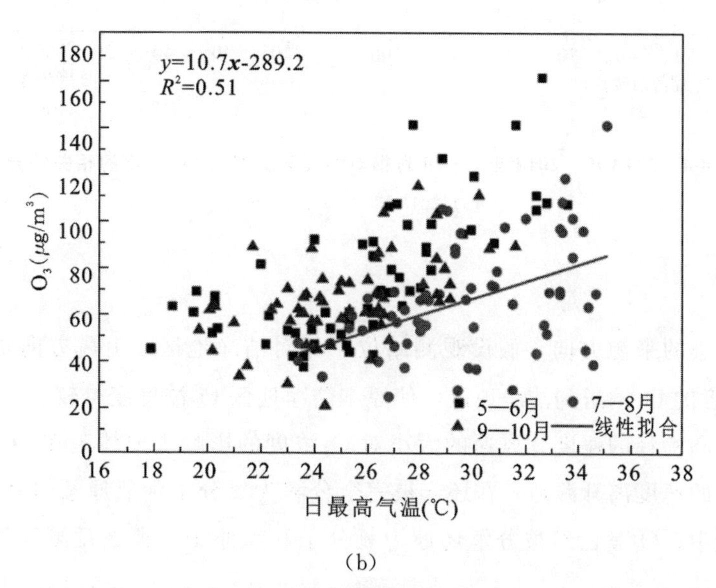

（b）

图 8-3　2013 年、2014 年 5—10 月日最高温度与日最大 O_3浓度的相关性分析

（a）2013 年；（b）2014 年

（二）相对湿度

相对湿度是绝对湿度与最高湿度之间的比，它的值显示水汽的饱和度。相对湿度可表示大气中水汽的含量，水汽与 O_3 的反应是对流层 O_3 浓度变化的一个重要部分，高相对湿度不利于 O_3 体积分数的积累。O_3 浓度达到高峰时，相对湿度处于较低水平，反之亦然。相同条件下，湿度越大，水气饱和度越高。在湿度较高情况下，空气中水汽所含的自由基会将 O_3 分解为氧分子，降低 O_3 浓度，使 O_3 浓度与湿度呈负相关变化。

大气中的水汽通过影响太阳紫外线辐射在光化学反应中起着重要的作用，高相对湿度也是形成湿清除的重要指标。一般而言，一天内 O_3 浓度最高的午后存在高气温、低相对湿度的特点，地面 O_3 体积浓度与相对湿度的日分布曲线呈负相关关系。分析结果也表明，O_3 体积分数随着相对湿度的增加逐渐减小。

上海地区 O_3 与相对湿度呈较显著的负相关（图 8-4），日最大 O_3 浓度与相对湿度的相关系数（R^2）都在 0.3 左右。O_3 污染多出现在低湿情况下。高湿下较低的 O_3 浓度可能是由于水汽的增加可以增强 O_3 的消减过程。此外，高温与低湿的关联性也是造成 O_3 与湿度呈负相关的原因之一。

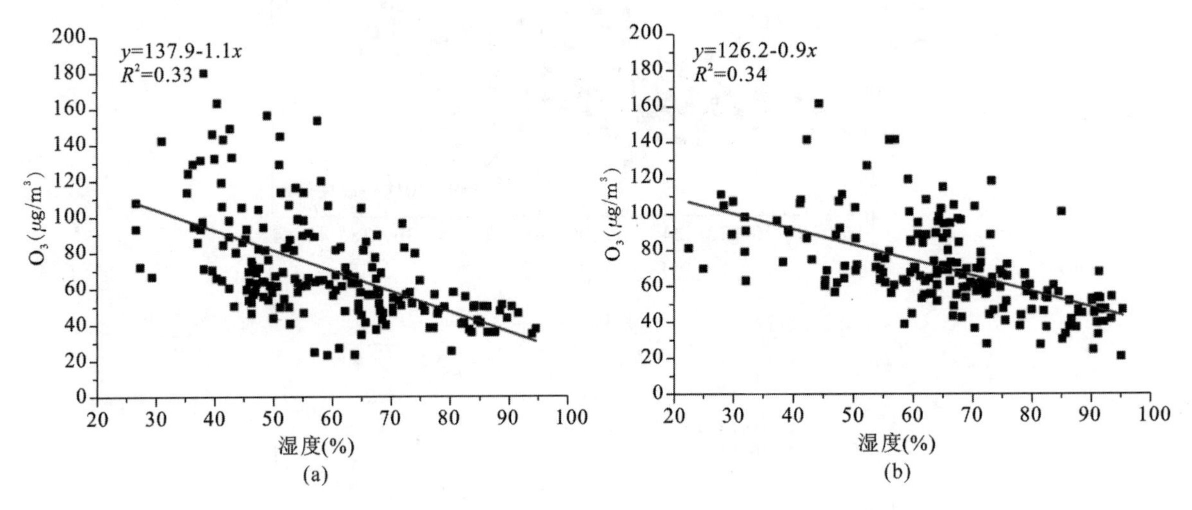

图 8-4　2013 年、2014 年 5—10 月相对湿度与日最大 O_3 浓度的相关性分析

(a) 2013 年；(b) 2014 年

（三）风向风速

风向决定了 O_3 污染的来源方向，假设观测站位于相对洁净地区，上风方向常年有较高的 O_3 污染源，那么风会把高浓度的 O_3 输送到洁净地区，使原本洁净地区 O_3 浓度变得较高。风速，特别是近地面风速，决定着 O_3 输送和稀释的速度。风速的大小对 O_3 浓度的影响主要体现在 O_3 的移动上——风速大时，它会使 O_3 以更快的速度离开源地，在还未被完全分解为氧分子和氧原子时就到达观测点；风速小时，在 O_3 移动的过程中，O_3 就已经被分解还原为氧分子和氧原子，那么观测到的 O_3 浓度就几乎没有改变。

风速对原生污染物的影响，主要取决于大气对污染物的稀释和传输的特征，但风速对二次污染物 O_3 的影响既有扩散作用的效应，又有引起上层 O_3 向下输送的效应。分析风速与 O_3 小时平均浓度日变化可以发现，在午后风速出现一天中的极大值，中午较高的风速应不利于污染物的富集，但 O_3 体积分数

仍在午后达到最大值，这是因为地面风速增大，垂直动量输送加强，有利于 O_3 从浓度较高的高空往下输送，而且随着风速和湍流作用的增强，加速了光化学反应，使 O_3 浓度在中午前后达到最大。

山谷风和海陆风是两种比较典型的局地环流，对 O_3 有明显的影响。山谷风是山谷地区最重要的大气动力特征（图 8-5），如在泰山（海拔 1 534 m，山东）和大帽山（海拔 957 m，香港），谷风能 O_3 等污染物从低海拔地区输送到山顶，因而可以观测到上述高山站点 O_3 及其他污染物在白天浓度增加。北京地区，由于东北到西部均为山地，在夏季，下午谷风可以将 O_3 及其他污染物输送到北部高山区域，而山风在夜晚又将污染物送回南部较平坦地区。

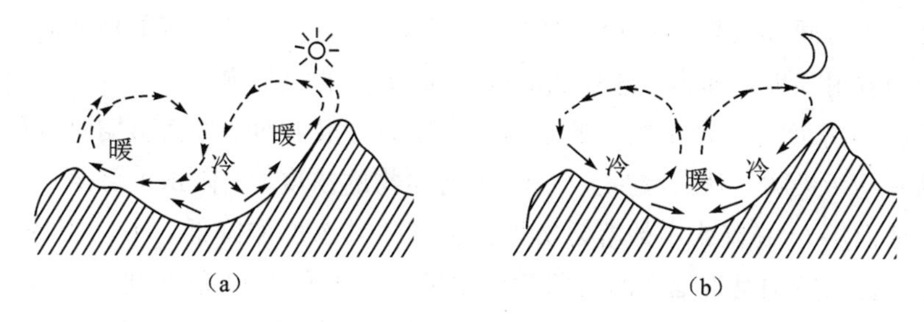

图 8-5 山谷风环流示意图

（a）谷风；（b）山风

海陆风是改变 O_3 及其前体物分布的另一个重要的气象动力因子（图 8-6），其作用在长江三角洲及珠江三角洲等沿海地区尤为显著。对珠江三角洲一次多日海陆风事件的模拟结果表明，午夜到第二天正午，陆风将 O_3 前体物由内陆及沿海地区输送到海洋地区，并在低混合层和静风条件下累积；下午，海上高浓度 O_3 气团又在海风作用下重新输送回陆地，致使陆上大部分站点 O_3 浓度在 13—14 时达到最高值。同样地，在上海金山区观测到相似的现象，O_3 浓度在海风盛行时比陆风盛行时高。研究表明，海风在小风条件时对上海地区 O_3 浓度作用更为显著，弱海风和背景风共同作用下形成辐合环流风，从而将 O_3 限制在城市地区，在下午产生高值。

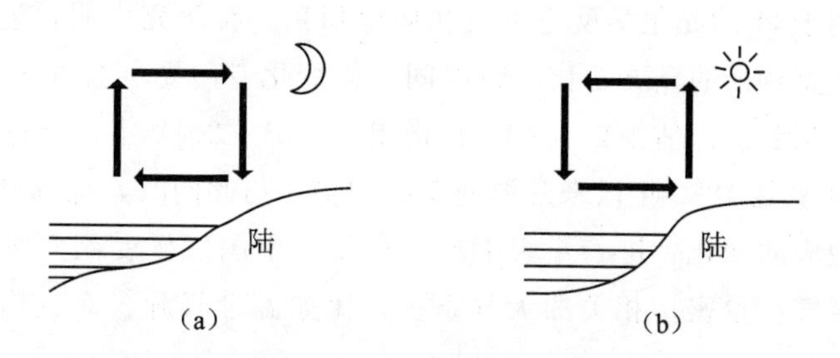

图 8-6 海陆风环流示意图

（a）陆风；（b）海风

（四）太阳总辐射的影响

O_3 的产生与太阳辐射有密切联系，O_3 是由太阳辐射而形成的二次污染物。太阳辐射强度一般在 05:00—12:00 逐渐加强，最大值出现在中午 12:00，12:00 以后逐渐减弱；O_3 浓度一般在07:00—15:00 逐渐加强，最大值出现在 15:00，在 15:00 以后逐渐减弱。当空中云量较多时，云层会吸收来自大气上界的太阳紫外光的短波辐射，不利于形成 O_3 的光化学反应的发生，直接导致近地面层 O_3 浓度的降低。此外，云层反射来自地球表面的长波辐射，在一定程度上加强了 O_3 分解还原的“力量”，加快了近地面层 O_3 的分解，从而进一步降低近地面层 O_3 的浓度。

太阳光线中的紫外辐射分为长波辐射和短波辐射两种，当大气中的氧气分子受到短波紫外照射时，氧分子就会分解成原子状态；氧原子的不稳定性极强，极易与其他物质发生化学反应，氧原子与氧分子反应时就形成 O_3。由于 O_3 比重大于氧气，会逐渐向 O_3 层的底层降落，在降落过程中随着温度的上升，O_3 不稳定性变得更加明显，在受到太阳长波辐射和地面长波辐射的影响时，再度还原成氧分子。臭氧层就是保持了这种氧气与 O_3 相互转换的动态平衡。在近地面层，O_3 的形成和转化有类似的趋势，但更多地受到了近地面层气象条件的影响。

（五）降水

小时降水量及降水时间都会影响近地面层中 O_3 的浓度。O_3 具有一定的溶解度，降水时的云层较厚，会影响到太阳的辐射强度，即为上述提到的辐射对 O_3 浓度的影响。

降水对近地面层 O_3 浓度也会产生明显的影响。主要通过以下两个方面影响对流层 O_3：一方面降水可以溶解空气中的一些污染物，从而减少大气中 O_3 前体物的浓度。1 体积水可溶解 0.494 体积 O_3，在有降水的时候，近地面层 O_3 在降水中的溶解增加，也导致其浓度的降低。另一方面，降水前后存在较多的云，减少到达中低层特别是近地面的太阳紫外线辐射，不利于 O_3 的光化学生成。有研究表明降水量与可吸入颗粒物、NO_2、SO_2 等大气污染物呈现非线性显著负相关，降水量越大污染物浓度越小，反之则污染物浓度越大。出现连续的降水时空气污染物浓度大大降低，而不连续的降水则没有明显的稀释功能。

（六）大气环流的变化对 O_3 浓度的影响

大气污染过程与大气环流紧密相关，污染过程的发展和消散都伴随着相关天气系统的发展和移动，因为天气系统可以改变局地的通风条件、降水情况等，从而影响空气污染的峰值浓度和持续时间。如大陆反气旋（高压系统）和热带气旋（台风），它通过影响局地的光照、温度、风向风速等条件改变光化学过程和前体物的输送扩散而间接作用于 O_3。伴随高压系统而出现的晴朗天气和静小风速，有利于污染物的积累和 O_3 的光化学反应生成。热带气旋外围存在大尺度的下沉气流、天气晴好、地面气压偏高和风速偏小，这都有利于 O_3 的光化学反应生成和局地积累。有研究表明，近百年来，地球气候正在经历一次以全球变暖为主要特征的显著变化。政府间气候变化专门委员会（Intergo vernment Panel on Climate Change，IPCC）第五次评估报告（AR5）指出，1951—2012 年，全球平均地表温度升温速率为 0.08～0.14℃/10a，几乎是 1880 年以来升温速率的两倍。与此同时，地球的大气环流、水循环、地表的辐射平衡等也发生相应的变化，进一步影响空气质量。中国气候受到多种天气系统共同影响，其中前人研究中提到的和空气质量密切相关的天气系统，比如温带气旋、锋、热带气旋等均会对中国的大气环流产生影响。

统计上海地区历史天气图，利用气象资料和天气分型方法研究了天气形势对上海 O_3 的影响。气象资料采用美国国家环境预报中心（National Centers for Environmental Prediction，NCEP）提供的逐 6 h 的 1°×1°全球再分析资料（final operational global analysis,FNL）。天气形势分型采用 Philippet（2010）描述的客观分型方法库中的客观方法，选取 2007—2014 年 7 月和 8 月 10N～45N、105E～140E 范围开展研究。

根据关键环流影响系统及其相对于上海的位置，夏季影响上海的主要环流形势分为 5 种主要类型：副高西北侧型、副高内部型、高空槽前副高后部型、副高脊线南侧型及低涡北部型（图 8-7，分别记为 1～5）。第 1 种类型（副高西北侧型）共出现 300 d，是最常见的夏季环流类型。第 2 种类型（副高内部型）也较为常见，它可表征副热带高压位置偏北，强度偏强，如 2013 年夏季，该环流类型最为常见。

第3种类型（高空槽前副高后部型）控制下，上海主要受高空槽前及副高后部的西南气流影响。第4种类型（副高脊线南侧型）对应副高位置偏北，上海主要受副热带高压脊线南侧的东南气流影响。第5种类型（低涡北部型）最为少见，仅出现了18次，显示了台风影响的常见环流形势。图8-8显示不同类型的出现概率存在明显的差异。

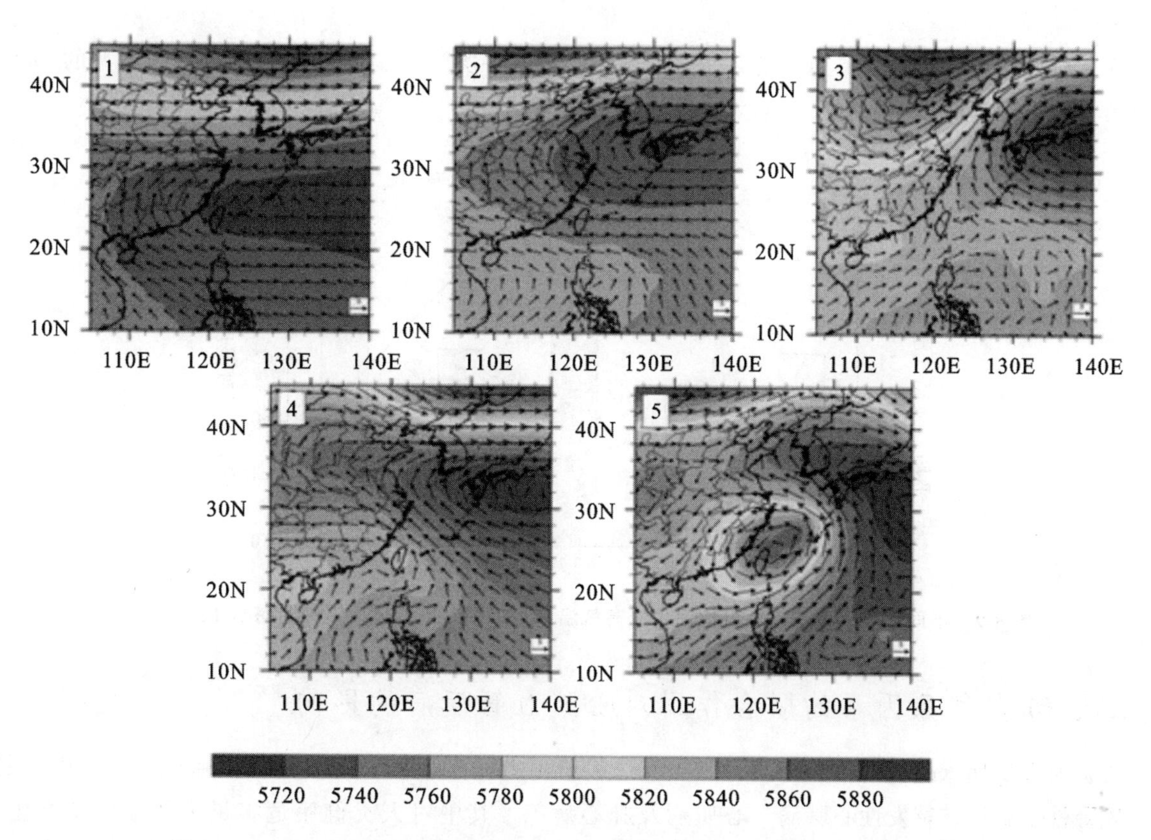

图8-7　2007—2014年不同环流类型下500 hPa风速及位势高度合成场分布特征

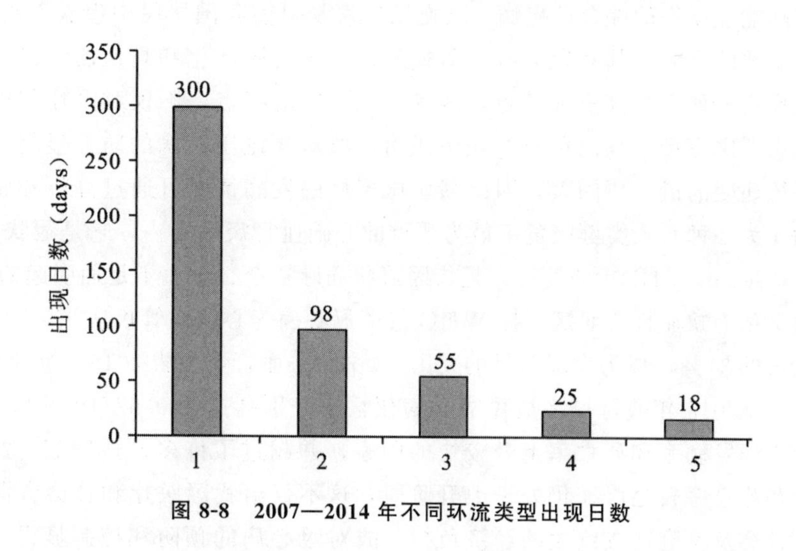

图8-8　2007—2014年不同环流类型出现日数

由不同环流类型下近地面影响O_3浓度关键气象因子特征（图8-9）可见，第1种类型（副高西北侧型）的日最高气温平均值达32.6℃，相对湿度平均值为66%，西南风出现频率偏高，表明该类型控制

下气温较高，相对湿度较低，易出现西南风，容易出现O_3污染；第2种类型（副高内部型）的日最高气温平均值达33.7℃，相对湿度平均值为63%，为典型的高温低湿天气，因此，该类型下O_3浓度容易偏高。相反，第5种类型（低涡北部型）的日最高气温平均值达30.1℃，相对湿度平均值高于75%，以偏东风为主，为典型的夏季低温高湿天气且受偏东风影响，因此，该类型下O_3浓度一般偏低，不易出现污染。

综上所述，可将第1种类型（副高西北侧型）和第2种类型（副高内部型）定义为典型的O_3污染型，第5种类型（低涡北部型）定义为典型的O_3清洁型。

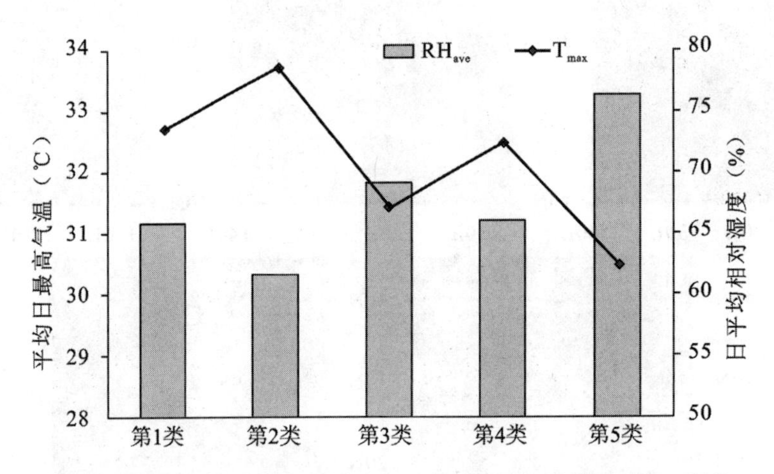

图 8-9　不同类型上海浦东站近地面日最高气温、相对湿度平均值（时段：每日 10—16 时）

二、O_3与气象因素的联合作用对心脑血管疾病的影响

心脑血管疾病（cardiovascular and cerebrovascular diseases，CCVD）包括高血压、脑卒中、冠心病、风湿性心脏病、特发性心脏病、心肌病及肺心病等，其中对人类健康危害最为严重的是高血压、冠心病和脑卒中。高血压（hypertension）是指伴随着多种心脑血管危险因素的动脉血压不正常升高，并伴有重要靶器官功能性损伤的综合性疾病。高血压疾病是目前我国居民中患病人数最多的慢性疾病，也是心脑血管中最主要的疾病，其并发症有心肌梗死、大小动脉硬化和高血压性肾损伤等。高血压具有患病率高、致残率高和死亡率高三大特点，因其“三高”的特点，不仅对医疗和社会资源带来巨大的供给考验，也给患者家庭带来难以负担的经济压力，故对高血压疾病的防控显得尤为重要。高血压是导致心脑血管系统病变的最主要因素，因此高血压疾病的发病情况可通过分析心脑血管系统的病变进行探讨。冠心病作为一种对人类健康危害最为严重的心脑血管疾病之一，它是冠状动脉心脏病（coronary artery heart disease，CHD）的简称，是指因冠状动脉狭窄、供血不足而引起的心肌机能障碍和/或器质性病变，故又称为缺血性心肌病。据WHO报道冠心病等心脑血管疾病每年造成约1 770万人丧命，占全球死亡人数的31%，成为全球头号的死因。《中国心血管病报告2016》统计显示我国冠心病现患人数约1 100万人，2015年我国城乡居民冠心病死亡率分别高达110.67/10万和110.91/10万。目前，我国已成为冠心病发病率和死亡率上升较快的国家，并超过了许多发达国家，此外，我国城乡居民冠心病的患病率和死亡率较之以往仍处于上升阶段，这不仅给我国医疗和社会资源带来巨大的分配压力，也给国家、社会及家庭造成巨大的经济负担，故对冠心病的预防和控制显得尤为重要。而这类疾病的发生、发展往往与环境因素密切相关。“脑卒中”（cerebral stroke）又称“中风”“脑血管意外”（cerebralvascular accident，CVA），是一种急性脑血管疾病，是由于脑部血管突然破裂或因血管阻塞导

致血液不能流入大脑而引起脑组织损伤的一组疾病，包括缺血性和出血性卒中。缺血性卒中的发病率高于出血性卒中，占脑卒中总数的60%～70%。颈内动脉和椎动脉闭塞和狭窄可引起缺血性脑卒中，年龄多在40岁以上，近年来呈现出年轻化的特征，男性较女性多，严重者可引起死亡。调查显示，城乡合计脑卒中已成为我国第一位死亡原因，也是中国成年人残疾的首要原因，脑卒中具有发病率高、死亡率高和致残率高的特点。不同类型的脑卒中，其治疗方式不同。由于一直缺乏有效的治疗手段，目前认为预防是最好的措施，其中高血压是导致脑卒中的重要可控危险因素。

（一）热浪对心血管疾病影响的研究

1. 热浪的定义

热浪是具有一定持续性的暑热天气，一般可以维持几天甚至数周，各国和地区根据其研究内容与方法的不同，对热浪的定义也有很大的差别：世界卫生组织建议热浪的最高气温界限定为32℃，且持续3 d及以上；荷兰皇家气象研究所定义热浪为一段最高温度高于25℃、持续5 d以上（期间至少有3 d气温高于30℃）的天气过程；国内学者孙立勇等通过研究安徽地区高温与疾病死亡率的关系，建议将热浪气温界限值定义为日平均气温32℃、最高气温36℃；而我国目前应用最多的热浪标准则是根据中国气象局的规定及华东地区相关研究拟定，将日最高温度≥35℃称为高温日，连续3 d及以上的高温天气过程称为热浪。黄卓等在世界各国气象部门对热浪研究的基础上，提出了热浪指数的概念，并据此将热浪分级为轻度、中度和重度3个等级。

2. 热浪对心血管疾病的研究

关于高温热浪对心血管的影响，国内外均已取得许多研究成果。20世纪60年代，美国、英国相继发生了高温热浪天气事件，Kovats RS等对此事件造成的影响做了统计学分析，结果发现热浪期间心血管疾病发病和死亡人数增加；1995年芝加哥一项关于热浪期间人群死亡风险的调查研究显示，冠心病患者就诊和死亡人数均较以往有所增加；研究发现，26℃时心脑血管疾病住院风险最少，当温度高于26℃时，心脑血管病入院风险会随着温度的升高而增加；Magalhaes R等利用葡萄牙北部人群普查数据进行了研究，发现由于气候变化所导致的极端高温会增加心血管疾病的发病。国内外关于高温热浪对心血管疾病影响机制的研究，最初是从流行病学角度出发，来探讨不同地区和城市冠心病发病率或死亡率与高温之间的关系。Hajat S等在伦敦的研究表明，当温度高于19℃时，气温每升高1℃，心脑血管疾病的发病率将增加3.01%；Revich B等对2001年7月莫斯科热浪发生期间心脑血管疾病死亡风险做了研究，结果发现高温热浪导致冠心病患者死亡率增加32%（95% CI：16%～48%）；澳大利亚、瑞典等国的研究也得到类似的结论。Loughnan M E等对墨尔本市35岁及以上人群AMI住院率与气象因素做了生态学研究，结果表明最高气温超过单日平均气温30℃，3 d平均气温27℃，将导致AMI入院率分别增加10%和37.7%，且本身患有心血管疾病人群发病风险更大；Lin YK等评估了1994—2007年台湾4个亚热带大城市脑血管疾病死亡风险与分布的关系，研究发现在极热当天发生心脑血管疾病死亡的风险最高。有研究者对英国老年人和实验小鼠的研究表明，热浪会使得高血压和脑血管疾病的发病增多。Behnoosh Khalaj等利用澳大利亚新南威尔士州5个地方医院的急诊数据进行了研究，发现由于气候变化所导致的极端高温会增加高血压疾病患者的发病和死亡。高温热浪对不同人群的影响不同，Mastrangelo等发现在高温热浪期间老年人相对于儿童和青壮年而言更容易发生心脑血管类疾病。但在这两类人群中某些心脏类疾病的发病率也明显增加，患有高血压疾病的人群在此期间发病的概率增加。Natale Daniele Brunetti等研究了2011年7月袭击意大利南部的热浪，通过检测9 282名患者心电图，发现在热浪期间代表急性心肌梗死的ST段呈上升趋势，即可表明高温刺激会使得心脏类疾病的发病率上升，同时还发现高温热浪期间受污染的空气会导致老年人的心率和血压上升，而过高的

心率和血压是加重心血管疾病的重要危险因子。Basu R等发现气温每升高4.7℃，心血管疾病中心肌梗死的死亡率会增加2.6%。Melissa Jehn等跟踪记录15名老年高血压患者的日常血压变化，发现当气温高于25℃时对于老年高血压患者来说，其血压更容易上升，进而使心脑血管疾病的风险增大。Dr. Elisabeth Lassing等通过研究2013年7月发生在澳大利亚的一次热浪过程对人体的影响发现，当热刺激温度超过41℃的时候人体的体温调节功能会失效，血压急剧升高，心脑血管系统受到损伤。Kagitani H等通过研究1 059名中年日本妇女在热浪刺激时的反应，发现高温热浪刺激后高血压患者的发病率显著高于对照组，而健康人的血压也有显著性的升高。莫运政等通过研究表观温度与北京某城区居民缺血性心脏病死亡数的关系发现，在日均表观温度≥12℃时，日均表观温度每升高1℃，北京市居民缺血性心脏病超额死亡率为1.202%。

在高温热浪对高血压疾病作用机理方面，国内外也有一定的研究。众多机理研究表明，在热浪的刺激下交感神经变得兴奋，使得肾上腺素的分泌水平先上升后下降，机体在热刺激下为了维持体温平衡而散热导致血管扩张，随着气温的平复血管随之收缩；另一方面在高温的刺激下人体汗腺扩张汗液排出增加，与此同时体内的钠排出量也随之增多，进而导致细胞的酸碱平衡失调和钠代谢紊乱，出现心律异常，体内大量水分的丢失使得机体循环发生障碍，从而增加心脑血管疾病发病的风险。国内，况正中总结了高温热浪对高血压疾病的作用机理：在高温热浪即最高气温达到37℃的刺激下，机体内NO分泌增加，使得血管扩张，增加散热。SOD表达水平的下降一方面会减弱机体对氧自由基的清除能力，导致内皮功能失调，使得NO合成不足，影响机体散热；另一方面使得脂蛋白氧化加剧，生成大量的胆固醇，从而使血脂升高。与此同时HIF-1α含量上升，细胞开始缺氧，心脑血管出现炎症；而HSP60含量的上升也导致炎症因子表达水平上升，炎性标志物sICAM-1的含量也随之上升，导致白细胞和血小板聚集增加。在这几个热应激因子的共同作用下，血管平滑肌细胞增生形成泡沫细胞及血管的通透性增强，进一步加重动脉粥样硬化，从而引发高血压疾病及其并发症。环境温度的变化不仅会增加高血压疾病患者的死亡风险，还会对高血压疾病的发生和发展产生影响。众多机制研究表明，高温可以引起交感神经兴奋，使肾上腺分泌的肾上腺素先增多后减少，机体因受热而导致血管扩张，继而血管又收缩；气温较高又使人体排汗增加，大量的钠随之排泄，导致细胞的电解质紊乱和酸碱平衡失调而出现心律失常，水分的过多丢失会引起循环障碍，容易使心血管疾病患者复发。夏季高温（最高气温≥34℃）同时气压偏低容易引起冠心病的发病。

（二）O_3对心血管疾病影响的研究

人类活动产生的O_3能增加人群冠心病死亡风险。Haeuber R等的研究表明，O_3的短期暴露可引起机体心功能下降，从而导致心脑血管疾病住院率增加；lleul L的研究表明，在法国，当大气O_3水平每增加10 $\mu g/m^3$，城市人群冠心病死亡风险超标1.01%；NorthKE等研究发现23个欧洲城市O_3暴露与每日心血管疾病死亡率有关，1 h O_3浓度增加10 $\mu g/m^3$，心血管疾病的死亡数增加0.45%。Zhang Y等在上海的时间序列研究发现，O_3短期暴露与心血管疾病早逝密切相关；有研究表明我国大气中O_3浓度每增加10 $\mu g/m^3$，人群心血管系统疾病死亡率增加0.448%；殷文军等在深圳的研究发现，空气污染物与医院心血管内科住院患者量呈显著的正相关，PM_{10}、SO_2和O_3是心血管疾病发病的环境因素，其中以O_3的影响最大。Peng Yin等对272个中国城市全国范围内的时间序列分析发现，在全国平均水平上，O_3日8 h最大平均浓度每增加10 $\mu g/m^3$，心血管疾病和高血压疾病每日死亡率分别上升0.27%（95%PI：0.10%～0.44%）、0.60%（95%PI：0.08%～1.11%）。Patricia F等的考克斯比例风险模型研究发现高浓度的O_3与高血压疾病的发病率相关。HuiHua等的研究发现妊娠期间暴露于O_3污染的环境中会增加罹患妊娠高血压的可能性，妊娠早期是暴露的潜在窗口期。Yang BY等的研究发现O_3与高

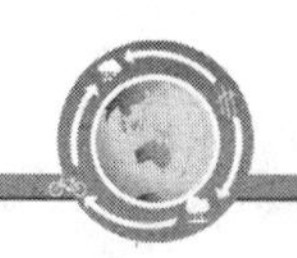

血压前期的联系比 O_3 与高血压疾病的联系强，尤其是在女性和老年人人群中。

单独 O_3 暴露引起心脑血管效应的机制尚不清楚，但是，O_3 暴露可引起血液流变学改变。通过分离人类外周血单核细胞进行体外研究发现，O_3 暴露和脂质过氧化及蛋白巯基含量的增加存在明显的关系。有动物实验表明，O_3 暴露引起系统氧化应激的增加，增加的氧化产物能引起一系列的细胞因子和相关的介质，这些物质可以扩散到循环系统，从而改变心脏的功能。另一个可能性是 O_3 通过引起局部和中枢的神经通路反射，可能启动肺刺激性受体激活，进而引起刺激性受体副交感神经系统兴奋。此外，O_3 吸入引起的心率降低，O_3 可能与自主神经系统紊乱有关。

（三）高温与 O_3 交互作用对心血管疾病影响的研究

近年来，因气候变化加剧所引起的高温热浪天气频繁出现及 O_3 浓度日趋严重所致的大气污染所带来的心血管系统健康问题也变得越发严峻。过量温室气体的排放造成全球气候变暖，使极端天气事件明显增加，这些变化都被认为能够引起心血管疾病死亡事件的增加。随着气候和环境问题的日益突出，大气污染因素与气象因素的交互作用对人体健康的影响成为研究的焦点。Jacob DJ 等通过 GCM-CTM 的化学模型对 O_3 浓度趋势进行预测，结果表明仅在气候变化情况下，未来几十年污染地区的夏季地表 O_3 量将增加 1～10 μg/L，Racherla PN 等研究了美国 O_3 排放在气候变化情景中的关系，结果发现高温会使高浓度 O_3 事件的频率和程度加重。此外，在澳大利亚的一项研究也证实，O_3 浓度越高，冠心病热相关死亡率越大。最近在美国也有研究表明，在热浪期间 O_3 与高温协同作用使得人群死亡率急剧增加，尤其对老年人和心血管等慢性病患者人群影响更大。目前国内对高温与 O_3 关系的研究甚少。张良等人对 2014 年石家庄市 O_3 污染特征进行分析，气温升高和近地层 O_3 增加呈正相关，且两者具有一致的季节变化趋势，即夏季最大、冬季最小。刘芷君等的研究也认为高温与 O_3 浓度呈正相关。

目前尚未有 O_3 和高温联合作用对心血管疾病影响及机理研究的报道。未来可在该领域开展更多的动物实验，结合流行病研究结果为卫生部门和气象部门进行气象环境健康预报提供科学依据，同时为评估 O_3 和高温热浪对居民健康的影响提供理论依据。

（周　骥）

第二节　臭氧与其他空气污染物的联合作用

人们常常在一段时间内暴露于不止一种污染物，评价空气中多种污染物的联合暴露与人类的健康风险更具有现实意义。大量的文献报道空气污染物浓度增加与健康损害相关，尤其是臭氧、颗粒物（PM_{10} 和 $PM_{2.5}$）、二氧化硫、二氧化氮、一氧化碳和铅，其中颗粒物和臭氧是对人类健康威胁最普遍的两种污染物。

多种空气污染物的暴露可能同时发生，也可能先后发生。在城市，一天中特殊的环境空气污染物在某一时间达到最高值。如环境中的许多污染物与城市交通有关，二氧化氮和细颗粒物的高峰值与上下班高峰时间一致，而臭氧是光化学反应的产物，高峰值出现在下午。世界卫生组织（WHO）2016 年的报道显示，新的空气质量模型确定世界 92％的人口居住在空气质量超过 WHO 限定的水平。每年约有 300 万人的死亡人数与室外空气污染暴露有关，所以室内空气污染也同样是致命的。2012 年，650 万人的死亡人数（占世界死亡人数的 11.6％）与室内和室外空气污染相关。

目前的研究，除了臭氧单独暴露所引起的呼吸系统及呼吸系统以外器官的损伤外，还有一些研究报道了臭氧和环境中的其他污染物的联合作用所引起的毒性效应的研究，包括了与常见的被证实可以引起肺损伤的外源物的联合作用，如与大气颗粒物污染、氮氧化物污染或环境内毒素的联合作用。

一、与环境颗粒物的联合作用

过去的几十年中，随着中国经济的快速发展，工业化和城市化进程的加快，由空气细颗粒物增加造成的雾霾发生次数的明显增加及能见度的降低在全国范围内均有报道，尤其是在发展较快、人群密度较高的城市带，如长江三角洲、珠江三角洲和北京—天津—河北区域。城市中细颗粒物主要来源于交通相关的污染源、道路尘土、生物燃料的燃烧和农业活动及区域性气溶胶的转运。据报道，我国500个大城市中只有<1%的城市达到世界卫生组织（WHO）规定的$PM_{2.5}$空气质量标准（年平均10 $\mu g/m^3$，日平均25 $\mu g/m^3$），而部分城市（保定、邢台、石家庄、唐山、邯郸、衡水等）被列为世界污染最严重的城市。

肺部是颗粒物和臭氧接触的第一个靶器官，而心脏是颗粒物和臭氧引起肺部炎症反应后，炎症因子经血液进入的第一个器官，因此肺和心脏是最容易受到吸入性毒性物质损伤的两个器官。流行病学和毒理学的研究已经表明环境颗粒物与急性和慢性心血管和呼吸系统的健康损害有关。交通排放作为城市颗粒物的一个主要来源，与人类健康密切相关。

（一）对呼吸系统毒性损伤

通常来讲，粒径较大的颗粒物（空气动力学直径> 5～10 μm）或高反应性的或水溶性的气体主要影响上呼吸道，更常见的是引起急性损伤；粒径较小的颗粒物（空气动力学直径<3～5 μm）或较低反应性或难溶性气体对下呼吸道和肺远端区域的毒性更强一些，有可能引起急性毒性作用，也有可能造成慢性毒性损伤。细颗粒物（<2.5 μm）或者超细（<0.1 μm）颗粒物能够携带吸附在其表面的有毒化学物进入肺组织，然后通过肺上皮穿透进入血管，再转移到肺外的器官中。另一方面，颗粒物本身也能够沉积在口腔、喉部和肺的肺泡区域，引起呼吸道炎症。而从肺泡清除不溶性的颗粒物可能需要很长的时间，如几周甚至几年。

颗粒物和许多其他空气污染物共同存在，由颗粒物引起的效应可能会受到其他共同暴露的污染物的影响，其中臭氧是与颗粒物共存的一种常见污染物。大量的流行病学资料表明，臭氧和颗粒物污染会对呼吸系统产生负面影响，均会导致肺功能的降低、气道反应的提高、哮喘和COPD的恶化，同时也会引起医疗保健和住院率的增加。调查研究发现，高浓度的PM_{10}能够增强臭氧对总死亡率的影响，臭氧也能够增加PM_{10}所引起的这种效应，但没有统计学意义。汽油尾气颗粒物可引起健康人的气道炎症反应，且当同时暴露于汽油尾气颗粒物和臭氧时，健康人唾液中的中性粒细胞和髓过氧化物酶明显增加。

已有一些实验研究探讨臭氧和颗粒物之间是否存在交互作用，这些研究表明臭氧具有高氧化能力，它可与颗粒物中的一些成分发生反应，如臭氧可与环境颗粒物中的芳香烃类物质（如PAHs）发生反应，并且发现臭氧化芳香烃类物质较原型物质具有更强的致癌和致畸效应。另有一项研究表明，小鼠共暴露于臭氧和炭黑颗粒物4 h，与暴露于单一的污染物相比，可以降低肺泡巨噬细胞的吞噬能力和增加肺中性粒细胞的聚集。还有一项研究显示臭氧暴露增加了肺细胞增殖，暴露于环境颗粒物可以加强这种效应。臭氧化的柴油尾气颗粒在颗粒物引起的肺反应中有一定的作用。例如，有学者将柴油尾气颗粒物暴露于0.1 μg/L臭氧48 h后，气管滴注到大鼠肺部24 h后，通过肺灌洗检测大鼠肺炎症和损伤，与未暴露臭氧的颗粒物相比，暴露于臭氧的颗粒物对增加中性粒细胞、肺灌洗液中总蛋白和LDH活力具有更强的效应。黑炭颗粒物，与柴油尾气颗粒物相比，所含有的有机成分含量较低，在0.1 μg/L臭氧暴露后，没有改变其生物活性；而暴露于较高浓度的臭氧（1.0 μg/L）后，可以引起颗粒物生物活性的降低，该研究的结果表明，环境浓度的臭氧能够增加柴油尾气颗粒物的生物活性。从交通或者其他燃烧来源的炭黑颗粒物进入到大气中，炭黑颗粒物经过了老化过程，即炭黑颗粒物可能被环境中的

臭氧氧化，氧化过程能够改变炭黑颗粒物的形态、化学特征和氧化还原态。有研究报道在 A549 和 16HBE 两种细胞中，臭氧化的炭黑颗粒物比未被臭氧化的颗粒物有更强的氧化潜力和较高的细胞毒性。另有研究发现，小鼠暴露于10 mg/m^3的炭黑颗粒物 4 h 没有引起炎症反应，对巨噬细胞吞噬也没有任何影响；单独暴露于 1.5 μg/L 的臭氧 4 h 后引起肺的炎症反应，并且抑制巨噬细胞的吞噬；同时暴露于臭氧和炭黑颗粒物显著提高了对这两个生物参数的影响。但是无论是先暴露 4 h 臭氧、再暴露 4 h 相同浓度的炭黑颗粒物还是相反的暴露顺序，与臭氧单独暴露组相比，巨噬细胞的吞噬能力都没有受到明显的影响。臭氧和炭黑颗粒物共暴露的交互作用的机制可能是炭黑颗粒物作为臭氧的载体到达肺远端，而远端肺不能获取作为气体形态的臭氧，或者臭氧将颗粒物从无毒性的理化状态转变为有毒性的形态。然而，最近的一项研究结果显示，臭氧化和未臭氧化的炭黑颗粒物毒性效应没有明显的不同，臭氧化和未臭氧化的炭黑颗粒物可能通过激活不同的分子通路而引起不同的毒性效应终点。

（二）对心血管系统毒性损伤

除了已知的肺的损伤效应，臭氧的暴露还与心血管并发症（如急性心肌梗死、冠状动脉粥样硬化和肺源性心脏病）的住院率增加有关。一篇关于 23 个欧洲城市臭氧暴露与每日总死因死亡率和分死因死亡率的关系的报道发现，1 h 臭氧浓度增加 10 $\mu g/m^3$，心血管的死亡数增加 0.45%（95%CI，0.17%～0.52%），8 h 的臭氧浓度增加所引起的效应是相似的。臭氧也与心血管死亡和自主神经系统紊乱有关。

流行病学证据表明颗粒物和气态的空气污染物与心血管疾病的高发病率和死亡率有关。环境中臭氧或者吸入颗粒物的浓度增加，几小时之内心脏将会受到影响，表现为 HRV 的降低和心肌梗死的增加。另空气污染会导致有慢性动脉疾病和充血性心力衰竭的患者有较高的死亡风险。这些效应可能是空气污染通过扰乱血管的动态平衡而产生的，与这一假设相一致的是，在吸入环境中的细颗粒物和臭氧暴露的 2 h 内，健康成年人动脉血管收缩。现场工作已经确定了城市污染和人类血浆内皮素-1（ET-1）的增加相关，但是，影响血浆 ET-1 的上升的机制及臭氧和颗粒物的各自贡献并不清楚。ET-1 是一个控制血管平滑肌张力动态平衡的血管收缩肽，在许多心血管疾病（包括动脉粥样硬化、充血性心力衰竭和高血压）中，ET-1 的表达水平在循环系统和组织中均升高。

流行病学研究表明，颗粒物和臭氧增加了心血管疾病的发病率和死亡率。一篇评价长期环境颗粒物的暴露对患致死性冠心病风险的影响的研究发现，女性中 $PM_{2.5}$ 每增加 10 $\mu g/m^3$，在单污染模型中，患致死性冠心病的相对风险是 1.42（95% CI：1.06～1.90），在和臭氧的两种污染物模型中，相对风险是 2.00（95% CI：1.51～2.64）；而在男性中没有发现相关性。

Farraj 等人将大鼠通过整体吸入的方式单独暴露或联合暴露于浓缩的冬季和夏季颗粒物（150 $\mu g/m^3$，4 h）和臭氧（0.2 μg/L）后，发现只有联合暴露组发生心血管的毒性反应。另一研究通过先后暴露于臭氧和大气细颗粒物的方式探讨了复杂的空气污染暴露对啮齿类动物心血管系统的影响，结果表明，0.8 μg/L臭氧暴露 3 周（4 h/次，2 次/周）可引起大鼠 HRV 和心脏组织超微结构的轻微改变，而对心血管系统的炎症反应、氧化应激和内皮结构和功能没有显著的影响；$PM_{2.5}$ 和臭氧的联合暴露可引起大鼠心率的降低和自主神经控制的改变，系统炎症和氧化应激的增加，且与动脉压增加及大鼠心肌缺血 ECG 的病理改变有关。

Kurhanewicz 等人将小鼠分为单独的环境细颗粒物（$PM_{2.5}$，190 $\mu g/m^3$）组、环境超细颗粒物（$PM_{0.1}$，140 $\mu g/m^3$）组及 0.3 μg/L 臭氧联合暴露组、臭氧单独暴露组和净化空气对照组，单独的细颗粒物暴露引起左室发展压（left ventricular developed pressure，LVDP）基线和收缩性的明显降低，相反超细颗粒物没有引起这种效应，单独的环境细颗粒物和超细颗粒物暴露均没有引起 ECG 的改变，臭氧和细颗粒物的联合暴露引起心率变异性明显降低，但是也阻止了心脏功能衰减；另一方面，臭氧和

超细颗粒物的联合暴露明显增加了 QRS 间隔，引起 QTc 和 P 波心律失常。这些结果表明在暴露后的一天，颗粒物的粒径和气体的交互作用在心脏功能衰减上有一定的作用。尽管细颗粒物和臭氧联合暴露只改变了自主平衡，但超细颗粒物和臭氧通过增加心律失常和引起机械的衰减呈现更为严重的效应。因此，臭氧表现出与细颗粒物和超细颗粒物有不同的交互作用，导致心脏的各种变化，这表明颗粒物和气体联合暴露的心血管效应不是简单的相加或者均等来概括的。

臭氧和细颗粒物的高环境水平暴露与心血管疾病的发病和死亡相关，尤其是在已经患有心肺疾病的人群中。雄性 SD 大鼠通过饮食诱导代谢综合征，然后暴露于臭氧、浓缩环境中的 $PM_{2.5}$ 或者臭氧和 $PM_{2.5}$ 联合暴露 9 d，观察心率（HR）、心率变异性（HRV）和血压指标，发现在所有的暴露组中，心率和血压都降低；与正常饮食组相比较，高糖饮食诱导组表现出的心率和血压降低更为明显和持久；在所有的大鼠中，臭氧和 $PM_{2.5}$ 联合暴露引起心率和血压的急速降低，但是只有正常饮食组大鼠在 2 d 后适应了这种暴露，另外臭氧和 $PM_{2.5}$ 联合暴露组 HRV 呈现急剧的降低；臭氧暴露组中高糖饮食的大鼠几乎没有与暴露相关的 HRV 的改变，而正常饮食的大鼠表现出 HRV 的增加；$PM_{2.5}$ 暴露组 HRV 有一定程度的降低。该研究得出的结论是，在臭氧和细颗粒物暴露组中的大鼠发生心血管抑制，这种效应在高糖饮食诱导的代谢综合征的大鼠中更为严重。在啮齿类动物研究中获得的结果表明，有代谢综合征的人群吸入空气污染物可能会产生相似的或加重的血压和心率的反应。

综上所述，在大鼠和小鼠的实验中，与单独暴露于颗粒物或者臭氧相比，联合暴露于两种污染物引起的效应较两者的相加效应更强。流行病学和毒理学的研究表明，颗粒物和臭氧的暴露与有害的健康效应有关，包括心血管系统和呼吸系统疾病。炎症反应在这两种污染物引起的呼吸系统疾病中起到重要的作用，对心血管系统毒性损伤的发生到自主平衡的改变、系统炎症反应和氧化应激的增加也起到重要的作用。由颗粒物和臭氧暴露引起的心肺系统的损伤因污染物的理化特性和暴露的剂量及暴露的时间顺序而不同。

二、与大气氮氧化物的联合作用

臭氧和二氧化氮是两种最重要的室内和室外气体中吸入的氧化污染物。它们的毒性效应依赖于气体的浓度和暴露的持续时间，在同样的浓度下，二氧化氮的毒性较臭氧的毒性低。二氧化氮是光化学烟雾的前体物，在一定条件下可形成臭氧。

流行病学的研究表明，二氧化氮的暴露与心血管系统与呼吸系统疾病死亡率的增加有关，如引起呼吸系统和心血管系统疾病的住院率、卒中的急诊率、心肌梗死增加等。有研究用 2006—2008 年的数据调查了环境中氧化物臭氧和二氧化氮在中国南方 4 个城市中的急性效应发现，臭氧和二氧化氮浓度平均每增加 10 $\mu g/m^3$，总死亡率分别增加 0.81％和 1.95％。除了臭氧的致敏效应，臭氧也能使空气中的过敏原更具有致敏性。与二氧化氮联合暴露，臭氧可以提高常见蛋白过敏原的硝化，从而增加它们的致敏性。

（一）对呼吸系统的影响

臭氧和/或二氧化氮的吸入与呼吸道的炎症发展和肺功能的各种改变有关。呼吸道黏膜液体是与吸入毒物接触的第一个生物液体。有研究表明，臭氧和二氧化氮能够降低抗氧化物的含量并且损伤蛋白和脂质，臭氧主要引起蛋白的损伤，而二氧化氮引起脂质过氧化。也有研究报道臭氧和二氧化氮在啮齿类动物中引起协同毒性，但在另外一个研究中，臭氧和二氧化氮对血浆成分的氧化损伤没有表现出协同效应，而表现出拮抗的作用。因此，这两种污染物在啮齿类动物上所引起的发病率和死亡率的潜在效应呈现出复杂的、交互的生物学效应，而不是简单的细胞外液体协同氧化效应。

（二）对心血管系统的影响

首次或者二次暴露于一天当中不同时间段的一种或多种空气污染物的峰值可能会影响与同一天暴露有关的短期健康效应的类型和强度。暴露于二氧化氮或臭氧与增加的心血管疾病的死亡率有关。Farraj 等人将 4 组大鼠分为臭氧暴露组（0.3 μg/L，3 h），二氧化氮暴露组（0.5 μg/L，3 h），先二氧化氮、再臭氧暴露的暴露组及净化空气暴露的对照组，只有二氧化氮和臭氧暴露组大鼠在电生理和自主参数中有明显的改变，包括心率的降低、PR 和 QTc 间隔的增加及心率变异性的增加，表明副交感神经作用增加；此外，只有二氧化氮和臭氧联合暴露可以降低收缩压和舒张压，增加脉压和 QA 间隔，表明心肌收缩性降低。

三、与大气内毒素的联合作用

空气中生物物质，如花粉、孢子和细菌产物是在环境中普遍存在的，当被吸入人体后能够引起有害的呼吸系统症状。细菌内毒素作为一种常见的生物物质，是气道炎症的强烈刺激物，在家里、农业环境中和工业场所等空气污染中普遍存在。内毒素（endotoxin），化学定义为脂多糖（LPS），是在环境中普遍存在的，是革兰阴性菌外膜的一个重要结构成分。

暴露于内毒素环境中可引起成人和儿童哮喘的恶化。内毒素也是削弱肺功能、造成肺疾病的发病原，如有机粉尘可引起慢性阻塞性肺疾病和急性肺损伤。内毒素是颗粒物的一个重要的生物学成分，吸入后可引起健康损害效应，也可与其他污染物结合使得疾病更加复杂。从 2012 年 3 月至 2013 年 2 月北京市收集的环境中内毒素显示，内毒素的含量与 ROS 含量呈正相关。在健康人群中的研究发现，吸入脂多糖引起急性的剂量相关的炎症反应，伴随着血液细胞因子含量的增加，如中性粒细胞、TNF-α 和 IL-6。作为一个重要的空气污染物，空气内毒素与细颗粒物显著相关，吸入后沉积在肺中。许多体内和体外的研究均表明，内毒素对颗粒物毒性有一定的贡献，甚至在较低剂量的暴露情况下。进一步的研究发现，内毒素的吸入结合其他的空气污染物，如颗粒物、真菌、过敏原和臭氧，增加了敏感性和免疫反应的严重性，并且能导致其他的健康损害效应。暴露于内毒素能够增强靶细胞对来源于其他污染物的二级刺激的炎症反应。另外，内毒素是职业场所和室内环境中一个很重要的污染问题。与螨虫过敏原的含量相比，已经发现螨虫敏感的哮喘疾病的严重性与室内内毒素的水平更为相关。许多研究揭示了复杂的基因-环境交互作用，表明基因的因素可能增加内毒素暴露后疾病的发展。总之，流行病学研究表明，内毒素和臭氧是引发哮喘的两个重要的环境因素。

Wagner 等人的研究表明，当暴露于臭氧（0.5×10^{-6} h/d，持续 3 d），大鼠出现鼻变移上皮（nasal transitional epithelium）损伤，然而鼻内滴注内毒素（20 μg）使鼻子和传导性气道中的呼吸上皮出现上皮损伤。随后他们通过研究在中性粒细胞充足和缺失中性粒细胞的啮齿类动物中，急性炎症反应在增强这两种毒物暴露所引起的气道上皮损伤中所起到的作用，来评价暴露于一种毒物如何影响另外一种毒物所引起的气道上皮损伤。结果表明，两种污染物共同暴露所引起的上皮和炎症反应较任何一种污染物单独暴露所引起的效应更为强烈，且每一种毒物都增强了由另外一种污染物所引起的上皮变化。

总之，臭氧和内毒素是常见的环境污染物，可以引起哮喘恶化。这些污染物有相似的表型反应特征，如诱导中性粒细胞炎症、气道巨噬细胞免疫表型的改变和吸入过敏原的反应能力的提高。

（王广鹤）

参考文献

[1] Xuan Z, Wang Q, Yu M, et al. Combining Principal Component Regression and Artificial Neural Network to Predict

Chlorophyll-a Concentration of Yuqiao Reservoir's Outflow[J]. Transactions of Tianjin University, 2010, 16(6): 467-472.

[2] Astitha M, Kallos G. Gas-phase and aerosol chemistry interactions in South Europe and the Mediterranean region[J]. Environmental Fluid Mechanics, 2009,9(1):3-22.

[3] Bell M L, Goldberg R, Hogrefe C, et al. Climate change, ambient ozone, and health in 50 US cities[J]. Climatic Change,2007,82(1-2):61-76.

[4] Bian, Huisheng. Mineral dust and global tropospheric chemistry: Relative roles of photolysis and heterogeneous uptake[J]. Journal of Geophysical Research,2002,108(D21):4672.

[5] Casasanta G, di Sarra A, Meloni D, et al. Large aerosol effects on ozone photolysis in the Mediterranean[J]. Atmospheric Environment,2011,45(24):3937-3943.

[6] Ding A, Wei N, Huang X, et al. Long-term observation of air pollution-weather/climate interactions at the SORPES station: a review and outlook[J]. Frontiers of Environmental Science & Engineering, 2016,10(5):15.

[7] Cicolella A. Volatile Organic Compounds (VOCs): Definition, classification and properties[J]. Revue Des Maladies Respiratoires, 2008,25(2):155-163.

[8] Gao J, Wang T, Ding A, et al. Observational study of ozone and carbon monoxide at the summit of mount Tai (1534m a. s. l.) in central-eastern China[J]. Atmospheric Environment, 2005,39(26):4779-4791.

[9] Gao Y, Zhang M. Sensitivity analysis of surface ozone to emission controls in Beijing and its neighboring area during the 2008 Olympic Games[J]. Journal of Environmental Sciences, 2012, 24(1):50-61.

[10] Kinney P L. Climate change, air quality, and human health[J]. Am J Prev Med, 2008,35(5):459-467.

[11] Li J, Wang Z, Wang X, et al. Impacts of aerosols on summertime tropospheric photolysis frequencies and photochemistry over Central Eastern China[J]. Atmospheric Environment,2011,45(10):1817-1829.

[12] Li J, Wang Z, Xiang W. Daytime Atmospheric Oxidation Capacity of Urban Beijing under Polluted Conditions during the 2008 Beijing Olympic Games and the Impact of Aerosols[J]. SOLA,2011,7(1):73-76.

[13] Liao K J, Tagaris E, Russell A G, et al. Cost Analysis of Impacts of Climate Change on Regional Air Quality[J]. Air Repair,2010,60(2):195-203.

[14] Ma Z, Zhang X, Xu J, et al. Characteristics of ozone vertical profile observed in the boundary layer around Beijing in autumn[J]. Journal of Environmental Sciences, 2011,23(8):1316-1324.

[15] Menacarrasco M A, Carmichael G R, Molina L T, et al. Assessing the regional impact of Mexico City on air quality [J]. Atmospheric Chemistry and Physics,2010,8(3):309-319.

[16] Mickley, J. L. Effects of future climate change on regional air pollution episodes in the United States[J]. Geophysical Research Letters,2004,31(24):L24-103.

[17] Peel J L, Haeuber R, Garcia V, et al. Impact of nitrogen and climate change interactions on ambient air pollution and human health[J]. Biogeochemistry,2013,114(1-3):121-134.

[18] Philipp A, Bartholy J, Beck C, et al. Cost733cat - A database of weather and circulation type classifications[J]. Physics and Chemistry of the Earth,2009,35(9-12):373.

[19] Steinfeld, I. J. Atmospheric Chemistry and Physics: From Air Pollution to Climate Change[J]. Environment Science & Policy for Sustainable Development,2006,40(7):26.

[20] Shan W, Zhang J, Huang Z, et al. Characterizations of ozone and related compounds under the influence of maritime and continental winds at a coastal site in the Yangtze Delta, nearby Shanghai[J]. Atmospheric Research,2010,97(1-2):34.

[21] So K L, Wang T. On the local and regional influence on ground-level ozone concentrations in Hong Kong[J]. Environmental Pollution,2003,123(2):317.

[22] Tie X, Geng F, Peng L, et al. Measurement and modeling of O3 variability in Shanghai, China: Application of the WRF-Chem model[J]. Atmospheric Environment,2009,43(28):4289-4302.

[23] Tie, Xuexi. Assessment of the global impact of aerosols on tropospheric oxidants[J]. Journal of Geophysical Research,2005,110(3):3204.

[24] Wang T, Cheung V T F, Lam K S, et al. The characteristics of ozone and related compounds in the boundary layer of the South China coast: temporal and vertical variations during autumn season[J]. Atmospheric Environment,2001,35(15):2735-2746.

[25] Wang T, Wu Y Y, Cheung T F, et al. A study of surface ozone and the relation to complex wind flow in Hong Kong[J]. Atmospheric Environment,2001,35(18):3203-3215.

[26] Wang T, Nie W, Gao J, et al. Air quality during the 2008 Beijing Olympics: secondary pollutants and regional impact[J]. Atmospheric Chemistry & Physics,2006,10(16):7603-7615.

[27] Wang T, Xue L, Brimblecombe P, et al. Ozone pollution in China: A review of concentrations, meteorological influences, chemical precursors, and effects[J]. Science of the Total Environment, 2016,575:1582-1596.

[28] Wunderli S, Gehrig R. Influence of temperature of formation and stability of surface PAN and ozone. A two year field study in Switzerland[J]. Atmospheric Environment Part A General Topics,1991,25(8):1599-1608.

[29] 金维明.降水量变化对大气污染物浓度影响分析[J].环境保护科学, 2012,38(2):23-26.

[30] 秦瑜, 赵春生.大气化学基础[M].北京:气象出版社, 2003.

[31] 盛裴轩.大气物理学[M].北京:北京大学出版社, 2013.

[32] 唐孝炎, 张远航, 邵敏.大气环境化学[M].北京: 高等教育出版社, 1992.

[33] 王明星.大气化学[M].第2版.北京: 气象出版社, 1999.

[34] 张远航, 邵可声, 唐孝炎, 等.中国城市光化学烟雾污染研究[J].北京大学学报(自然科学版), 1998,34(2-3): 260-268.

[35] Munn R E, Phillips M L, Sanderson H P. Environmental effects of air pollution: Implications for air quality criteria, air quality standards and emission standards[J]. Science of The Total Environment,1977,8(1):53-67.

[36] Zhang Y L, Cao F. Fine particulate matter ($PM_{2.5}$) in China at a city level[J]. Scientific Reports, 2015,5:14884.

[37] An J, Zhou Q, Qian G, et al. Comparison of gene expression profiles induced by fresh or ozone-oxidized black carbon particles in A549 cells[J]. Chemosphere,2017,180:212-220.

[38] GUO-HAICHEN, GUI-XIANGSONG, LI-LIJIANG, et al. Interaction Between Ambient Particles and Ozone and Its Effect on Daily Mortality[J].生物医学与环境科学,2007,20(6):502-505.

[39] Madden M C, Richards J H, Dailey L A, et al. Effect of Ozone on Diesel Exhaust Particle Toxicity in Rat Lung[J]. Toxicology and Applied Pharmacology,2000,168(2):140-148.

[40] Farraj A K, Walsh L, Haykal-Coates N, et al. Cardiac effects of seasonal ambient particulate matter and ozone co-exposure in rats[J]. Particle & Fibre Toxicology,2015,12(1):12.

[41] Farraj A K, Walsh L, Haykal-Coates N, et al. Cardiac effects of seasonal ambient particulate matter and ozone co-exposure in rats[J]. Particle & Fibre Toxicology,2015,12(1):12.

[42] Tao Y, Huang W, Huang X, et al. Estimated Acute Effects of Ambient Ozone and Nitrogen Dioxide on Mortality in the Pearl River Delta of Southern China[J]. Environmental Health Perspectives, 2011,120(3):393-398.

[43] Farraj A K, Malik F, Haykal-Coates N, et al. Morning NO2 exposure sensitizes hypertensive rats to the cardiovascular effects of same day O3 exposure in the afternoon[J]. Inhalation toxicology,2016,28(4):170-179.

[44] Guan T, Yao M, Wang J, et al. Airborne endotoxin in fine particulate matter in Beijing[J]. Atmospheric Environment,2014,97:35-42.

[45] Peden D B. The role of oxidative stress and innate immunity in O3 and endotoxin-induced human allergic airway disease[J]. Immunological Reviews,2011,242(1):91-105.

[46] Wagner J G, Hotchkiss J A, Harkema J R. Effects of ozone and endotoxin coexposure on rat airway epithelium: potentiation of toxicant-induced alterations. [J]. Environmental Health Perspectives,2001,109(4):591-598.

第九章　室内臭氧污染与健康危害

第一节　污染来源与暴露特征

近年来，随着雾霾等空气污染情况的频繁出现，人们对空气质量的关注程度与日俱增。空气环境作为人类赖以生存的重要环境之一，与人们的生产、生活及健康状况等息息相关。大量的研究表明，人们在室内环境中生活和工作的时间已达到全天时间的80%以上，尤其是儿童、老人、亚健康人群及各类急慢性疾病患者，因此，室内空气质量的好坏直接或间接地影响着人们的身心健康。室内空气污染物主要包括CO、NO_x、O_3、CO_2及VOCs等，其中O_3作为二次气态污染物因其具有强氧化性而几乎可以与任何物体的表面发生反应，室内臭氧污染的主要来源包括室外大气来源和室内臭氧发生源（如打印机、复印机等）。室内环境作为一个特殊的微环境，其臭氧污染的来源和暴露特征不同于外界大气环境，且不同的室内场所臭氧的污染状况和暴露特征亦不同。本节主要从室内臭氧污染的主要来源和室内臭氧的暴露特征两方面进行介绍。

一、室内臭氧污染的来源

室内臭氧的主要来源是室外大气环境臭氧的渗入，其次是室内臭氧发生源产生的臭氧。

（一）影响因素室内臭氧的主要来源

其主要来源是室外大气环境中臭氧的渗入，影响室内臭氧浓度的因素很多，主要包括以下4个方面。

1. 建筑特征及其密闭性　我国的建筑类型多种多样，城市中的旧式里弄、普通高层、新式高层公寓及别墅式建筑较为普遍。其中旧式里弄、普通高层的层数较少，建筑材料及门窗的密闭性较差，室内环境受外界环境的影响较大。室外臭氧在这种建筑环境下渗入室内的比例较多。而新式高层公寓及别墅式建筑的密闭性相对较好，室外大气环境的污染物渗入的比例较小。此外，大气臭氧在不同材质、不同粗糙程度的表面的消减程度亦不同。一般情况下，纤维织物、橡胶、塑料的臭氧去除能力大于玻璃和金属。因此，建筑材料及室内装饰材料亦是影响室内臭氧浓度的因素。

2. 空气净化设备及室内电器的使用情况　随着雾霾天气的增加，室内空气质量也不容乐观。人们越来越多地使用空气净化设备净化空气，使用杀菌设备进行环境杀菌消毒，空调等家用电器的使用频率也逐年上升。这些空气净化设备及家用电器在使用的过程中除了产生净化空气、杀菌消毒、冬暖夏凉的效果外，在一定程度上也会因电离作用等产生一定量的臭氧等气态污染物。根据文献报道，可能向室内排放臭氧的家用室内电器包括负离子发生器、电离式空气净化器等空气净化装置，办公设备主要包括激光打印、复印机等设备；此外，其他特殊室内的一些设备如变压器、臭氧发生器和具有故障电弧末端装置的电器设备等也可向室内排放一定量的臭氧。

3. 室内通风情况　建筑物的通风情况可直接或间接地影响室内臭氧浓度的变化。主要表现在3个方面：①换气次数与换气效率通过稀释和混合室内外的空气污染物浓度来直接或间接地影响室内臭氧

的浓度。若室内臭氧主要来源于室外，那么提高换气次数和换气效率将会使室内臭氧浓度相应升高。②室内通风通过影响环境温度而影响臭氧浓度。这里主要是针对一些有室内臭氧来源的场所，臭氧的生成或消减的化学反应过程通常在室内环境温度升高时反应速度加快。③开窗通风影响室内环境的相对湿度从而间接地影响室内臭氧浓度。室内空气相对湿度的变化可引起室内家具、墙面等表面湿度的变化，从而对臭氧的消减程度产生影响。室内臭氧的浓度受通风量、温湿度和其他污染物在室内的停留时间等多种因素的影响。Holgate S T 等研究表明，在没有室内来源的情况下，在较强通风条件下室内臭氧浓度为室外浓度的 40%～70%，而中等通风条件下为 20%～30%。

4. 室内打印设备的使用情况 复印机、打印机等作为办公场使用频率较高的设备，在打印、复印的过程中会产生一定量的臭氧，尤其是在机器表面和附近。美国 EPA 的一项相关研究表明，干式复印机和激光打印机的臭氧发生率的平均值分别为 40 μg/min（最高可达 13 140 μg/min）和 43 840 μg/min，但较好的设备维护措施可有效地降低臭氧的发生量。我国科研工作者柏婧等研究发现，静电过滤器在额定风量下使用可能致室内臭氧浓度增加 0.100 mg/m^3。臭氧发生器的不当使用也是特殊室内环境臭氧污染的一大来源。室内外臭氧示踪研究发现，室外大气环境臭氧是室内臭氧的主要来源，室内来源对室内臭氧浓度的贡献率有限。

（二）不同室内场所的臭氧来源

不同的室内场所臭氧的来源不同，但都以室外大气臭氧的渗透为主。不同的室内场所的建筑结构、通风情况、空气净化设备、臭氧发生装置的使用情况各异，在检测或评估室内臭氧污染情况时应多方面综合考虑。

1. 家庭生活场所的臭氧来源 家庭室内环境是人们生活的主要环境，每天人们有 30%～50%的时间在家庭环境中度过。因此，家庭环境空气质量的优劣对人们的身心健康尤为重要。室外大气臭氧的渗透是普通家庭室内臭氧的主要来源。对于炎热和酷暑的季节，由于空调等家电使用率的升高，家庭开窗通风的频率及通风效率有所减少，室内臭氧一部分来源于室外的渗入，一部分来源于家用空气净化设备及烹饪等过程中可能产出的臭氧。

2. 办公场所的臭氧来源 办公空间是人们工作和学习的主要场所，人们每天约有 30%的时间在办公空间内度过，其空气质量的好坏直接或间接地影响着工作人员的工作效率和身心健康。在现今科技发达的时代，打印机、复印机等办公设备，空气净化器等空气净化装置等的使用非常普遍。办公空间的臭氧污染情况始终存在，给办公场所的工作人员带来潜在的健康危害。陈飞等的研究发现，当办公室内的复印机连续工作时，在复印机近表面附近的臭氧浓度显著升高，超过最大容许浓度。因此，办公场所臭氧在密闭环境下主要来源于打印复印设备，在通风条件较好时一方面来源于室外臭氧，另一方面来源于打印复印设备的释放。

3. 职业场所的臭氧来源 ①复印室作为一种特殊的工作场所，复印室内部臭氧浓度及来源与其他场所不尽相同。由于工作的需要，复印室内或复印区域使用大量的打印机和复印机等电子设备，打印机、复印机的工作原理是采用激光头扫描硒鼓的方式来吸附碳粉，在此过程中会产生高压静电，高压电荷电离空气中的氧气，从而产生臭氧。对于复印室来说，工作过程中打印机和复印机会产生大量臭氧，对人体造成潜在的健康危害。我国科研工作者李国君等选取 9 个复印室采集 24 个空气样品，同时选择楼层、朝向、通风状况等条件相似但无打印复印设备的办公室作为对照，采集 12 个空气样品。研究发现，复印室内臭氧浓度为（0.015 4±0.002 2）mg/m^3，虽低于国家标准，但高于对照组室内臭氧浓度（$P<0.01$）。由此可见，复印室，尤其是那些通风状况不良的房间，其臭氧大部分来源于打印、复印设备使用过程中释放的臭氧。②民用航空客舱随着经济技术及航空运输快速发展，每年都有大量

的乘客乘坐飞机出行，据 WHO 报道，2006 年有超过 20 亿的乘客乘坐航班出行。由于国内国际航程较长，飞行时间为 1～10 h，甚至更长时间。因此，人们越来越多地关注飞机客舱的环境空气质量是否对人体健康产生影响。航空客舱内空气质量对人体健康的影响也越来越多地成为国内外学者的研究热点。因为航空器巡航或飞行高度较高，一般距离海平面为 5 490～12 500 m。研究表明，在高于 10 000 m 的高空，环境空气中的臭氧浓度为 1 071～1 714 μg/m³（基于 0 ℃和 1 个大气压）。航空器客舱内的空气是经由航空器空调系统送入的，所以处于航行高度的航空器客舱内臭氧浓度高于海平面室内环境空气中臭氧浓度。研究显示，当外部空气臭氧浓度达到 1 071 μg/m³时，客舱内臭氧浓度可达 94～196 μg/m³。因此，航空器客舱内的臭氧主要来源于高空机舱外的大气臭氧。

4. 其他室内场所的臭氧来源 娱乐场所作为人们娱乐消遣的场所，为了营造气氛，经常使用紫外荧光灯为辅助光源。紫外荧光灯在使用时由于紫外光与空气发生作用，引起空气中的氧电离，从而产生臭氧。我国早年的一项研究，对广州地区四家大、中、小型的娱乐场所内的臭氧浓度进行了调查和检测，结果表明：使用紫外荧光灯后的臭氧浓度要高于使用前，最大值从 0.007～0.23 mg/m³不等，且开灯前后臭氧浓度的差异具有统计学意义。因娱乐场所的通风条件相对不良，加之室外臭氧的消减比较多，室内源的臭氧成为娱乐场所室内臭氧的主要来源。

二、室内臭氧的暴露特征

臭氧作为一种具有强氧化性的气体，其室内暴露水平与外界大气臭氧不同，暴露变化特征亦不同。

（一）室内臭氧的暴露水平

室内臭氧主要来源于室外大气臭氧的渗入，部分来源于室内源。因此，可以用污染物的室外浓度的比值（indoor-outdoor concentration ratio，以下简称 I/O 比）来表征室内臭氧与室外臭氧的关系，从而进一步表征室内臭氧的暴露水平。也就是说室内臭氧的暴露水平随着室外臭氧浓度的变化而变化。J. E. Yocom 等研究了 20 世纪 70 年代室内外臭氧的浓度关系，发现当时臭氧的 I/O 比一般为 0.1～0.7。20 世纪 70 年代后臭氧的 I/O 比有了明显变化，这与建筑类型、建筑结构、大气环境的改变有关。20 世纪 70 年代末至今，臭氧 I/O 比通常在 0.01～1。

（二）室内臭氧暴露变化特征

1. 昼夜变化 以往对室外臭氧浓度日夜变化的研究表明，一天内，外界臭氧浓度呈现上午逐渐升高－中午或午后升至最高点－之后下降－夜晚至清晨保持较低浓度的随时间变化的趋势。室内臭氧浓度的昼夜变化趋势与室外臭氧浓度日夜变化趋势相似，但其峰值出现时间与室外相比，通常具有一定的滞后性。如 C. J. Weschler 等研究发现室内臭氧浓度峰值出现在 14:00－16:00 时段，峰值与室外相比最多延迟 1 h。柏婧等的相关研究也得到了类似的结果，室内臭氧浓度的昼夜变化规律与室外类似，在晴天或多云天气，一天之内的室内臭氧浓度峰值的均值在 14:00－16:00 时段出现频率最高。

2. 工作日与节假日的变化 由于工作日和节假日车流量的多少及车流量高峰出现的时间不同，即使在相似的天气条件下，室外臭氧的浓度的变化也不同，相应的室内臭氧浓度也随之发生改变。W. S. Cleveland 等对美国新泽西和纽约工作日与周日的臭氧浓度进行了比较研究，结果发现臭氧浓度周日要略高于工作日。

3. 季节性变化 在理想情况下，即室内没有直接的臭氧发生源且建筑的通风换气次数不变或变化较小，室内臭氧浓度也像室外大气臭氧一样具有一定的季节性特性。一般情况下，臭氧浓度在夏季最高，在冬季最低。但受通风换气条件的影响，室内臭氧浓度的季节性变化不如室外臭氧明显。比如，在一些冬冷夏热的地区，春秋两季会逐渐从空调使用过渡到全新风模式，导致换气次数大于夏冬两季，

这种低室外浓度-高换气次数的组合对室内环境臭氧浓度而言，会取得与夏季高室外臭氧浓度-低换气次数的组合相近的效果。C. J. Weschler 等研究发现 3 月到 10 月室内臭氧浓度通常会超过 25 μg/L，有时甚至会超过 50 μg/L；但冬季室内臭氧浓度是较低的，12 月份和 1 月份最低，分别为 11.4 μg/L 和 7.3 μg/L。观察到的从春季至初秋室内臭氧浓度最高值相对较高的现象是春秋季节新风换气导致的。

4. 年度变化　臭氧浓度年度变化受社会经济发展、大气环境质量、生成臭氧的前体物质、生态等多种因素的影响。目前国内外对臭氧浓度不同年度间的变化的研究相对较少。

总之，室内臭氧污染状况及其对人体的健康危害因室内场所、污染源的不同而不同，在研究室内臭氧污染情况及其对人体的健康效应时应根据实际情况对特定室内环境及特定人群等展开研究。

（夏永杰）

第二节　健康危害与防护

一、室内臭氧的健康危害

臭氧普遍存在于平流层，有吸收太阳紫外线辐射的作用，可阻止大部分有害辐射到达地球表面。在对流层（从平流层延伸到地球表面的大气层）中，臭氧的来源有两种：人为来源和自然来源。人为来源的臭氧是由光照和多种人为活动排放的前体污染物之间光化学反应形成的，这些前体污染物包括 VOCs、NO_x和 CO 等。自然来源的臭氧是由植物、微生物、动物及燃烧生物质等形成的前体污染物通过相同的光化学反应形成的。与平流层中的有益作用相反，对流层中的臭氧作为一种强大的氧化剂，浓度过高时会对地球上的生物造成危害。

一般情况下，室外臭氧浓度要高于室内，但由于人们在室内活动的时间几乎占每日活动总时间的 90%以上，因此室内臭氧暴露对机体健康的影响可能要大于室外臭氧暴露对机体健康的影响。并且臭氧与室内化学物反应生成的有害产物的量可能要大于室外，因此室内环境中的臭氧暴露与人群健康的关系应该受到更多重视。目前对于环境臭氧暴露对机体损伤的研究较多，但是对室内臭氧暴露与机体健康之间的研究还相对较少，范围也较狭窄，因此需要进一步的研究工作来了解室内臭氧及其反应产物是否会对机体各系统组织造成明显的不良影响。

（一）室内臭氧对人群死亡率的影响

Hubbell 等人系统地总结了臭氧对人群死亡率的影响，发现臭氧与呼吸相关的入院率、失学天数、活动受限制天数、哮喘相关的急诊就诊数及早产死亡率之间存在联系。此外，众多数据分析也指出臭氧浓度的升高与人群死亡率的增加相关，并且其当日效应大于滞后效应。一项在欧洲 23 个城市开展的研究发现，在夏季，臭氧 1 h 平均浓度每增加 21.44 $\mu g/m^3$，死亡率增加 0.66%；意大利热那亚的一项研究也发现，臭氧每增加 53.6 $\mu g/m^3$，死亡率就增加 4.0%；上海的一项研究也认为臭氧 2 d 平均浓度每增加10.72 $\mu g/m^3$，死亡率就增加 0.45%。除了和呼吸系统损伤及死亡率相关外，研究还发现臭氧对心血管系统和生殖发育系统等都存在一定程度的损害作用。

（二）室内臭氧对呼吸系统的影响

臭氧的气味在其浓度低至 15.008～17.152 $\mu g/m^3$时就可被检测到。短暂的臭氧暴露，可能会增加受试者感知到的气味强度评分。然而，持续的暴露可能会改变感知等级。即使污染物的浓度没有下降，但增加受试者暴露于臭氧及其反应产物的时间将降低他们感知到的气味强度评分。从目前的研究来看，短时臭氧及其反应产物联合暴露对于健康人群多是感官刺激，不会对健康个体造成明显的不良影响。一项对 8 名具有遗传性过敏症但其他方面均健康的受试者进行的研究发现，与单独暴露臭氧或总悬浮颗粒物（total suspended particulates，TSP，1～5 μm）的暴露相比，暴露于浓度为 75 $\mu g/m^3$ 的 TSP 及浓度为600 $\mu g/m^3$ 臭氧的混合环境中 3 h，可显著降低最大呼气流量（peak expiratory flow，PEF），增加机体的感官反应。结果表明臭氧与 TSP 之间存在联合效应，一项针对 130 名女性的研究发现 140 min 典型室内混合气体（23 种 VOCs，总浓度 23 000 $\mu g/m^3$）暴露对鼻腔灌洗液中多形核细胞、总蛋白、IL-6 和 IL-8 的表达水平无明显影响。在含有同样 VOCs 混合物的空气中添加浓度为 160 $\mu g/m^3$ 的臭氧直至其状态稳定，最后臭氧、柠檬烯、蒎烯和甲醛浓度分别为 80 $\mu g/m^3$、700 $\mu g/m^3$、900 $\mu g/m^3$ 和 40 $\mu g/m^3$，结果发现鼻腔灌洗液中也没有多形核细胞、总蛋白、IL-6 和 IL-8 水平的增加。还有一项对 22 名健康女性的双盲研究也发现，暴露于臭氧反应产物柠檬烯氧化产物（70 $\mu g/m^3$）3 h 也没有显现出明显的不良效应。将包含有 10 名轻度哮喘患者的共 50 名 19～48 岁的年轻受试者随机分配到清洁空气组，$PM_{2.5}$组（浓度为 122±48 $\mu g/m^3$）及 $PM_{2.5}$和臭氧混合组（$PM_{2.5}$浓度为 122±48 $\mu g/m^3$，臭氧浓度为114 $\mu g/m^3$），2 h 暴露后也仅有 $PM_{2.5}$＋臭氧组受试者舒张压有轻微升高。

臭氧对哮喘的影响也是其对呼吸系统影响的一个重要方面。对于本身就具有呼吸系统疾病的人群来说，臭氧及其反应产物短期暴露的影响要比健康人群严重得多。一项针对 5 名哮喘患者（女性 4 名，男性 1 名）的研究结果显示，4 h 的室内颗粒物（平均浓度 255 $\mu g/m^3$）和臭氧（400 $\mu g/m^3$）的联合暴露可能降低哮喘患者的 HRV。还有一项对 14 名哮喘患者（男性 13 名，女性 1 名）的研究发现，在清洁空气或含 400 $\mu g/m^3$浓度臭氧的室内运动 1 h 后接触尘螨，6 h 后进行近端气道灌洗和支气管内活检，发现臭氧暴露后中性粒细胞有增加的趋势。提示哮喘患者可能对臭氧暴露后尘螨的接触有较高的敏感性（炎症或早期支气管收缩反应）。

中国长沙市进行了一项为期两个月的定群研究，研究对象为某工作园区中的 89 名健康成年人，受试者大部分时间都在受控的室内环境中，通过对室内和室外臭氧、颗粒物、二氧化氮和二氧化硫的浓度进行监测，再结合每个住宅和办公室的时间活动信息和过滤条件，估算 24 h 和 2 周的室内和室外平均暴露浓度。在控制环境温度和二手烟暴露水平等协变量后，用单污染物和双污染物线性混合模型分析每种暴露措施和结果之间的关联。结果显示在控制了第二污染物和其他混杂因素后，24 h 臭氧浓度每增加21.44 $\mu g/m^3$，血小板活化标记物可溶性 P 选择素平均增加 36.3%［95%可信区间（confidence interval，CI）：29.9%～43.0%］，舒张压平均增加 2.8%（95% CI：0.6%～5.1%），肺部炎症标志物水平平均上升 18.1%（95% CI：4.5%～33.5%），呼气冷凝液中亚硝酸盐和硝酸盐水平平均增加 31.0%（95% CI：0.2%～71.1%）。臭氧 2 周平均浓度每增加 21.44 $\mu g/m^3$，血小板活化标记物可溶性 P 选择素平均增加 61.1%（95% CI：37.8%～88.2%），呼气冷凝液中亚硝酸盐和硝酸盐水平平均增加 126.2%（95% CI：12.1%～356.2%）。其他相关指标如肺活量等显示与臭氧暴露无关，提示 2 个月臭氧暴露可能与肺功能改变无关但与血小板活化和血压升高有关，这可能是臭氧影响心血管健康的一种可能机制。

室内臭氧发生化学反应产生的一些稳定的反应产物（如有机酸和羰基），其在室内的浓度与臭氧浓度有关。除了稳定的产物以外，臭氧发生化学反应也产生一些不太稳定的产物，如过氧半缩醛、α-羟基酮和二级臭氧化物等。尽管这些不稳定产物的寿命很短，但其存在时间也足够被机体吸入并运输到呼吸道而产生危害。室内臭氧还与烯烃发生反应生成羟基自由基，与二氧化氮发生反应生成硝酸盐自由基。在通常的室内浓度下，臭氧衍生的硝酸盐自由基与烯烃和多环芳烃（polycyclic aromatic hydrocar-

bons，PAHs）的反应速度比臭氧单独与其反应的速度快得多。臭氧与空气中具有化学活性的有机化合物之间反应，还会形成初次和二次产物。臭氧氧化产生的低蒸汽压力的气溶胶粒子会吸附空气中已有的颗粒形成二次有机气溶胶（secondaryorganic aerosols，SOAs），或通过固体颗粒碰撞，形成粒径更大的颗粒物。在有些条件下，臭氧与各种萜类化合物在室内的反应可能会增加几十 $\mu g/m^3$ 的亚微米颗粒浓度。室内这些臭氧反应产物中很多已经被确定为对机体健康存在不良影响的物质。例如，甲醛在2004年就被国际癌症研究机构指定为1类致癌物质。丙烯醛在2006年就被加州环境健康危害评估办公室列为刺激物和致癌物。硝酸过氧基酯是一种已知的眼睛刺激物，臭氧/萜烯和臭氧/异戊二烯反应产生的一些产物也是已知的眼刺激物。通过氧化萜烯和萜类化合物而形成的过氧化氢可能是有效的接触性过敏原。甲醛、乙醛和丙烯醛可能会诱发或加剧哮喘。目前对于长期暴露于臭氧及其反应产物对机体影响的研究还相对较少。一项对哮喘和非哮喘患者暴露于办公环境臭氧及其反应产物下感知反应、工作表现和唾液α-淀粉酶变化的研究发现：在一个空气处理系统以7次/h的恒定再循环和1次/h的通风速率运行，以平均臭氧和二次有机气溶胶（臭氧反应产物）浓度分别为42.88～79.328 $\mu g/m^3$ 和1.63 $\mu g/m^3$ 来模拟现场环境室内（field environmental chamber，FEC）（240 m^3）暴露状况，结果发现暴露2个月后，哮喘患者感知到的气味强度和感官刺激（眼睛、鼻子和喉咙）评分都普遍低于非哮喘患者，哮喘受试者一些生理症状评分（流感、胸闷和头痛）和分泌唾液α-淀粉酶浓度高于非哮喘受试者，并且哮喘患者在需要集中注意力的任务中，其准确率明显低于非哮喘患者。

（三）室内臭氧对神经系统的影响

毒理学证据表明，臭氧急性暴露与神经递质、短期记忆和睡眠模式的改变有关。近年来，在臭氧诱导的神经毒性方面的研究显著增加。最近的研究表明，长期接触臭氧会渐进性地损伤啮齿类动物大脑的不同区域，并伴随着行为的改变。与毒理学研究相比，流行病学的研究有限。一项应用世界卫生组织推荐使用的神经行为功能核心测验组合（neurobehavioral core test battery，NCTB）对25名复印作业人员进行神经行为功能测试的研究发现：复印室内臭氧平均浓度为15.4 $\mu g/m^3$，虽低于国家标准，但明显高于对照室，结果显示，试验组情感状态中的疲倦-惰性得分显著高于对照组，行为功能中数学跨度项目和目标追踪项目中的错误打点数得分与对照组相比有显著差异，由此可见办公室环境中臭氧浓度过高会对人的神经行为产生影响。

（四）室内臭氧对其他系统的影响

室内臭氧暴露往往还伴随着臭氧反应产物的暴露。一般来说，这些产物是臭氧与许多常见的含有不饱和碳的有机化学物质发生反应的结果，如异戊二烯、苯乙烯、萜烯、角鲨烯和不饱和脂肪酸及其酯等，因为臭氧与这些化合物的反应比与饱和有机化合物快得多。与臭氧反应的化学品在室内常见来源包括人体自身、软木材、地毯、油毡、某些油漆、抛光剂、清洁产品、空气清新剂、污浊的织物和污浊的通风过滤器等。这些无处不在的可以与臭氧反应的化学品的存在导致了室内大量的臭氧反应产物的产生并给人体健康带来巨大的威胁。有研究使用质子转移反应-质谱法（proton transfer reaction-mass spectrometry，PTR-MS）分析臭氧与人体皮肤脂质是否反应。首先在体外和体内进行了一系列小规模实验，然后在模拟办公室环境对受试者进行实验，模拟的办公室中的臭氧浓度为32.16 $\mu g/m^3$，结果发现臭氧和人体皮肤脂质反应生成含有羰基、羧基或羟基酮基的单官能团和双官能团产物。臭氧和人体皮肤脂质之间的反应降低了室内空气中臭氧的比例，但同时也增加了挥发性产物及皮肤表面一些不挥发性产物的浓度。挥发性产物中的二羰基可能是呼吸刺激物，而不挥发性产物中多数可能是皮肤刺激物。

一项对受试者的眼睛接触反应的研究，结果发现含有臭氧及其反应产物柠檬烯的空气、异丁烯醛和残余反应物的空气与清洁空气相比，受试者暴露于臭氧/柠檬烯混合物和异丁烯醛混合物 20 min 的眨眼频率显著增加，这一发现与眼部不适症状的定性报告也相符合。

二、室内臭氧的防护

（一）降低室外臭氧浓度

室内一大部分臭氧均来源于室外污染，所以控制室外臭氧浓度是降低室内臭氧污染的一个重要方面。氧气在波长短于 240 nm 的紫外光（ultraviolet，UV）辐射下能形成臭氧。即在紫外线照射下，3 分子氧气转化成 2 分子臭氧。同时 VOCs 和 NO_x 在紫外线照射下发生光化学反应产生臭氧。近年来由于室外大气污染的加重，造成室外光化学反应加剧，导致室内臭氧浓度也出现上升趋势。

室外臭氧具有季节性变化和日变化的特征。C. J Weschler 等发现室内臭氧浓度具有紧随室外臭氧浓度变化的特点，即使是相对快速且微小的变化也能在室内反映出来。因为室内臭氧主要来源于室外空气，故室内臭氧也具有一定的季节性变化和日变化的特征。室外和室内臭氧浓度季节性表现为夏季臭氧浓度高于冬季，室内臭氧浓度夏季比冬季高 5.9 倍。但由于臭氧与室内环境中的多种有机物发生反应，室内臭氧浓度远低于室外臭氧浓度。室外臭氧浓度日变化表现为臭氧浓度在上午时逐渐升高，在中午或下午时达到最高点后逐渐下降，在夜晚至清晨保持较低浓度。这可能由于人类活动增加（如汽车尾气和工厂排烟增加），光化学反应增强。室内臭氧浓度变化与室外相似，但具有滞后性，C. J Weschler 和柏婧等观察到室内臭氧浓度最高时均值在 14:00—16:00 时段出现的频率最高，最多会比室外峰值延迟 1 h。由此可见，室内臭氧浓度和室外臭氧浓度有很大的协同性，室内臭氧主要来自室外，因此要降低室内臭氧浓度，首要的措施就是降低室外臭氧浓度。降低室外臭氧浓度的方法在第十二章具体介绍。

（二）完善住所（房屋）规划措施

建筑通风系统的换气次数和换气效率可以直接影响室内臭氧浓度，也可以通过影响室内与臭氧反应的空气污染物浓度和分布等因素影响室内臭氧浓度。污染物浓度的大小及分布可以影响臭氧生成或清除的速度。若污染物主要来源于室外，换气次数和换气效率的提高会导致室内污染物浓度升高。室内气流状况对臭氧在室内的衰减程度会产生很大的影响。室内中心部分的气流混合程度及近物体表面气流的快慢均能通过影响臭氧向物体表面的传输进而影响对臭氧的去除速度。环境温度的高低也会影响臭氧的衰减程度。小范围的温度波动对臭氧在室内物体表面上的衰减影响不大，但环境温度升高可以使绝大部分反应速度加快，也会增加室内装修材料或设备释放臭氧的频率及总量。另有研究显示环境温度过高时臭氧与其他化学物质反应可能会产生致癌物质。

考虑到室内臭氧主要来源于室外，换气次数和效率的提高会导致其浓度的升高，因此应考虑适当减少夏季的通风频率，尤其是夏季午后室内的通风频率。房屋可加装能过滤臭氧的通风系统以减少室外臭氧进入室内，也可以使用隔热板防止室内温度大幅度增高或使用遮阳板减少阳光直射入室内，从而减少室内 VOCs 与 NO_x 的光化学反应，进而减少室内臭氧的产生。

（三）房屋装修与家具设备的优化

1. 房屋装修

室内物质表面发生复杂的化学反应后可产生臭氧，从而使室内臭氧浓度升高。这些表面包括天花

板、地板、墙壁、家具表面、通风系统的风道内壁和过滤器材料表面，甚至还包括空气中的尘粒表面等。

室内物质表面等也可以与臭氧发生反应，使臭氧浓度降低。不同种类的材料对臭氧浓度的影响也不同。地毯、针织物等是能与臭氧进行较快反应的物质，有较多该材料的房间表现出较高的臭氧去除速度。另外活性炭、尼龙地毯、羊毛地毯、细棉布、灯芯绒等材料也具有较高的臭氧去除速度。不仅材料的种类影响臭氧的去除速度，材料的新旧程度也影响室内臭氧的去除速度。较新的材料会有更多的反应点，释放与臭氧发生反应的物质的速度也更快。随着时间的推移，材料与臭氧的反应速度减慢，这个过程也称为“臭氧老化”。如新的细棉布的臭氧去除速度是旧材料的 7 倍，新的灯芯绒的臭氧去除速度是旧材料的 26 倍。黏土墙涂料也是有效的被动去除臭氧的材料，黏土涂料和黏土灰浆可以清除室内臭氧，并且仅释放出相对低含量的副产物，具有良好的成本效益。

室内表面积与体积之比也是影响臭氧与室内活性化学物质反应速度的一大因素，室内表面积与体积比越大，即室内臭氧与物质接触面积越大，室内臭氧浓度可能就越低。面积小的房间或羊毛状的表面（如地毯等）有较高的表面积/体积比值，相应的室内臭氧浓度可能也就越低。

室内相对湿度也能影响臭氧浓度，室内空气的相对湿度较大时臭氧清除率更高。因此，提高室内空气湿度及选用去除臭氧速度更快的材料的家具或者办公用品可以降低室内臭氧浓度，选择材料时还应注意是否会形成二次有机物气溶胶污染，避免二次污染。

在室内也可选用活性炭过滤器与 HVAC 联用，从而降低室内臭氧浓度。活性炭的作用主要是物理吸附，活性炭对有机气体的吸附性能较好，而对无机气体较差。使用颗粒活性炭，可清除 VOCs、NO_x 和臭氧。但活性炭吸附效果并不与时间和臭氧浓度成正比关系，活性炭对臭氧的吸附效率随着时间的延长表现为先上升后下降的过程。用活性炭吸附臭氧时，不仅仅要考虑活性炭的含量，还要考虑其与臭氧的接触面积、接触风速及使用场合臭氧浓度的范围。活性炭过滤器在控制室内臭氧浓度上具有良好的成本效益。C. J Wescheler 等研究发现一个采用全新风的洁净室安装活性炭过滤器前后及活性炭过滤器连续运行 37 个月后的臭氧进出（I/O）比分别为 0.67、0.12 和 0.32。与采暖通风与空气调节设备（hating ventalation and air conditioning，HVAC）合用时，活性炭过滤器平均可清除 4%～20%室内的臭氧。因此加装活性炭过滤器是控制室内臭氧浓度的有效方法。

2. 家具设备

室内很多仪器、家用电器、办公产品在常规使用中即可向空气中排放臭氧，从而导致室内臭氧浓度升高，如干式复印机、激光打印机、电离式空气净化器、负离子发生器、冰箱空气净化器、蔬果清洗机、面部蒸汽机、鞋子消毒机和洗衣水处理系统等。

美国环保局（Environmental Protection Agency，EPA）的一项调查研究显示：激光打印机的臭氧发生率平均为 4 381 μg/min。S. C. Lee 等测得激光打印机的排出量（100 μg/min）远远高于喷墨打印机（0.05 μg/min），并认为激光打印机的高臭氧发生率主要是由其电晕放电过程的高电压所致。室内空气净化器包含静电除尘、负离子发生、臭氧发生等功能。静电技术可用于净化室内空气。但由于高压电晕电场的作用，净化后的空气中含有较高浓度的臭氧。负离子净化技术中的负离子发生器往往也能产生臭氧。同样的便携式离子发生器在清除空气颗粒物的同时也可能会产生臭氧。而美国环保局 EPA 的研究表明，臭氧在规定的限值下对空气没有任何消毒净化作用，但在高浓度下，对人体健康的损害是明显的。

臭氧具有强氧化能力，可以通过氧化并穿透细菌细胞壁，进而与细胞内的其他含不饱和键的物质发生反应从而杀灭细菌。因此许多消毒设备内含臭氧发生器，利用臭氧净化技术以达到杀菌消毒的目的。这些设备运行时可产生臭氧，近距离（5 cm 内）内臭氧浓度大幅增加，但会随着与设备距离的增加而急剧减小。一些臭氧释放率小的设备也会因为多次连续使用而增加室内臭氧浓度，增加人体的臭氧暴露剂量。因此近距离、较长时间使用含有臭氧发生器的装置或可产臭氧的机器可明显增加室内臭氧浓度，并明显提高人体臭氧暴露剂量，工作生活中可以尽量避免使用这类商品。

因此，为减少室内臭氧浓度，可改良各种产生臭氧的仪器的工艺，减少臭氧的产生。使用该种仪器时可加强开窗通风、开启换气系统，进而降低室内臭氧浓度，避免室内臭氧蓄积。此外，还可以通过延长产生臭氧的仪器设备的使用间歇或降低其使用频率，避免高强度、密集地使用该类仪器，进而减少室内臭氧蓄积。

（四）个体防护

个人使用的香水、头发护理品、空气清新剂及人体皮肤排出的油脂等均可能与臭氧发生反应。虽然与臭氧发生反应后可能降低室内臭氧浓度，但同时也可能生成其他有机物，造成室内二次有机气溶胶的污染。因此在生活中，尽量选用那些不含有可能与臭氧发生化学反应的生活用品。针对臭氧的氧化作用，可以多食用一些具有抗氧化作用的食物，如花椰菜、卷心菜、甘蓝和鱼油等。

此外，室内养殖植物也是降低室内臭氧浓度的方式，一些研究发现室内植物能降低室内的臭氧浓度，但也有研究认为，室内种植能释放异戊二烯的植物会使臭氧浓度增加，并与室内研究对象的最大呼气流速降低有关。

（潘　坤　赵金镯）

参考文献

[1] 李艳菊. 室内臭氧污染变化规律研究[D]. 天津：天津大学，2005.

[2] Niu J L, Tung T C W, Burnett J. Quantification of dust removal and ozone emission of ionizer air-cleaners by chamber testing[J]. Journal of Electrostatics, 2001, 51-52(none): 20-24.

[3] Liu L, Guo J, Li J, et al. The effect of wire heating and configuration on ozone emission in a negative ion generator [J]. Journal of Electrostatics, 1995, 48(2): 81-91.

[4] 柏婧. 关于室内臭氧浓度变化规律及来源的研究[D]. 天津：天津大学，2004.

[5] 易忠芹，王宇，田小兵，等. 室内环境臭氧污染与净化技术研究进展[J]. 科技导报，2014, 32(33): 75-78].

[6] Mueller F X, Loeb L, Mapes W H. Decomposition rates of ozone in living areas[J]. Environmental Science & Technology, 1973, 7(4): 342-346.

[7] 李国君，肖忠新，褚金花，等. 复印室内臭氧污染调查及其对复印工人神经行为的影响[J]. 中国现代医学杂志，2001, 11(5): 24-26+116-117].

[8] McGirr R B O. Guide to Hygiene and Sanitation in Aviation[J]. British Journal of Industrial Medicine, 1961, 18(1) 82-83.

[9] 白国银，邱兵，刘静怡，等. 民用航空器客舱臭氧检测方法及浓度影响因素的研究进展[J]. 环境与健康杂志，2012, 29(11): 1054-1056.

[10] 宋宏，牛冠明，蔡承铿，等. 广州地区四间娱乐场所空气中臭氧浓度的初步观察[J]. 广州环境科学，1994, 9(2): 27-28.

[11] Yocum J E, Clink W L, Cote W A. Indoor/outdoor air quality relationships[J]. J Air Pollut Control Assoc, 1971, 21(5): 251-259.

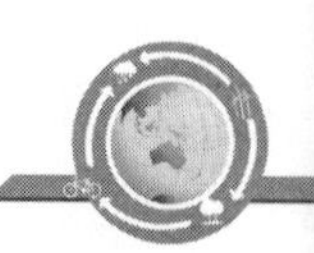

[12] Weschler C J, Shields H C, Naik D V. Indoor Chemistry Involving O^3、NOand NO_2 as Evidenced by 14 Months of Measurements at a Site in Southern California[J]. Environmental Science & Technology,1994,28(12):2120-2132.

[13] Cleveland W S, Graedel T E, Kleiner B, et al. Sunday and Workday Variations in Photochemical Air Pollutants in New Jersey and New York[J]. Science,1974,186(4168):1037-1038.

[14] Kim S, Hong S, Bong C, et al. Characterization of air freshener emission: the potential health effects[J]. Journal of Toxicological Sciences,2015,40(5):535-550.

[15] Fadeyi, Olawale M. Ozone in indoor environments: Research progress in the past 15 years[J]. Sustainable Cities & Society,2015,18:78-94.

[16] Day D B, Xiang J, Mo J, et al. Association of Ozone Exposure With Cardiorespiratory Pathophysiologic Mechanisms in Healthy Adults[J]. Jama Internal Medicine. 2017,177(9): 1344-1353.

[17] Weschler C J. Ozone's impact on public health: contributions from indoor exposures to ozone and products of ozone-initiated chemistry. (Review)[J]. Environ Health Perspect,2006,114(10):1489-1496.

[18] Wolkoff, Peder. Indoor air pollutants in office environments: Assessment of comfort, health, and performance[J]. International Journal of Hygiene & Environmental Health,2013,216(4):371-394.

[19] Uchiyama S, Tomizawa T, Tokoro A, et al. Gaseous chemical compounds in indoor and outdoor air of 602 houses throughout Japan in winter and summer[J]. Environmental Research,2015,137:364-372.

[20] Darling E, Corsi R L. Field-to-laboratory analysis of clay wall coatings as passive removal materials for ozone in buildings[J]. Indoor Air,2017,27(3):658-669.

[21] Aldred J R, Darling E, Morrison G, et al. Benefit-cost analysis of commercially available activated carbon filters for indoor ozone removal in single-family homes[J]. Indoor Air,2016,26(3):501-512.

第十章　环境空气中臭氧浓度的质量标准

第一节　国际上臭氧浓度的标准及其制定依据

不同的国家或地区其空气质量标准的构成略有不同，但通常一个空气质量标准包括以下全部或部分项目：污染指示物名称、浓度限值（一个或多个）、平均时间、监测方法、数据分析方法、数据有效性说明、允许超标次数、适用环境功能区划分（或标准等级）等。虽然绝大多数国家或地区基于保护公众健康的准则制订其适用的空气质量标准，但同时在制订空气质量标准的时候也需要考虑其他重要的因素，比如达到或维持空气质量标准所需要的技术能力和经济成本，以及采用标准可保护公众健康的成本-效益平衡（世界卫生组织，2005）。

一、国际环境空气中臭氧浓度标准现状

世界卫生组织（以下简称 WHO）及多个国家和地区，包括美国、加拿大、欧盟、英国、澳大利亚、日本、韩国、中国香港和中国台湾，都分别制定了空气质量标准。下文分别对各个国家和地区的空气质量标准进行简要介绍，进而对当前采用的臭氧浓度标准列表比较（表 10-1）。

1. WHO 空气质量准则（Air Quality Guidelines，2005）

1987 年，WHO 欧洲地区办公室出版了第一版《欧洲空气质量准则》（WHO，2003）。自 1993 年以来，这份准则经过多次修订与更新，并陆续增加新的空气污染物（WHO，2005）。这份准则制订的基础是北美和欧洲发表的毒理学和流行病学研究，进而对相关空气污染物提出准则值。WHO 空气质量准则的目的是为保护公众健康提供基础，帮助有关国家或地区指定适合自己国家或地区的空气质量标准，因此准则中空气污染物准则值为建议指导值而并非是标准值。WHO 于 2000 年发布了第二版空气质量准则 *Air Quality Guideline for Europe*（WHO，2017）。最新一版是 2005 年发布的 *Air Quality Guidelines*（WHO，2005）。

2. 美国环境空气质量标准（National Ambient Air Quality Standards，NAAQS）

美国清洁空气法案（The Clean Air Act，1963 年制定）规定美国环保署（United States Environmental Protection Agency）需要对六种常见的空气污染物制定全国性的质量标准，包括臭氧、颗粒物、二氧化碳、铅、二氧化硫和二氧化氮。这六种污染物又被称为“criteria”空气污染物。清洁空气法案区分了两种标准：首要标准（primary standards）旨在保护公共健康，包括敏感人群（比如哮喘患者、儿童和老人）；次要标准（secondary standards）旨在保护公共福利设施，包括动物、农作物及建筑。

3. 加拿大环境空气质量标准（Canadian Ambient Air Quality Standards，CAAQS）

整体而言，加拿大的空气质量很好。但是人口密度较大的发达地区的空气污染物浓度比加拿大平均空气污染物浓度要高。此外，研究表明即使空气污染物浓度达到当前标准，污染物仍然会对人群健康造成危害。因此，为进一步保护人群健康和居住环境免受空气污染物的危害，加拿大政府制定了空气质量标准。然而不同于其他国家或地区的是，加拿大目前实施的空气质量标准只包括了两种空气污

染物浓度：颗粒物和臭氧。

4. 欧盟空气质量标准（Air Quality Standards）

欧盟的空气污染控制政策具有很长的历史。欧盟空气质量相关政策指令［The 2008 EU Ambient Air Quality Directive（2008/50/EC）and fourth Daughter Directive（2004/107/EC）］包括了空气污染物限值浓度和目标浓度。该2008年指令替代了几乎之前全部的空气质量政策和法规。

5. 英国空气质量限值（Air Quality Limits）

在英国，控制空气污染物达标的责任被转交到苏格兰、威尔士和北爱尔兰的国家行政部门。英国国家环境、食品和农村问题委员会（Secretary of State for Environment，Food and Rural Affairs）负责英格兰的空气质量达标。基于英国的环境法案（the Environment Act），英国政府和各行政部门需要制定空气质量措施，包括制定空气污染物目标浓度。

6. 澳大利亚环境空气质量标准（Ambient Air Quality Standards）

1998年6月26日，澳大利亚国家环境保护委员会（National Environmental Protection Council，NEPC）制订了首个国家环境空气质量标准。该标准是国家环境空气质量保护措施（National Environment Protection Measure for Ambient Air Quality，Air NEPM）的一部分。澳大利亚Air NEPM对六种空气污染物制定了浓度标准，同时要求各司法管辖区对这六种空气污染物进行监测，以及帮助发现潜在的空气质量问题。该空气质量标准对各级政府均有法律约束力，且各地区必须在2008年达到标准。

7. 日本环境质量标准-空气质量（Environmental Quality Standards-Air Quality）

日本环境部（Ministry of the Environment）对五种空气污染物制定了浓度标准，包括光化学氧化剂（日本空气质量标准并未单独列出臭氧）。

8. 韩国空气质量标准（Air Quality Standards）

韩国环境部（Ministry of Environment）对重要的空气污染物制定了浓度标准。1978年制定了首个空气污染物标准（二氧化硫），之后逐渐增设其他空气污染物的浓度标准。臭氧于1983年被纳入该标准。

9. 中国香港空气质数指标

香港环境保护署以WHO空气质量指导值为中期和最终目标为基准，并与欧美的标准大致相同。

10. 中国台湾空气品质标准

台湾环境保护署于2012年5月14日发布了现行的环境空气品质标准。

表 10-1　国际环境空气中现行臭氧浓度标准

国家/地区	执行年份	平均时间	浓度限值	数据有效性规定	其他说明
WHO	—	8 h	100 mg/m^3	—	该浓度值为建议指导值（guideline）而非标准浓度值（standard）
美国	2015	8 h	0.070 μg/L	每年第四高的日均最大8 h浓度，3年平均浓度值	首要和次要标准相同
加拿大	2015	8 h	63 μg/L	—	—

续表

国家/地区	执行年份	平均时间	浓度限值	数据有效性规定	其他说明
欧盟	2010	8 h	120 mg/m³	—	平均 3 年内容许超标 25 d
英国	2005	8 h	100 mg/m³	—	1 年内容许超标次数为 10 次
澳大利亚	2008	1 h	0.10 μg/L	—	10 年内容许超标次数：1 年 1 次
		4 h	0.08 μg/L	—	
日本	—	1 h	0.06 μg/L	—	污染指示物为光化学氧化剂
韩国	—	1 h	0.10 μg/L	—	—
		8 h	0.06 μg/L	—	—
中国香港	2014	8 h	160 mg/m³	—	容许超标次数：9 次
中国台湾	2012	1 h	0.12 μg/L	—	
		—8 h	0.06 μg/L	—	—

二、国际环境空气中臭氧浓度修订情况

对以上列出的全部国家或地区的臭氧浓度标准，一些国家或地区只在近几年才开始实施标准，因此没有历史修订情况。此外，在早期的环境空气质量标准中，部分国家或地区采用光化学氧化剂总量作为污染指示物进行控制。

1. WHO 空气质量准则

WHO 首次提出标准和准则这两个定义是 1964 年发布的名为 *Atmospheric pollutants* 的报告中。这份报告进而促进了 WHO 欧洲地区办公室在 1987 年发布了第一版《欧洲空气质量准则》。第一版的《欧洲空气质量准则》是全球大部分国家或地区空气质量标准和目标相关政策制定的依据，为保护公众健康，消除已知或可能对人类健康和福利有害的污染物降至最低提供基础。自 1987 年以来，WHO 现已发布三版《空气质量准则》，在全球范围内指定相关空气质量标准和管理政策起到了极大的促进作用。

WHO 发布的三版《空气质量准则》中对环境空气中臭氧的准则值进行了三次调整：取消了最初的 1 h 平均浓度准则值，进而又加严了 8 h 浓度值（表 10-2）。作者未能收集到第一版《欧洲空气质量准则》(1987 年)，然而很幸运地在 2017 年 WHO 新发布的一份关于空气质量准则修订历史情况的报告中获得了第一版中臭氧的浓度准则值。

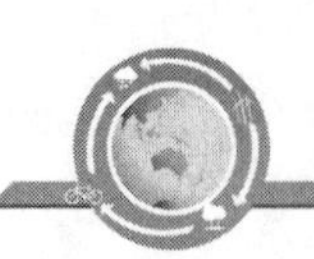

表 10-2　WHO 环境空气质量准则中臭氧修订情况

时间	报告名称	污染指示物	平均时间	准则值 mg/m^3
1987	欧洲空气质量准则	臭氧	1 h	150～200
		臭氧	8 h	100～120
2000	欧洲空气质量准则	臭氧	8 h	120
2005	空气质量准则（全球更新版）	臭氧	8 h	100

2. 美国环境空气质量标准（National Ambient Air Quality Standards，NAAQS）

美国清洁空气法案规定美国环保署需要定期审查环境空气质量标准。若当前标准不能保护环境和人群健康，则需要进行重新修订。自 1971 年第一部环境空气质量标准发布以来，美国环保署对环境空气中臭氧浓度标准进行了多次修订（表 10-3）。

表 10-3　美国环境空气中臭氧浓度标准修订情况*

时间	污染指示物	平均时间	浓度限值
1971	光化学氧化剂总量	1 h	0.08 μg/L
1979	臭氧	1 h	0.12 μg/L
1993	EPA 当时没有对这些标准进行修订		
1997	臭氧	8 h	0.08 μg/L
2008	臭氧	8 h	0.075 μg/L
2015	臭氧	8 h	0.070 μg/L

* 改编自参考文献（美国环保署，2017）。

3. 加拿大环境空气标准

加拿大的空气质量标准只包括了颗粒物和臭氧。标准制定的依据是颗粒物和臭氧对人类健康和环境造成显著的负面影响。2000 年，加拿大环境部制定了适用全国范围的颗粒物和臭氧标准（*Canada-wide Standards for Particulate Matter*（*PM*）*and Ozone*）。2013 年，加拿大政府发布了《加拿大空气质量标准》（*Canadian Ambient Air Quality Standards*），对污染物浓度限值进行了修订，并替代 2000 年版的标准（表 10-4）。

表 10-4　加拿大环境空气中臭氧浓度标准修订情况*

时间#	污染指示物	平均时间	浓度限值	其他说明
2010	臭氧	8 h	65 μg/L	每年第四高的日均最大 8 h 浓度，3 年平均浓度值
2015	臭氧	8 h	63 μg/L	
2020	臭氧	8 h	62 μg/L	

* 来自参考文献（加拿大环境署，2012）。

为达到该标准的时间。

4. 香港空气质数指标

香港环境保护署对空气质数标准每 5 年进行一次审查，并在切实可行的情况下修订指标。修订情况见表 10-5。

表 10-5　香港臭氧质数指标修订情况*

时间	污染指示物	平均时间	浓度限值	容许超标次数
1987—2013	光化学氧化剂（以臭氧表示）	1 h	240 mg/m³	1
2014	臭氧	8 h	160 mg/m³	9

* 改编自参考文献（香港环保署，2014）。

三、国际环境空气中臭氧浓度标准制定依据

大部分国家或地区并未给出详细的空气质量标准制定依据，部分国家或地区（比如香港）在其相关网站或报告中说明其空气质量标准是以 WHO 的空气质量准则为基准，或者简要表述其制定空气质量标准的依据。比如，加拿大的空气质量标准在报告中说明制定依据是研究表明颗粒物和臭氧对人类健康和环境有显著危害，因此只针对颗粒物和臭氧制定了浓度标准。

1. WHO

WHO 基于大量的关于臭氧毒性的病理学研究、暴露学研究及短期或长期健康效应的流行病学研究，提出了当前环境空气中臭氧浓度建议指导值（表 10-6）。

表 10-6　WHO 臭氧空气质量准则和过渡时期目标*

	每日最高 8 h 平均浓度（mg/m³）	选择浓度的基础
高浓度	240	显著的健康危害；危害大部分易感人群
过渡时期目标	160	重要的健康危害；不能够充分保护公众健康。依据如下： 在该浓度暴露 6.6 h，可导致进行运动的健康年轻人生理及炎症性肺功能损伤 可导致儿童的健康效应（基于儿童暴露于室外臭氧的各种夏令营研究） 估计的日死亡率增加为 3%～5%#（根据日时间序列研究）
空气质量准则值（AQG）	100	充分保护公众的健康，尽管在该浓度可能产生一些不利的健康影响。依据如下： 估计的日死亡率增加为 1%～2%#（根据日时间序列研究） 根据实验舱研究和现场研究结果进行外推所得结果。推断的假设基础是现实暴露是反复发生的，而实验舱研究中排除了高敏感或临床免疫力低下的个体和儿童 室外臭氧作为相关氧化性污染物的标志物的可能性

* 改编自 WHO 空气质量准则中文版（2005）。

\# 时间序列研究显示臭氧在估计的基线浓度 70 mg/m³ 以上时，8 h 平均浓度每增加 10 mg/m³，日归因死亡率将增加 0.3%～0.5%。

2. 美国

美国环保署对《环境空气质量标准》中包括的每种污染物发布单独的综合性科学评估报告（*Integrated Science Assessment for Ozone and Related Photochemical Oxidants*，简称为 ISA），并会定期更新该报告。ISA 报告是美国环保署定期审查修订《环境空气质量标准》的基础。在这份报告中，美国环保署评估大量相关文献、综合之前的 ISA 报告，进而得出该污染物健康效应因果关系的科学结论。根据最新的针对臭氧的综合性科学评估报告（2013），美国《环境空气质量标准》中臭氧的首要标准（primary standard）是针对臭氧短期暴露对人体呼吸系统的健康危害，臭氧的次要标准（secondary standard）是针对近地面臭氧污染对植被和生态的危害。ISA 评估的相关报告包括臭氧的大气科学、臭氧短期和长期暴露、臭氧健康效应（包括流行病学研究、暴露学研究和毒理学研究）及臭氧的生态效应。基于上述研究结论，ISA 报告中将对臭氧暴露-反应关系、作用方式及潜在的敏感和处于高风险暴露中的人群进行描述。表 10-7 列出了美国环保署最新发布的臭氧 ISA 报告中关于臭氧短期和长期暴露与多个健康结局研究是否存在因果关系的结论。

表 10-7　美国环保署臭氧 2013 年 ISA 最终报告结论摘要①

健康效应	2013 年 ISA 报告结论
臭氧短期暴露	
呼吸系统	因果关系（causal relationship）
心血管系统	可能存在因果关系（likely to be a causal relationship）
中枢神经系统	潜在的因果关系（suggestive of a causal relationship）
总死亡	可能存在因果关系（likely to be a causal relationship）
臭氧长期暴露	
呼吸系统	可能存在因果关系（likely to be a causal relationship）
心血管系统	潜在的因果关系（suggestive of a causal relationship）
生殖与发育系统	潜在的因果关系（suggestive of a causal relationship）
中枢神经系统	潜在的因果关系（suggestive of a causal relationship）
癌症	不足以证明存在因果关系（inadequate to infer a causal relationship）
总死亡	潜在的因果关系（suggestive of a causal relationship）

①改编自美国环保署 ISA 报告（美国环保署，2013）

第二节　我国室内外空气中臭氧标准及其制定依据

一、我国室外空气中臭氧浓度标准现状及制定依据

（一）室外空气环境标准现状

2012 年，我国环境保护部和国家质量监督检验检疫总局共同发布了当前采用的空气质量标准《环境空气质量标准》。该标准制定了臭氧一级浓度限值和二级浓度限值（详见表 10-8），分别适用于一类和二类环境空气质量功能区。

（二）室外空气环境标准修订情况

我国《环境空气质量标准》是为贯彻《中华人民共和国环境保护法》和《中华人民共和国大气污染防治法》，保护和改善生活环境和生态环境，以及保障人体健康所制定的。该标准规定了环境空气功能区分类、标准分级、污染物项目、平均时间及浓度限值、监测方法、数据统计的有效性规定及实施与监督等内容。

我国于1982年首次发布环境空气质量标准（GB3095－1982），于1996年进行第一次修订（GB3095－1996），2000年第二次修订，2008年环境保护部下达了环境空气质量标准（GB3095－1996）修订项目，由中国环境科学研究院负责承担（环境空气质量标准编制说明，2010）。2012年进行第三次修订并发布了现行的空气质量标准（GB3095－2012）。

1982年发布并实施的《大气环境质量标准》主要是针对当时我国煤烟型空气污染制定的。作者未能找到1982年版的《大气环境质量标准》，但是根据2012年修订标准的编制说明介绍，1982年版标准将环境空气质量功能区分为三类，标准分为三级，污染指示物为光化学氧化剂（臭氧），对相关的浓度限值未做说明。

1996第一次修订，标准改名为《环境空气质量标准》。该标准规定了三类环境空气质量功能区：一类为自然保护区、风景名胜区和其他需要特殊保护的区域；二类为居住区、商业交通居民混合区、文化区、工业区和农村地区；三类为特定工业区。一类、二类和三类环境空气功能区分别适用一级、二级和三级浓度限值。该标准规定"1 h平均"为"任何1 h的平均浓度"。臭氧分析方法：①靛蓝二磺酸钠分光光度法；②紫外光度法；③化学发光法。

2000年第二次修订《环境空气质量标准》取消了氮氧化物指标，并对二氧化氮和臭氧污染限值进行修改，2012年发布并于2016年实施的《环境空气质量标准》对环境空气质量功能区分类进行了调整，取消了三类区；调整了污染物项目和监测规范；增设了臭氧8 h平均浓度限值。根据该标准，环境空气功能区分为二类，即1996年标准中规定的一类和二类功能区。一类和二类环境空气功能区分别适用一级浓度限值和二级浓度限值。该标准规定"1 h平均浓度值"为"任何1 h内污染物浓度的算术平均值"；"8 h平均浓度值"为"一个自然日（0:00－24:00）内分别以整点时刻（0:00、1:00、2:00……23:00）作为起始计时点，连续8 h的滑动算术平均值"。该标准取消了前一版标准中规定的第三种臭氧分析方法（即化学发光法）。

表10-8比较了1996年版和2012年版《环境空气质量标准》中臭氧的浓度限值规定、平均时间及数据有效性规定。

表10-8　我国室外空气环境标准中臭氧标准的修订情况

时间	污染指示物	平均时间	浓度限值（mg/m^3）			数据有效性规定
			一级标准	二级标准	三级标准	
1996	臭氧	1 h	120	160	200	每小时至少有45 min采样时间
2012	臭氧	1 h	160	200	—	每小时至少有45 min采样时间
		日最大8 h	100	160	—	每8 h至少有6 h均值

(三)室外空气环境标准制定依据

旧版《环境空气质量标准》是针对当时我国煤烟型空气污染制定的,其中规定臭氧的浓度标准为1 h平均浓度。基于大量臭氧相关的暴露学和流行病学研究资料,2000 年 WHO《空气质量准则》将1987 年版中臭氧的 1 h 准则值调整为 8 h 值,2005 年又进一步调整提出了更严格的 8 h 准则值(详见表10-2)。美国 1997 年提出 8 h 浓度限值代替原来的 1 h 浓度限值,并继续加严(详见表 10-3)。综合WHO 提出的臭氧 8 h 准则值、欧美国家的标准值及我国臭氧的背景浓度水平,2012 年修订《环境空气质量标准》过程中,将臭氧 8 h 浓度限值一级标准定为 100 mg/m^3,该标准水平条件足够保护生态植被和人体健康。考虑到我国城市臭氧水平将持续增加,在不利气象条件下,短期内可能出现危害人体健康的浓度水平,因此 2012 年标准修订继续保留了臭氧 1 h 浓度限值,保护人体免受急性暴露造成的健康影响(环境空气质量标准编制说明,2010)。

二、我国室内空气中臭氧浓度标准现状及制定依据

(一)室内空气环境标准现状

我国《室内空气质量标准》(GB/T 18883—2002)由 2002 年 11 月 19 日发布、2003 年 3 月 1 日起实施。其目的是保护人体健康,预防和控制室内空气污染。该标准适用于住宅和办公建筑物,其他室内环境可参照该标准。该标准规定了室内空气质量参数及检验方法。目前为止该标准并未进行修订。《室内空气质量标准》规定了室内环境臭氧浓度标准为:1 h 平均浓度限值为 160 mg/m^3。

(二)室内空气环境标准制定依据

人们每天大约有 80%以上的时间是在室内度过的,与室内污染物的接触机会和时间均多于室外。此外,现代建筑为节约能源密闭化程度增加,若换气通风设备不完善则会造成严重的室内空气污染。因此,制定室内空气质量标准具有重要的意义。

根据《室内空气质量标准》编制说明(2002),该标准中对臭氧的浓度标准是根据《环境空气质量标准》(GB3095—1996)来制定的,与《环境空气质量标准》中臭氧的二级标准浓度相同。

(闫美霖)

参考文献

[1] 澳大利亚环境能源部(Australian Government Department of the Environmental and Energy). National Air Quality Standards [EB/OL]. [2019-12-14]. http://www.environment.gov.au/protection/air-quality/air-quality-standards.

[2] 韩国环境署(Korean Ministry of Environment). Air Quality Standards [EB/OL]. 2019-12-14. http://eng.me.go.kr/eng/web/index.do? menuId=252

[3] 环境保护部及国家质量监督检验检疫总局. GB3095-2012 环境空气质量标准[S]. 北京:中国环境科学出版社,2012.

[4] 国家环境保护局及国家技术监督局. GB3095-1996 环境空气质量标准. [S]. 北京:中国标准出版社,1996.

[5] 环境空气质量标准编制说明 [R]. 中国环境科学研究院,2010.

[6] 加拿大环境署(Canadian Council of Ministers of the Environment). Guidance Document on Achievement Determination Canadian Ambient Air Quality Standards for Fine Particulate Matter and Ozone [R]. 2012.

[7] 加拿大环境署(Canadian Council of Ministers of the Environment). Canada-wide Standards for Particulate Matter (PM) and Ozone. 2000.

[8] 美国环保署(United States Environmental Protection Agency). Integrated Science Assessment (ISA) for Ozone and

Related Photochemical Oxidants (Final Report, Feb 2013) [R]. U. S. Environmental Protection Agency, Washington, DC, EPA/600/R-10/076F, 2013.

[9] 美国环保署(United States Environmental Protection Agency). National Ambient Air Quality Standards (NAAQS) [EB/OL]. [2019-12-14]. https://www. epa. gov/naaqs.

[10] 欧盟执委会(European Commission). Air Quality Standards [EB/OL]. [2019-12-14]. http://ec. europa. eu/environment/air/quality/standards. htm.

[11] 日本环境署(Government of Japan, Ministry of the Environment). Environmental Quality Standards in Japan - Air Quality [EB/OL]. [2019-12-14]. https://www. env. go. jp/en/air/aq/aq. html.

[12] 世界卫生组织.关于颗粒物、臭氧、二氧化氮和二氧化硫的空气质量准则风险评估概要[R]. 2005.

[13] 世界卫生组织.空气质量准则 [M]. 王作元, 王昕, 曹吉生, 译. 北京: 人民卫生出版社, 2003.

[14] World Health Organization. Evolution of WHO Air Quality Guidelines: Past, Present and Future [R]. Copenhagen: WHO Regional Office for Europe, 2017.

[15] World Health Organization. Air Quality Guideline for Europe, Second Edition [R]. Copenhagen: WHO Regional Office for Europe, 2000.

[16] World Health Organization. Air Quality Guideline Global Updates [R]. WHO Regional Office for Europe, 2005.

[17] 台湾环境保护署.空气品质标准 [EB/OL]. 2019-12-14. https://taqm. epa. gov. tw/taqm/tw/b0206. aspx.

[18] 室内空气质量标准. GB/T 18883-2002 [S]. 国家质量监督检验检疫总局, 卫生部和国家环境保护总局发布, 2002.

[19] 室内空气质量标准编制说明[R]. 陆宝玉, 2002.

[20] 香港环境保护署.香港空气质素指标 [EB/OL]. [2019-12-14]. http://www. epd. gov. hk/epd/sc_chi/environmentinhk/air/air_quality_objectives/air_quality_objectives. html.

[21] 英国环境部(United Kingdom, Department for Environment, Food & Rural Affairs). National Air Quality Objectives [EB/OL]. [2019-12-14]. https://uk-air. defra. gov. uk/air-pollution/uk-eu-limits.

第十一章　臭氧污染的健康风险评价

第一节　健康风险评价方法

一、常见方法介绍

世界范围内工业化进程的不断发展，造成各类环境污染问题层出不穷，对人群造成的健康影响也日益显现。欧美等发达国家有近50年在环境健康风险评估及管理方面的经验。但是，我国环境健康风险评估才刚刚起步，尚未得到有效的应用与推广。

环境健康风险评估是为环境健康风险管理而服务的。基于环境健康风险评估的结果，并综合其他一些管理要素，可以将风险评估的结果转化为相关的政策，对环境健康风险实施有效的管理。环境健康风险评估可为处理各类环境污染健康危害事件制定环境保护、公共卫生相关政策与标准，筛选并采取可行的健康干预措施，与媒体及公众进行风险交流提供必要的基础数据支撑。

1983年美国国家科学院颁布了《联邦政府的风险评估管理》。提出了人群健康风险评估的经典模型，该模型提出了风险评估“四步法”，即危害识别、暴露-反应关系、暴露评估和风险表征。该模型已得到广泛的运用，包括环境健康风险评估领域。

（一）危害识别

可以定义为对某种化学物质其固有能力引起的不良效果的识别。主要包括三方面内容：首先，要识别出有哪些污染物可能会产生健康效应；然后，要确定环境污染物有什么样的健康危害；最后，结合暴露和毒性两方面的信息最终确定是否需要进行定量健康风险评估，需要对哪些化学物质进行评估。作为环境健康风险评估的第一步，危害识别的主要任务为：第一，识别具有潜在健康影响的污染物质；第二，根据调查的信息来权衡是否某一物质对人体具有可能的健康风险，需要进行下一步的评价。在危害识别的过程中，需要总结所掌握的信息，并进行综合判断以确认污染物引起人体各种不良健康反应的可能性。对于臭氧而言，需要调研相关的毒理学、流行病学文献，识别其对人体健康的潜在危害。

（二）暴露-反应关系

可定义为描述某一化学物质在一定的暴露条件下，不良效应产生的可能性与严重程度。毒理学中，广义的暴露-反应关系定量研究通常可分为两类：①暴露于某一环境物质的剂量与个体的某种反应强度之间的关系，又称为剂量-效应关系；②某种化学物质的暴露引起某种反应的个体在暴露群体中所占的比例。在风险评估的四步法中的暴露-反应关系主要指的是后者。

暴露-反应关系评估的主要任务为获取所需评价的化学污染物致癌效应或非致癌效应的暴露-反应关系的毒理学数据。按照毒理学作用方式可将有害化学物分为有阈化学物质和无阈化学物质两类。有阈化学物质即已知或假设在一定剂量下，对动物或人不发生有害作用的化学污染物。无阈化学物质是已知或假设在大于零的任何剂量都可诱导出致癌效应的化学污染物。在执行评价的过程中，美国EPA认为几乎每一种非致癌物均具有不良反应的阈值，属于有阈化学物质。而几乎每一种致癌物都没有这样

的阈值，属于无阈化学物质。对于臭氧而言，需要调研国内外流行病学文献，获得其与给定健康结局的暴露-反应关系。

（三）暴露评估

可定义为遵照一定的技术规程，在对暴露浓度准确测量、对暴露行为方式准确评价的基础之上应用一定的模型对暴露量进行定量的过程，其最主要的任务是评估暴露量，主要包括测量和评估人群暴露于环境污染物的量级、方式、频率和暴露时间。暴露评估是环境健康风险评估至关重要的一环，可用于已有环境污染物导致的健康风险评估，也可以用于环境污染物在未来导致健康风险的预测。臭氧对人群健康影响的暴露途径主要为经空气的吸入途径，经食物、水的经口摄入途径及经土壤或水的皮肤接触等途径，因对总暴露的贡献较小，一般不在健康风险评估中予以考虑。

美国 EPA 暴露评估导则将暴露量定义为以下几种：潜在剂量（potential dose）、应用剂量（applied dose）、内暴露量（internal dose）、到达剂量（delivered dose）、生物有效剂量（biologically effective dose）。潜在剂量是经口摄入、吸入或皮肤接触的剂量；应用剂量是直接与机体的吸收屏障（如皮肤、肺、胃、肠道等）接触可供吸收的剂量，由于人体吸收屏障大多位于人体内部，因此除皮肤接触途径以外的应用剂量不能直接测量获得；内暴露量就是被吸收且可与大量生物受体相互作用的化学物质剂量；化学物质一旦被人体吸收后，就会经历新陈代谢、贮存、排泄或在人体中运输，因此到达器官、组织或通过体液运输的剂量被称为到达剂量，到达剂量仅仅是内暴露量的一小部分；生物有效剂量是到达作用点位（如细胞或膜）并引起负面效应的剂量，生物有效剂量仅仅是到达剂量的一小部分，显然生物有效剂量才是最关键的部分。

目前暴露评估的方法主要是内暴露评估和外暴露评估两种：内暴露评估通常是暴露发生以后，抽样选取一定数量的代表性人群，采集和分析该人群的生物样本（如血样、尿样、头发、指甲等）中的生物标志物，通过生物标志物的浓度水平来估算环境污染物在人体内的暴露量（称为再现内在剂量法），内暴露评估基于的是内暴露-反应关系。内暴露评估无法实现不同暴露途径分别产生的暴露量的分割计算；确认生物标志物浓度与环境污染物浓度的相关性、效应特异性较为困难；由于人体生物样本较难获得、其采样和分析成本太高，因此该方法不适合于大规模人群的暴露评估。外暴露评估就是通过外暴露浓度、暴露时间、暴露途径和暴露参数来估算外暴露量，包括点接触测量法和场景评价法。与内暴露评估相比，外暴露评估最大的优点就是更适合大规模人群的暴露评估，因此外暴露评估方法在国际环境健康风险评估工作中被广泛采用。对于大气臭氧的外暴露评估，通常采用环境监测、个体暴露直接监测、暴露模拟等手段。目前尚难以找到一个非常合适的内暴露生物标志。

（四）风险表征

风险表征是健康风险评估的最后一阶段。它是综合危害识别、暴露-反应关系评估、暴露评估的结果，结合风险评估过程中的定量和定性信息，遵循风险特征的透明性、清晰性、一致性和合理性的原则，定量、定性地描述健康风险，以评估各种暴露情况下可能对人体健康产生的危害性，并最终提出具有指导性的完整结论，为政策的制定提供可靠科学依据。风险特征的任务包括：利用定性、定量及不确定性信息整合危害识别、暴露反应关系、暴露评估的信息；提高评估的整体质量及在风险评估和结论描述的可信度；描述个体或种群所可能受到伤害的范围和严重性；将风险评估的结果传达给风险管理者。由于致癌和非致癌的暴露-反应评估存在着本质的区别，它们的风险特征也截然不同，要分开进行讨论并分别以风险（risk）及危害系数（HQ）表示。

对于致癌性而言，可以根据下列公式计算其终身（以 70 岁计）超额风险 R：$R=1-\exp[-(Q\times D)]$。

式中：R——因接触致癌物而患癌的终生概率（数值为 0～1）；Q——人群大小；D——个体日均接

触剂量速率，单位为mg/（kg·d）。10^{-6}为可接受风险水平。目前，尚未有充分的毒理学和流行病学研究显示臭氧可致癌，因此目前不需要对其致癌性进行评价。

HQ用于非致癌性的评价，是污染物浓度与引起非致癌危害的参考浓度（标准限值或基准值）的比值。风险系数小于1，表示该污染物的暴露水平低于参考值，并且不大可能产生健康危害。风险系数大于1，表示该污染物的暴露水平大于参考值，因而其暴露的来源、路径和接触方式应当进一步评估。

在大气污染健康风险评估时，通常还需要估计人群中归因于大气污染的超额发病/死亡数或伤残调整寿命年损失（DALYS）。以流行病学研究中获得的相对风险（RR）计算人群中的发病/死亡病例可归因于大气污染的部分，计算公式为：$D=P\times M\times(\mathrm{RR}-1)/\mathrm{RR}$。

式中：P——人口数；M——人群中的发病/死亡率；RR——暴露于某水平的大气污染相对于参考值时的死亡风险。该参考值可以设定为标准限值、WHO的空气质量指导值（AQG）、观察到危害的最低浓度值或0值。当流行病学文献没有直接报道RR值，如仅报道暴露反应关系系数（β）时，可采用指数-线性转换为相应的RR值。将超额的归因死亡/病例数，乘以相应的单位DALYS，便得到大气污染导致的DALYS损失。

在进行风险特征计算后，需主要表达和描述下述情况的风险：①在总人群中具有高风险分布的人群；②重要的分组人群，如高暴露或高易感性的人群或个体；③全部的暴露人群。

即使应用最准确的数据和最精密的模型，在评价过程中也会存在不确定性。不确定性分为以下几种：①不能准确测量的变量，包括了由于仪器的限制或由于测量中的变化所造成的定量不准；②模型运用过程中的不确定性；③统计分析中的不确定性。对于臭氧而言，因为相关的流行病学资料较为充分，一般不用到毒理学实验结果，因而不涉及种属外推带来的不确定性。

二、臭氧污染健康风险评估相关参数

（一）危害识别

臭氧天然存在于平流层，主要起着降低太阳紫外辐射的作用。在对流层，由于不是直接排放的，而是由前体物引起的化学反应所形成的，所以它被归类为二次污染物。臭氧有两个主要的前体物质。一种是挥发性有机化合物（VOCs），包括烷烃、烯烃、芳烃、羰基化合物、醇、有机过氧化物和卤代有机化合物；另一种前体物是氮氧化物（NO_x）。在强烈的日照下，它们可发生光化学反应，生成臭氧等光化学污染物。人体吸入臭氧后，主要由上呼吸道黏膜吸收。由于气道大小的差异，在儿童和妇女中观察到吸收水平较高。

已经有大量的流行病学文献表明，臭氧暴露能导致一系列的健康损害，包括引起咽喉肿痛、咳嗽、喘鸣、呼吸困难等一系列呼吸道症状，引起肺功能降低、呼吸道炎症水平升高、心脏自主神经功能失调、血压升高、循环系统炎症和氧化应激等心血管系统反应，进而引起心血管系统疾病的发病和死亡。

（二）暴露-反应关系评估

依据流行病学资料来进行暴露-反应关系评估。对于流行病学文献的选取，有3个一般性原则：优先采用具有较高质量、因果推论能力较强的研究；优先采用本地的流行病学研究；当本地无高质量流行病学研究时，可采纳本国其他代表性地区的研究结果（或其数据合并结果），最后才选用国外的研究结果；当选用国外的研究结果时，需要注意在我国的适用性，如国外低污染水平下获得的暴露-反应关系未必适用于我国高污染的背景，国内外人群敏感性的差异；等等。

在暴露-反应关系评估时，还应了解不同人群对臭氧的易感性，从而进行分亚组的健康风险评估。Bell等人回顾了可能影响臭氧相关健康影响的敏感性和脆弱性因素，如性别、年龄、社会经济地位和

职业。结果显示，老龄是最强烈的易感因素；有限的证据表明性别和职业也是相关的影响因素，妇女和失业或低收入人群是高危人群。

在暴露-反应关系评估时，还应注意区分拟评价的是短期暴露的急性效应，还是长期暴露的慢性效应。尽管两者之间有一小部分重叠，但慢性效应往往远大于急性效应，所以应优先选择基于慢性效应的暴露-反应关系。当该数据不可得时，才能选择急性效应的暴露-反应关系。

臭氧的短期和长期暴露可产生一系列的健康危害，目前研究较多的是对心血管系统和呼吸系统的发病率和死亡率造成的影响。WHO 推荐的暴露反应关系如表 11-1 所示。

表 11-1　数据分析得到臭氧（每日最大 8 h 平均值）每上升 10 μg/m³ 引起健康事件变化的 RR 及其 95%可信区间

臭氧指标	健康结局	RR
臭氧短期暴露	死亡率，非意外所有病因	1.002 9（1.001 4～1.004 3）
臭氧短期暴露	死亡率，呼吸道疾病	1.002 9（1.001 4～1.004 3）
臭氧短期暴露	死亡率，心血管疾病	1.004 9（1.001 3～1.008 5）
臭氧短期暴露	入院，呼吸道疾病	1.004 4（1.000 7～1.008 3）
臭氧短期暴露	入院，心血管疾病	1.008 9（1.005 0～1.012 7）
臭氧短期暴露	轻微限制性活动日	1.015 4（1.006 0～1.024 9）
臭氧夏季长期暴露，平均浓度超过 35 μg/L	死亡率，呼吸道疾病	1.014（1.005～1.024）

（三）暴露参数

暴露参数是用来描述人体经呼吸道、消化道和皮肤暴露于环境污染物的行为和特征的参数。暴露参数是决定人体对环境污染物的暴露剂量和健康风险的关键性参数，具有明显的地域和人种特征。在环境介质中化合物浓度准确定量的情况下，暴露参数值的选取越接近于评价目标人群的实际暴露状况，则暴露剂量的评价越准确，相应的流行病学研究和健康风险评价的结果也越准确。暴露参数包括呼吸速率、行为活动模式、不同地点与时间的影响。

1. 呼吸速率　国内极其缺乏关于各类人群长期和短期暴露呼吸速率的报道，常常采用美国 EPA 等国际机构推荐的参数。近些年来，中国环境科学研究院的段小丽专家团队，通过对《中国居民膳食结构与营养状况变迁的追踪研究》的研究，采用人体能量代谢估算法，计算得到我国各个年龄段居民的呼吸速率，如表 11-2 所示。我国城市居民无论男性还是女性，18 岁以前的呼吸速率都低于美国居民，而 18 岁以后则相反，比美国高出 22%左右，其主要原因可能是成年人作为劳动力的主体，劳动强度比美国成年人高，导致呼吸速率也比美国略高。总而言之，在评价我国居民呼吸暴露剂量和健康风险时，如果采用美国 EPA 发布的呼吸速率参数将可能造成 22%左右的误差。

表 11-2　我国居民的呼吸速率

年龄/岁	性别	不同活动强度下的呼吸速率/（m³/h）						呼吸速率/（m³/d）
		休息	坐	轻微	中度	重度	极重	
＜6	男	0.14	0.17	0.29	0.57	0.86	1.43	5.71
	女	0.14	0.17	0.28	0.56	0.84	1.40	5.58
6～18	男	0.29	0.35	0.59	1.18	1.77	2.94	11.78
	女	0.28	0.34	0.57	1.14	1.70	2.84	11.36

续表

年龄/岁	性别	不同活动强度下的呼吸速率/（m^3/h）						呼吸速率/（m^3/d）
		休息	坐	轻微	中度	重度	极重	
18～60	男	0.48	0.57	0.95	1.90	2.85	4.75	19.02
	女	0.35	0.43	0.71	0.42	2.13	3.54	14.17
＞60	男	0.29	0.35	0.58	1.15	1.73	2.88	11.53
	女	0.26	0.31	0.52	1.04	1.55	2.59	10.36

2. 行为活动模式　人体与空气中污染物的暴露情况还取决于人体的行为活动情况。描述时间-活动模式数据的定量信息时通常需要估算在室内外各种活动中经历的时间。这类信息一般通过回忆问卷和日记记录人的活动和微环境来获取，还可使用全球定位系统提供个人的位置信息。与空气污染物暴露相关的时间-活动模式参数包括人体暴露于空气的频率和时间，如室内、外的停留时间等。这些信息与文化、种族、爱好、住址、性别、年龄、社会经济条件及个人喜好等因素有关。依据中国环境科学研究院的研究成果，我国成人的时间地点活动模式如表 11-3 所示。

表 11-3　我国成人的时间地点活动模式（h/d）

时间	室内活动		室外活动	车内活动	其他
	家中	工作单位			
工作日	13.7	5.6	3.3	0.4	1.0
周末	17.9	—	4.4	—	1.7

3. 不同地点与时间的影响　空气污染存在较强的时空变异性，因而不同的地点、室内外、不同季节、不同时间的污染水平存在差异。一般来讲，臭氧在暖季的水平较高、冷季的水平较低。作为一种典型的二次污染物，臭氧的污染水平受前体物浓度的大小和反应条件影响，如白天午后的浓度较高，凌晨的浓度较低。由于人 70%～90%的时间在室内度过，因而室内的空气污染暴露情况显得尤其重要；因为臭氧没有明显的室内污染源，室外活动时间和室内臭氧消减速率是影响臭氧个体暴露水平的重要因素。然而，目前对臭氧个体暴露及相关影响因素的研究较少。

（四）暴露评价

精准的暴露评价工作是臭氧健康风险评估的基石和保障。常用的方法包括直接利用空气质量常规监测体系、社区加密监测点、大气化学模式等，最终建立家庭住址外的大气污染预测模型。具体暴露模拟方法详见本书第四章。目前尚无成熟的技术可准确检测臭氧的暴露生物标志。

三、国外臭氧污染健康风险评估结果

在最近发布的全球疾病负担（GBD）研究报告中，2015 年臭氧暴露可引起 410 万伤残调整寿命年（DALY）损失。伤残调整寿命年是流行病学中用于量化疾病负担的常用指标，指因为健康状况不佳，残疾或早死所致的年数。

欧洲经济区（European Economic Area，EEA）（2016 年）估算了欧洲地区臭氧暴露导致的人群死亡情况。研究者使用了两种常见的流行病学死亡率指标，即死亡率和在预期寿命之前发生的死亡人数

（寿命损失年，YLL）。评估结果如表 11-4 所示。

表 11-4　2013 年欧洲归因于臭氧暴露的早逝和寿命损失年

国家	人口	早逝	YLL	YLL/100 000
奥地利	8 451 860	330	3 600	43
比利时	11 161 642	210	2 300	21
保加利亚	7 284 552	330	3 500	48
克罗地亚	4 262 140	240	2 500	58
塞浦路斯	865 878	30	300	37
捷克共和国	10 516 125	370	4 100	39
丹麦	5 602 628	110	1 300	23
爱沙尼亚	1 320 174	30	300	25
芬兰	5 426 674	80	900	16
法国	63 697 865	1 780	20 900	33
德国	80 523 746	2 500	27 200	33
希腊	11 003 615	840	8 600	78
匈牙利	9 908 798	460	5 100	51
爱尔兰	4 591 087	50	600	12
意大利	59 685 227	3 380	36 500	61
拉脱维亚	2 023 825	60	600	32
立陶宛	2 971 905	90	900	30
卢森堡	537 039	10	100	19
马耳他	421 364	20	200	50
荷兰	16 779 575	270	3 100	18
波兰	38 062 535	1 150	14 400	38
葡萄牙	9 918 548	420	4 500	45
罗马尼亚	20 020 074	430	4 800	24
斯洛伐克	5 410 836	200	2 400	45
斯洛文尼亚	2 058 821	100	1 200	56
西班牙	44 454 505	1 760	19 300	43
瑞典	9 555 893	160	1 600	17
英国	63 905 297	710	8 100	13
阿尔巴尼亚	2 874 545	100	1 200	43
安道尔	76 246	＜5	＜100	59
波黑	3 839 265	180	2 000	52
马其顿	2 062 294	100	1 200	57

续表

国家	人口	早逝	YLL	YLL/100 000
冰岛	321 857	<5	<100	9
科索沃	1 815 606	100	1 100	60
列支敦士登	36 838	<5	<100	42
摩纳哥	36 136	<5	<100	62
黑山	620 893	30	400	64
挪威	5 051 275	70	800	16
圣马力诺	33 562	<5	<100	47
塞尔维亚	7 181 505	320	3 400	47
瑞士	8 039 060	240	2 700	33
欧盟 28 国总计	—	16 000	179 000	—
总计	—	17 000	192 000	—

2013 年，在所有 41 个欧洲国家中，估计 17 000 人过早死亡是由臭氧暴露引起的。在欧盟 28 国中，臭氧被认为是造成 16 000 例过早死亡的原因。在所有欧洲国家中，与臭氧暴露有关的寿命损失年为 192 000 年;欧盟 28 国为 179 000 年。在意大利、德国、法国、西班牙和波兰，臭氧相关的早逝总数最多。相对来说，考虑到每 10 万居民的寿命损失年，希腊、意大利是最高的。

Christopher S. Malley 等评估了全球长期臭氧暴露的成年人（≥30 岁）的呼吸死亡率。他们使用 GEOS-Chem 模型（2×2.5 格分辨率）来评估 2010 年的臭氧暴露水平和归因于臭氧暴露的呼吸系统死亡率，这是基于利用最新的 CPS-Ⅱ分析中 O_3 暴露的最小或第五百分位数得出的相对风险估计和最小风险阈值得来的。根据较早的 CPS-Ⅱ分析，将这些估计值与归因死亡率进行比较，采用 6 年平均暴露量和对应于早期研究人群中 O_3 暴露的最低百分位数或第五百分位数的风险阈值。结果表明，根据较早的 CPS-Ⅱ风险评估和参数，我们估计使用更新的相对风险估计和暴露参数，估计 O_3 暴露造成的成人呼吸死亡人数为 1.04 万～1.23 万人，而 O_3 暴露导致的呼吸道死亡人数为 0.40 万～0.55 万人。印度北部、中国东南部和巴基斯坦的估计归因死亡率增加幅度大于欧洲、美国东部和东北部。

根据 REVIHAAP 和 HRAPIE 两个项目的研究发现，意大利与马耳他和卢森堡一起显示了欧盟国家臭氧浓度最高值。根据意大利国家环境保护与研究所（ISPRA 2016）的数据，2013 年和 2014 年，几乎所有监测站都有超过人类健康保护的长期目标值（94%）。2014 年，符合欧盟立法要求的监测站百分比为 33%，低于 2013 年（61%）。在意大利 10 个城市开展的研究显示，臭氧浓度每上升 10 $\mu g/m^3$ 可导致总死亡率增加 1.5%（95% CI：0.9%～2.1%）。据估计，2013 年意大利有 3 380 人过早死亡可归因于臭氧污染，这相当于 36 500 年的生命损失，是 41 个欧洲国家中的最高数值。

四、我国臭氧污染健康风险评估结果

我国近年来近地面臭氧浓度增加已广泛引起人们的关注。上海作为我国经济最发达的城市之一，工业和交通发展迅速，臭氧污染引起的健康问题越来越受重视。但是，我国对臭氧健康风险的评估开展得较少。

复旦大学课题组就利用上海市 2008 年近地面的臭氧数据，在国内首次定量地报道了城市近地面臭氧污染的健康损失。根据上海市 7 个地面监测站的资料，2008 年全市臭氧每日 8 h 平均水平为 88 $\mu g/m^3$，

其中市区为 78 μg/m³，市郊区为 96 μg/m³。郊区生物源前体物排放较高，并且城区机动车等产生的 NO_x 可能扩散至位于市区下风向的市郊区，因而市郊区的臭氧前体物浓度较高，致使郊区近地面臭氧浓度高于城区。他们研究纳入的健康终点为：心血管疾病早逝、呼吸系统疾病早逝、全死因早逝、心血管疾病住院和呼吸系统疾病住院。各健康终点的暴露反应关系和上海市居民的基线发生率如表 11-5 所示。

表 11-5　我国各健康终点的暴露反应关系

暴露	健康终点	暴露反应关系系数（95%CI）
长期	心血管疾病早逝	0.000 5（0.000 14～0.001 04）
	呼吸系统疾病早逝	0.001 31（0.000 45～0.002 17）
短期	全死因早逝	0.000 45（0.000 16～0.000 73）
	心血管疾病住院	0.001 3（0.000 5～0.002 1）
	呼吸系统疾病住院	0.002 2（0.001 5～0.002 9）

研究发现，2008 年上海地区近地面臭氧污染可致 1 892（95% CI：589～3 540）例居民早逝和 26 049（95% CI：13 371～38 499）例居民住院，全年的归因臭氧污染健康经济损失为 32.42（95% CI：10.80～59.23）亿元，其中由早逝引起的损失占总健康经济损失的 88.12%。

一份关于 1990 年与 2013 年我国大气臭氧污染导致的慢性阻塞性肺疾病的疾病负担研究，表明 2013 年我国 COPD 中有 7.4%（95% CI：6.1%～8.6%）是由大气臭氧污染造成的。河北省的人群归因比例最大（15.0%，95% CI：12.0%～18.7%），黑龙江省的归因比例最小（2.8%，95% CI：0.9%～5.3%）。2013 年，我国因臭氧污染导致的 COPD 死亡人数为 67 485 例，最低的为澳门（11 例），最高的为四川（11 929 例）；臭氧污染导致 COPD 的 DALY 为 116.8 万人年，最低的为澳门（257.4 人年），最高的为四川（18.9 万人年）。进行年龄标化后，黑龙江（21.9 人年/10 万）、上海（26.7 人年/10 万）、北京（38.4 人年/10 万）、天津（39.3 人年/10 万）和吉林（39.7 人年/10 万）因臭氧污染导致的 COPD 疾病负担较低；较高的为四川（206.4 人年/10 万）、青海（202.5 人年/10 万）、贵州（175.3 人年/10 万）和甘肃（171.4 人年/10 万）。2013 年臭氧污染导致 COPD 引起的 DALY 随年龄增加而升高，15～49 岁组为 14.4 万人年，50～69 岁组为 43.0 万人年，70 岁以上组为 59.4 万人年，且男性（70.8 万人年）高于女性（45.9 万人年）。1990 年和 2013 年因臭氧污染导致的 COPD 死亡例数分别为 49 514 例和 67 485 例，导致的 DALY 分别为 89.4 万人年和 116.8 万人年，分别增加了 36.3%和 30.3%。结论与 1990 年相比，2013 年我国归因于大气臭氧污染的 COPD 疾病负担显著增加。臭氧污染对我国居民产生了较大的健康损失，在归因疾病负担较重的西部地区时尤其应重点关注。

第二节　健康影响相关经济成本评价

一、环境健康经济损失评价常见方法

联合国开发署 2002 年报告指出，人类所患疾病的 1/4 与环境污染恶化直接相关。国内外专家测算，我国平均一年中由环境污染和生态破坏造成的经济损失占 GDP 的 8%～13%。改善环境、维护人群健康状况、提高人们的生活质量是当前迫在眉睫、亟须解决的棘手问题。对环境污染相关健康损失的经济评估是制定科学有效的环境政策的重要保障。与一般产品不同的是，环境污染引起的健康损失是具

有外部性的公共产品，以一般的市场价值法对其进行评估时往往会忽略外部性的价值，导致结果的偏移。

目前国内外常用的大气污染健康危害经济学评价的方法主要包括人力资本法、疾病成本法、预防性支出法和条件评价法。

人力资本法（human capital），在大气污染健康危害经济学评价中，将由于早逝导致的预期收入的损失作为死亡成本。在估算污染引起的早逝的经济损失时，一般以人均 GDP 作为一个统计生命年的价值，从社会角度来评估人的生命价值。该方法不考虑个体价值的差异（劳动力和非劳动力），结果等于损失的生命年中的人均 GDP 之和。此评价易受到时间、贴现率及地区收入水平等差异的影响。

疾病成本法（cost of illness），是基于潜在的健康损害函数，将污染暴露程度与健康影响联系起来，污染与健康的“暴露-反应关系”的准确性决定估算结果的客观性。在疾病成本法中，成本是指由于环境污染引起某种疾病发病率增加，进而引起的医疗成本（治疗费、药费、检查费等）和非医疗成本（误工费、交通费等）的增加。疾病成本法是对疾病的经济价值的直观估计，但却忽略了人们的健康偏好和疾病导致的人的健康效用损失，如病痛导致的精神痛苦等无形损失，低估了大气污染相关疾病损失的经济学价值。

预防性支出法（avert behavior method），利用使用价值概念，假设某种被消费的物品与环境质量之间能够完全替代。因此以人们为避免健康损害所采取的预防性支出除以风险发生概率求得人们对自身价值的估算。该方法研究理论较简单，但在数据收集方面可行性难度较大，且只能获取到部分健康相关信息，适用于对小范围内已经发生或一定会发生的预防性支出进行评估。

条件评价法（contingent valuation method，CVM），是通过询问人们对于环境质量改善的支付意愿（willingness to pay，WTP）或忍受环境损失的受偿意愿（willingness to accept compensation，WTA）来反映环境污染对健康损失的价值。CVM 是目前国际上应用最广泛的环境污染对健康经济损失评价方法。它是一种陈述偏好的非市场价值评估方法，它可以灵活地针对某一种或几种环境污染引起的健康损失进行评估。被调查者的 WTP 不仅考虑了由于健康损害引起的误工、医疗费用、避免行为，还包括精神上无形的损失。

CVM 与其他方法在大气污染健康危害经济学评价应用中的比较如表 11-6 所示。

表 11-6　大气污染健康危害经济学评价方法的比较

方法	优势	局限
人力资本法	研究所需数据容易采集、节约资金和时间，实施容易	此评价易受到时间、贴现率及地区收入水平等差异的影响
疾病成本法	研究所需数据容易采集、节约资金和时间，实施容易	“暴露-反应关系”的准确性决定估算结果的客观性；无法计算病痛导致的精神痛苦等无形损失
预防性支出法	研究理论较简单	数据收集方面可行性难度较大，且只能获取到部分健康相关信息
条件评价法	能够灵活地对由于环境造成的健康损失进行全面的经济评价，包括使用价值和非使用价值；可对某一种或者几种环境污染引起的健康损失进行评估	需要精心设计问卷引导被调查者的真实支付意愿；过于灵活可能影响研究的可靠性、有效性；实际操作困难较大

二、相关参数研究结果

(一) 归因死亡/疾病的发生数

依据前述健康风险评估的方法和相关参数，首先计算臭氧污染导致特定健康结局的归因发生数。

(二) 死亡的经济学价值

以死亡为健康效应终点的臭氧污染健康危害评价指标主要有统计生命价值（VSL）、失能调整生命年（DALY）及预期寿命三种，其中 VSL 是国内外最为常用的死亡终点效应评价指标，同时也为美国 EPA 优先推荐。

统计生命价值（value of statistical life，VSL）常用来评价大气污染对人群死亡率的影响。因为“有权势的人的命是否比普通百姓的命值钱”“富人的生命价值是否高于穷人的生命价值”等问题常常会引起伦理方面的敏感争论，所以我们要强调的是：VSL 是指社会中每个个体生命所蕴含的价值，是一个普世的概念，与人的社会地位、贫富状况、工作种类等无关。此外，还要强调的是 VSL 并非旨在衡量如车祸或空难中的死亡赔偿额度；也不直接等同于如某一病入膏肓、不久离世的患者为挽回自身生命而愿意支付的金钱价值。在大气污染健康危害评价中，VSL 用以衡量以死亡为终点效应的健康损失价值，人群的年龄及健康状态是 VSL 重要的影响因素。

我国在 VSL 评估方面的研究尚显不足，表 11-7 总结了我国现有的统计生命价值评估的研究结果。

表 11-7　我国现有 VSL 评估的研究结果

作者	研究内容	评估方法	VSL（万元）	发表时间（年）
J. K. Hammitt	改善北京空气质量，降低早逝风险	条件评价法	36.4①	2006
J. K. Hammitt	改善安庆空气质量，降低早逝风险	条件评价法	11.92①	2006
Hong Wang，John Mullahy	改善重庆空气质量，降低早逝风险	条件评价法	28.6	2006
张清宇、徐君妃	改善杭州空气质量，降低早逝风险	条件评价法	221.8	2008
曾贤刚、蒋妍	改善空气质量，降低早逝风险	条件评价法	100	2010
王国平	30 岁人群因公死亡	人力资本法	1.14	1988
王亮	企业职工	人力资本法	6	1991
梅强	具有高中文化程度的工业企业职工	人力资本法	38	1997
屠文娟	具有高中文化程度的职工	人力资本法	72	2003
王亮	26 岁体力劳动者	人力资本法	65.76	2004
王玉怀	40 岁初中毕业矿工	人力资本法	42.5	2004

注：①表示 VSL 值由原文献计算得。

复旦大学研究团队根据 2008 年我国城镇和农村人口的人均年收入水平，采用数据分析方法，基于表 11-7 中的条件评价法估计结果，对我国大气污染相关死亡的统计生命价值进行估算。结果显示，我国城镇人口的 VSL 约为 94.5 万元，农村人口的 VSL 约为 43.8 万元，按人口比重调整后的 VSL 约为 67 万元。

(三) 疾病的经济学价值

对于疾病类健康指标，首选采用支付意愿法评估该结局的价值。限于支付意愿法现场操作的难度，

关于疾病的支付意愿目前还研究很少，证据有限。现有文献仅报道慢性阻塞性疾病的支付意愿价值。因而，现有文献多采用疾病成本法衡量发病的经济成本，包括就诊费用和相应损失的误工费等。

三、评价结果

目前很少有文献报道臭氧的健康经济损失。复旦大学的研究团队评估了上海地区 2008 年的臭氧污染对当地居民的早逝和就诊/住院人次的影响。依据各个健康终点的经济学价值，估算得到上海市 2008 年归因于臭氧污染的居民健康损失为 32.42（95% CI：10.80～59.23）亿元。具体如表 11-8 所示。

表 11-8　上海 2008 年臭氧污染引起各健康结局的人群归因发生数和经济学价值（均值和 95%CI）

暴露	健康终点	归因发生数（例）	经济价值（亿元）
长期	心血管疾病早逝	512（144～1 059）	7.74（2.18～15.99）
	呼吸系统疾病早逝	434（150～711）	6.55（2.27～10.74）
短期	全死因早逝	946（295～1 770）	14.28（4.45～26.73）
	心血管疾病住院	15 158（5 885～24 259）	2.50（0.97～4.00）
	呼吸系统疾病住院	10 891（7 486～14 240）	1.36（0.93～1.77）
总计	—	—	32.42（10.80～59.23）

（印冠锦　陈仁杰）

参考文献

[1] Nuvolone D，Petri D，Voller F. The effects of ozone on human health[J]. Environ Sci Pollut Res Int，2017，25(5)：1-15.

[2] Smith A E，Glasgow G. Integrated Uncertainty Analysis for Ambient Pollutant Health Risk Assessment：A Case Study of Ozone Mortality Risk[J]. Risk Analysis，2017，38(1)：163-176.

[3] Malley C S，Henze D K，Kuylenstierna J C I，et al. Updated Global Estimates of Respiratory Mortality in Adults≥30Years of Age Attributable to Long-Term Ozone Exposure[J]. Environmental Health Perspectives，2017，125(8)：087021.

[4] 陈仁杰，陈秉衡，阚海东. 上海市近地面臭氧污染的健康影响评价[J]. 中国环境科学，2010，30(5)：603-608.

[5] 崔娟，殷鹏，王黎君，等. 1990 年与 2013 年中国大气臭氧污染导致慢性阻塞性肺疾病的疾病负担分析[J]. 中华预防医学杂志，2016，50(5)：391-396.

第十二章　大气臭氧污染的防治

第一节　制定严格的环境质量标准

一、大气臭氧的环境质量标准

大气臭氧环境质量标准对评价大气臭氧污染状况、制定各类前体物的环境质量标准、制定臭氧污染治理措施、保障人群健康具有重要作用。国内外对控制大气臭氧污染的环境质量标准严格。美国EPA严格设定、更新了包括臭氧在内的6种一般污染物的“国家环境空气质量标准”。2015年10月最新的臭氧标准要求户外臭氧8 h平均浓度的最大值不超过70 μg/L。日本在1973年的《大气污染防止法》中将臭氧、过氧乙酰硝酸酯（PAN）统称为氧化剂（O_x）进行管理，规定O_x的小时浓度达标限值为0.06 μg/L。2013年增加O_x日最大8 h平均值的第90百分位数的3年均值作为反映环境质量总体变化的指标。日本的O_3小时浓度评价标准比中国标准（1 h-O_3≤200 μg/m^3）更为严格，也严于美国、欧盟和世界卫生组织的过渡目标。WHO的指导值是8 h-O_3≤100 μg/m^3，欧盟的大气臭氧环境质量标准是8 h ≤120 μg/m^3；美国的大气臭氧环境质量标准是8 h ≤0.075 μg/L（约161 μg/m^3）。我国的大气臭氧环境质量标准是8 h≤160 μg/m^3，1 h≤200 μg/m^3。

我国在1996年颁布的《环境空气质量标准》（GB 3095－1996），就将大气臭氧列入限值指标。该标准规定了包括臭氧及其前体物氮氧化物（NO_x）在内的9种大气污染物的标准限值。该标准规定了大气臭氧的1 h平均浓度限值，即在进行大气臭氧监测时，任何1 h的平均浓度限值。并根据三类空气质量功能区分为一、二、三级浓度限值，分别是0.12 mg/m^3、0.16 mg/m^3和0.20 mg/m^3。一级表示≤此值时，观察不到直接或间接的反应（包括反射性或保护性反应）；二级为≥此值时，对人体的感觉器官有刺激，对植物有损害，并对环境产生其他有害作用；三级为保护人群不发生急慢性中毒和城市一般动植物正常生长的空气质量要求。2011年11月国家环境保护部印发了《环境空气质量标准》（GB 3095）修订第二次征求意见稿，其中增设了$PM_{2.5}$浓度限值和臭氧8 h平均浓度限值。调整了空气质量功能区分类，将三类区并入二类区，相应的限值分级也调整为一级和二级。在2012年颁布的现行标准，即《环境空气质量标准》（GB 3095－2012），对臭氧的要求正式规定了这一标准限值。臭氧日最大8 h平均浓度限值一级为80 μg/m^3，二级为160 μg/m^3；1 h平均浓度限值一级为160 μg/m^3，二级为200 μg/m^3。

二、臭氧前体物环境质量标准和排放标准

针对臭氧污染的前体污染物也需要制定严格标准加以控制。由于大气臭氧污染主要是其前体污染物NO_x和挥发性有机污染物（VOCs）的过度排放所造成的，因此控制NO_x和VOCs的排放标准是控制臭氧污染的基础。目前各国对臭氧前体污染物的排放都制订了相应的标准。

日本在1973年的《大气污染防止法》中首次设定NO_x固定源排放标准。1974年日本出台了总量控制制度。在1981年修订的《大气污染防止法》中将NO_x纳入固定源总量控制范围。为了控制移动源排

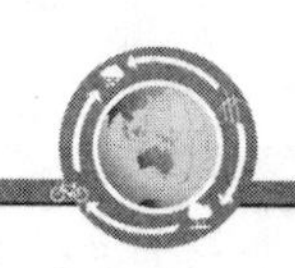

放，日本还于1992年出台《机动车 NO_x 法》，对关东和关西等都市机动车 NO_x 排放进行总量控制。2004年修订的《大气污染防止法》中增加《VOCs排放规范》，对涂装、包装印刷、石化储存等6类重点固定污染源的9种排污设施提出VOCs控制要求，将固定源VOCs纳入总量控制范围。

在美国，对臭氧及其前体物的标准进行严格设定并更新空气质量标准。EPA制定了针对包括 O_3 在内的6种一般污染物的“国家环境空气质量标准”，每5年进行评估并决定是否对这些标准进行更新。2015年10月最新的 O_3 标准要求户外 O_3 8 h的平均浓度最大值不超过70 μg/L。美国在1990年的《清洁空气法修正案》（CAAA）中明确提出首先控制汽车排放的VOCs、NO_x，然后控制工业VOCs排放的两步骤对VOCs进行控制。同时，根据大气中的 O_3 浓度采取地区 O_3 分级控制措施，要求 O_3 浓度不合格的地区递交15%VOCs削减计划。在这些控制措施的共同作用下，美国1990—2005年VOCs的减排量达到55%。1990年，CAAA规定石化和化工企业必须实施泄漏检测与修复（LDAR），在该项规定实施后，石化和化工企业的VOCs排放量分别降低了63%和56%。

欧盟立法规定，欧盟各成员国必须每年向欧盟环保局报告臭氧前体物质的排放量，并确保上述污染物的排放量不超过欧盟确定的目标值。

我国对于臭氧前体物，VOCs的控制建立有一定法规和标准。2010年5月，国务院转发9部委《关于推进大气污染联防联控工作改善区域空气质量的指导意见》，首次从国家层面提出VOCs污染控制。2012年出台的我国首部综合性大气污染防治规划《重点区域大气污染防治“十二五”规划》，提高了挥发性有机物排放类项目的建设要求，加强了重点行业治理，完善了挥发性有机物污染防治体系。2013年5月实施的《挥发性有机物污染防治技术政策》为VOCs产生与排放给出了污染防治策略和方法技术性指导，并计划到2015年基本建立起重点区域VOCs污染防治体系，到2020年基本实现VOCs从原料到产品、从生产到消费的全过程减排。2013年9月国务院发布《大气污染防治行动计划》，明确了大气污染防治时间表，其诸多内容都涉及VOCs污染控制。2015年修订通过的《大气污染防治法》首次将VOCs排放纳入监管范围，财政部于同年还制定印发了《挥发性有机物排污收费试点办法》。2016年工信部联合财政部制定印发了《重点行业挥发性有机物削减行动计划》，部门联动、联防、联控的机制已逐步形成。

然而，我国目前尚未建立对VOCs的大气质量标准。由于开展VOCs研究起步较晚，也缺乏VOCs的基准等相关系统研究。对大气VOCs基准在大气VOCs标准制定和环境管理体系中的应用还缺乏足够的重视，因此需要建立完整的VOCs污染控制管理体系。

对臭氧前体物排放的重点行业需建立相应的排放标准，有效控制VOCs排放。这些行业主要包括石油化工、有机化工、汽车、家具制造、印刷、装备制造涂装（汽车制造、船舶制造等）、建筑涂料、塑胶喷涂、制鞋、集装箱、生活服务、电子元件制造、化学药品原料制造及干洗、汽车修理等。

第二节　调整产业结构　优化能源结构

由于臭氧是一种二次污染物，而 NO_x 和VOCs是臭氧形成的两类重要前体物，所以控制 O_3 污染应从控制臭氧前体物排放方面着手。控制臭氧前体物排放应首先调整产业结构，加大第三产业在三大产业构成中的比例。优化能源构成，加快发展清洁能源技术。降低煤炭在能源消费中的比例，尤其是降低火电的比例，从源头上减少 NO_x、VOCs的生成量。

以上海为例（周伟等对上海能源结构与大气污染治理的研究，2017年），2012年上海发电结构中外来电占比为28.4%，市内发电的占比为71.6%，其中燃气占比6%，燃煤占比63.4%，其他占比2.2%。与北京相比，上海煤炭、汽柴油单位面积消耗强度分别是北京的7倍和4倍。由于工业和人口聚集，大量一次能源的使用使得污染物排放量居高不下。经测算，2012 年上海 SO_2、NO_x、PM_{10}、$PM_{2.5}$和 VOCs 的排放总量依次为 19.1 万 t、32.5 万 t、22.3 万 t、9.5 万 t 和 49 万 t。就全口径终端能源消费角度而言，预计到 2030 年，上海煤品的占比将低于 10%，油品、电力占比将分别达到 40%左右，天然气占比超过 10%。目前上海天然气占一次能源消费比重不足 8%，而纽约、伦敦等国际大都市天然气占能源消费比重在 30%以上。电力作为一种清洁的终端能源消费品种，目前占终端能源消费比重不足 40%，而世界发达地区普遍为 45%～50%。空气质量的改善源于能源消费结构的改善。张肖一等研究了 2001—2015 年北京空气质量与能源结构的关系。煤炭在能源消费结构中的比例从大于 54.1%下降至 13.7%，天然气占比由 3.97%上升至 29%，电力占比由 12.43%上升至 21.9%。但油品占比上升了 34.65%（由于汽车数量的增加），是北京大气污染的首要因素。其通过基于协整分析和误差修正模型的北京市能源结构与空气质量的时间序列实证分析发现，北京市煤品消费在总能耗中占比降低及电力占比提高有效地降低了各污染物的浓度。此外有研究通过对 1992—2014 年我国城乡居民生活部门的排放清单的分析，22 年间 $PM_{2.5}$的减排量有限，SO_2和 NO_x的排放量分别增加 12.5%和 122.7%。由此可见，能源结构对臭氧污染前体物的贡献是很大的。优化调整能源结构对减少臭氧污染、提升空气质量意义重大。针对我国城市结构型污染的主要特点，应提高优质、清洁能源比例，进一步优化能源结构。降低能源强度、控制消费总量，加大产业结构调整力度，坚决淘汰低效、高耗能、高污染的用能方式，这是改善大气臭氧污染的根本性措施。并且要逐步提高天然气与电力在能源消费结构中的比重，减少煤炭和成品油的消费。此外，还要提高能源利用效率，降低排放。大力发展智能电网、分布式能源、洁净煤发电等先进能源装备技术。工业上积极推进以电代煤、以气代煤技术的应用，交通领域上推进电动汽车、液化天然气车船技术研发，达到以电代油，减少 NO_x和 VOCs 的排放。建筑用能上鼓励能源阶梯利用技术的开发和应用，提高能源利用效率。

我国南京市做法是采取持续优化产业结构，加快污染区域中重点企业退出，强化去产能和淘汰落后企业，减少燃煤消耗，减少 NO_x、VOCs 等排放。推动石化、汽车、钢铁、水泥等产业和纺织、建材、食品等传统产业优化调整、转型升级，向高端、绿色、低碳方向发展。此外，要淘汰 VOCs 排放类落后的产能，优化 VOCs 排放产业布局。

第三节　管控臭氧前体物的排放

一、摸清臭氧前体物的源头，明确减排策略

由于大气臭氧污染主要取决于其前体物的污染程度及气象因素等，因此大气臭氧污染的防治主要应控制其前体物的排放。臭氧作为光化学反应的产物，其形成机制很复杂。臭氧浓度与其前体物 NO_x和 VOCs 存在非线性关系。城市环境中臭氧的产生很大程度上取决于 VOCs/NO_x的值。当 VOCs/NO_x较小时，臭氧生成对 VOCs 比较敏感。VOCs/NO_x较大时，臭氧生成对 NO_x比较敏感。很多研究都采用 VOCs/NO_x的值是否大于或小于 8 来判断臭氧生成主要受 VOCs 还是受 NO_x控制。

城市大气 VOCs 排放源有人为源和自然源，其中人为源的贡献远远超过自然源。2014 年，我国人为源 VOCs 排放量达 300 多万 t，远超出我国同期烟（粉）尘、二氧化硫和氮氧化物的排放量，并且有持续升高的趋势。源解析分析表明，2005 年我国人为源 VOCs 排放中，工业溶剂使用占 2 %，民用溶剂使用占 6.6%，道路交通占 23.4%。非交通机动车排放占 5%，石油炼制与储运占 7%，化学工业占 3%，物质燃烧占 18 %，商业利用占 3%，非化学工业占 6%，废物处置占 6 %，其他占 1%。其中工业溶剂使用、石油炼制与储运、化学工业、非化学工业、废物处置等工业源相关的 VOCs 排放量占 4 %，

表明工业源 VOCs 排放量大、占比高。另外，龚芳采用排放清单方法研究了 2010 年我国人为源 VOCs 排放量。结果表明，2010 年人为源排放总量为 2 230 万 t，其中固定燃烧占 26%，工艺过程占 24%，移动源占 22%，溶剂占 21%，储存和运输占 7%。

VOCs 排放的主要行业包括石化、有机化工、电子元器件制造（半导体制造等）、化学药品原药制造（生物制药等）、包装印刷、装备制造涂装（汽车制造、船舶制造等）、合成材料、塑料产品制造、电子电器产品制造等工业污染源，以及干洗、汽车修理等面源。

在日本，20 世纪 80 年代机动车尾气成为影响 NO_x 达标的主要因素，为了控制移动源排放，于 1992 年出台《机动车 NO_x 法》，对关东和关西都市圈机动车 NO_x 排放进行总量控制，后又将东京都市圈纳入总量控制范围。在 2004 年修订的《大气污染防止法》中增加《VOCs 排放规范》，对涂装、包装印刷、石化储存等 6 类重点固定污染源的 9 种排污设施提出 VOCs 控制要求，将固定源 VOCs 纳入总量控制范围。在 NO_x 和 VOCs 总量减排上效果明显，2012 年固定污染源 VOCs 排放量比 2000 年下降 48%，2011 年 NO_x 比 1999 年下降了 17%。

控制 VOCs 和 NO_x 排放要遵循源头、过程和末端控制的原则，要严格环境准入，强化 VOCs 源头管理。要加严原辅材料的 VOCs 含量限值。并且要筛选重点行业 VOCs 污染控制最佳可行技术，加快控制、修订各行业 VOCs 排放标准，逐步形成各行业减排计划。同时要提高 VOCs 排放类项目建设要求，实行总量控制。应重点针对 NO_x 和 VOCs 排放的各类主要污染源，建立时空多尺度的 O_3 前体物排放清单，有针对性地确立臭氧污染控制策略和减排方法，实现 NO_x 和 VOCs 科学减排。可以由环境管理部门制定出总体的污染物削减目标（NO_x 和 VOCs），并根据企业的实际工作情况进行分配。各企业可以自行制定削减方案，对于超额完成的削减量，可像产品一样公开出售，而未达到削减目标的企业，则可在市场上用钱购买这种削减量。这样，在经济激励下，原来对每个企业污染源进行控制的管理就可以简化为对区域的管理，从而达到总的目标。

在治理大气臭氧污染上，准确识别 VOCs 排放源及有针对性地采取相应的控制技术，是减少 VOCs 排放的重要手段，也是制定和实施控制政策的重要考虑因素。

大气中 VOCs 化学成分谱分析可以为污染形成机理研究、空气质量模型模拟、源解析和组分清单等研究提供重要基础数据。大气中 VOCs 化学成分谱分析包括对大气中 VOCs 排放源进行采样、测试其成分占比、得到 VOCs 排放特征等过程。

1980 年，美国开始研究 VOCs 化学成分谱，随后在加利福尼亚州进行了源化学成分谱的研究，美国 EPA 将 VOCs 成分谱特征整理归纳成 SPECIATED 数据库，它是目前对于空气中污染源排放挥发性有机物较全的数据库。借此可以进行源追踪，并运用源清单方法估算 VOCs 排放量。我国目前大多研究用的是美国 SPECIATED 数据库。我国目前关于 VOCs 排放源谱的建立工作并不全面，只有较少地区对部分排放源有系统性的研究，对我国目前 VOCs 排放特征没有系统性报告。研究臭氧的生成机理及重点地区氮氧化物和挥发性有机物的最佳协同减排比例，可以更加科学、有效地指导臭氧污染防控工作。

二、挥发性有机物（VOCs）的控制

VOCs 的控制技术分为前端改善、过程控制和末端治理三部分。前端改善主要通过开发使用污染较小的原料，淘汰含 VOCs 种类多且易挥发的原料。过程控制主要通过对挥发与泄漏的 VOCs 加以收集和控制，达到过程控制目的。末端治理指在工艺过程中尾气端进行最后一道控制，是目前控制 VOCs 的重点。由于我国经济社会发展现状及生产技术的限制，有机溶剂的使用及生产工艺的替代无法在短期内实现，因此对已经产生的 VOCs 在排放之前采用回收或者破坏的方式进行处理是控制 VOCs 的最

佳方法。通常用的技术有直接燃烧、催化、吸附回收、吸收、生物过滤等。

末端控制技术主要基于回收和销毁二种思路。基于回收思路的技术有需要解决吸收法、吸附法、膜分离法和冷凝法等。吸收法是通过将溶剂吸收从烟道气流中除去高浓度的VOCs。吸收法主要需要考虑的问题是VOCs种类差异、溶剂的二次利用及VOCs的回收。吸附法主要是利用吸附剂（活性炭、沸石、聚合物吸附剂等）对VOCs选择性吸附。可分为物理吸附和化学吸附。吸附法的主要限制是吸附剂成本较高及吸附剂频繁再生。可采用加压降温来提高吸附效率。冷凝法一般与其他方法结合使用。膜分离法是利用介质膜来分离VOCs，在生物膜过滤方法中，空气中的VOCs在固相反应器中被生物膜拦截。膜分离法的主要限制是膜和生物过滤过程及操作和维护费用比较昂贵。

基于销毁思路的技术是将VOCs转化为CO_2和H_2O。一般采用燃烧法、催化法和等离子体破坏法等。直接氧化燃烧法比较适合在高流速和高浓度烟道气流中去除VOCs。氧化效果可达超过99%，通常在高温（>1 000℃）下燃烧，但当不完全燃烧时可能会产生二噁英和CO等副产物。催化法分为热催化法和光催化法，热催化法是应用较多、发展最好的一种方法，在相对较低的温度下将VOCs氧化为CO_2和H_2O。由于操作温度较低，因此很少产生二噁英等副产物，适合处理管道末端VOCs。光催化法是利用光催化剂在特定波长下被激发生成电子空穴对，电子空穴对通过分解和还原使催化剂表面产生OH和活性离子氧，继而将气态VOCs氧化成CO_2和H_2O。催化法的关键是设计合适的催化剂体系，针对不同的排放状况选用性能较好的催化剂会产生良好的催化效果。

在污染源头削减中优先考虑在新、改、扩建项目排放VOCs的生产环节安装废气收集、回收或净化装置，净化效率应不低于85%。因此末端治理成为目前VOCs治理的主要方式。

要对重点区域重点行业实施VOCs总量控制，以达到NO_x与VOCs协同减排。推动氮氧化物净化器的广泛使用。通过氮氧化物净化器在工业企业生产当中的应用来达到对工业企业废气排放量的有效控制，以此来减少大气臭氧形成前的污染源。

三、减少机动车尾气污染

从大气臭氧污染形成原因看，机动车尾气排放是其中重要的原因之一。要控制机动车尾气的排放量，推广尾气净化装置并控制机动车的数量，降低空气中汽车尾气的含量，减少近地面臭氧的含量，实现大气臭氧防治。英国在1993年要求新车必须安装尾气净化装置等。此外，政府通过减免停车费用和汽车使用税及高额的返利，大力推动新能源汽车的使用，有效控制市区内汽车数量，减少机动车尾气污染。

机动车尾气在一次排放及二次生成中都包含氮氧化物及挥发性有机物，是产生臭氧不可缺少的，也是光化学烟雾产生的基本因素。根据相关调查统计发现，到2017年底时，我国的机动车保有量已经达到了3.1亿辆。机动车成为城市空气污染物排放总量的主要贡献者。据资料报道，在我国多数大城市中，机动车排放造成的污染已占城市大气污染的60%以上。2012年，全国机动车排放污染物4 607.9万t，其中氮氧化物637.5万t，碳氢化合物441.2万t，一氧化碳3 467.1万t，颗粒物61.2万t，汽车是污染物排放的主要贡献者，其中汽车排放的NO_x和PM超过90%，HC和CO超过70%。以上海和广州为例，上海机动车排放污染分担率一氧化碳为86%，氮氧化物为56%；广州一氧化碳分担率为89%，氮氧化物为79%。据相关的数据统计，当车辆行驶的速度在25 km以下时，它的污染物排放量是50 km时的两倍多。机动车尾气污染已经成为我国空气污染的主要来源，是造成灰霾、光化学烟雾污染的重要原因。

汽油的主要成分是一种含有4～12个碳原子的环烃类与脂肪烃，同时它里面还含有少量的一些芳香烃。一般来说汽油发动机在燃烧的过程中产生的一些有害成分主要包括碳氢化合物、一氧化碳、微

粒和氮氧化物等。其中碳氢化合物中含有的多种成分主要是由燃烧的原始材料及在燃烧过程中的中间生成物经化合后产生的，它的产生途径一般包括汽油机中的不完全燃烧、积碳的吸附、壁面油膜等。氮氧化物是臭氧形成的前体物之一。它由机动车内燃机生成，其实际排放量一般来说由燃烧温度、时间及空燃比等而定。排放的氮氧化物超过90％都是一氧化氮，其他的为二氧化氮。一氧化氮在被排入大气中后就会被氧化成二氧化氮。根据相关研究发现，汽油车在一次排放中的污染物比较少，二次生产的污染物比较多；柴油车一次排放的污染物比较多，二次生成的污染物比较少。因此，为了降低臭氧和 $PM_{2.5}$ 排放量，必须严格控制柴油车的尾气排放，减少氮氧化物和有机挥发物的排放量。

汽车尾气污染的控制和预防工作需要从提高燃油质量、汽车尾气净化处理、汽车的维修保养等各个方面来全方位考虑和治理。在减少机动车尾气污染排放工作中，油品质量是一个关键因素。目前，我国一般的汽油和柴油中含有大量的硫元素，硫会在一定程度上降低三元催化器及氧传感器工作效率，降低净化效能。此外，汽油中含有大量的烯烃，烯烃在燃烧时产生多余的积碳，随机动车尾气中排入大气，产生臭氧等污染物。

改进机动车发动机及对尾气加以净化也是减少机动车尾气排放量的主要措施。汽车尾气净化技术是目前广泛采用的适用于大量在用车和新车的净化技术。它是指在汽车的排气系统中安装汽车尾气催化净化器对尾气中的有害气体进行催化转化处理的技术。由于绝大多数汽车尾气污染物是来自尾气排放，所以机外净化是控制汽车尾气污染的快捷而有效的手段。

完善机动车环保达标监管制度，重点加强高排放机动车监督检查，严厉打击生产、销售不达标车辆和油品行为，在重点区域实施高排放机动车限行或错峰进城等措施。

通过减少和控制机动车尾气排放减少大气臭氧污染还需要在法律法规建设中明确各部门的职责，明晰权限，强化管理体制。以政府为中心，环保部门作为主体，公安、交通等部门辅助，采取机动车排污监督检测手段，对机动车尾气污染控制进行综合治理。

四、总量管控和排污交易

对臭氧前体污染物管控方面，可实行总量控制和排污交易。在环境管理中对污染物排放控制要做到浓度控制和总量控制双管齐下。将 O_3 的主要前体物 NO_x 和 VOCs 纳入到总量控制之中，并将其上升至法律高度。同时，实行区域清洁空气市场激励机制。由环境管理部门制定出总体的污染物削减目标（NO_x 和 VOCs），并根据企业的实际工作情况进行分配。在规定所有行业 VOCs 排放总量的基础上，在区域内的大型工业企业间实行 VOCs 排污交易。NO_x 的主要排放源如火电厂，因此可以在区域内的大型工业企业间实行 NO_x 的排污交易。对于机动车尾气排放源，可以在对机动车总量进行控制的基础上，以交换机动车牌照的方式来实施 NO_x 和 VOCs 排污交易。

五、大气臭氧污染的监测和预警

在大气臭氧污染治理中，建立健全大气臭氧污染监测的机制和体制是有效的控制大气臭氧污染，减少和预防臭氧对健康影响的重要手段。日本早在20世纪70年代就开始大气臭氧的长期监测和预警。在1976年日本开展 O_x 及其前体物 NO_x 和 VOCs（仅限于非甲烷总烃 NMHC）监测，政府、企业、公众全面共享监测数据。2013年，日本共有 O_x 监测站点1 152个，NO_2 监测站点1 278个，VOCs 监测站点332个。针对机动车造成的污染专门建立一套监测体系，有机动车 O_x 监测点位30个，NO_2 监测站点405个，VOCs 监测站点157个。在 O_x 污染预警方面，《大气污染防止法》和地方环保法律中规定：当 O_x 浓度超过每小时0.12 $\mu g/L$ 和0.24 $\mu g/L$，且气象条件显示污染可持续时，各都道府县需向公众发布 O_x 污染“注意报”和“警报”。“警报”期间地方政府要削减大企业的污染物排放。

欧盟国家加强对地面臭氧污染监测。欧盟环保局在欧洲大陆设立了 586 个地面 O_3 监测站，分布在农村、城乡接合部和城市市区，并加强对形成 O_3 前体物质排放量的统计和监测。

我国臭氧监测起步较晚，2008 年，由中国环境监测总站组织，北京、天津、上海、重庆、沈阳、青岛和广东省参加的臭氧污染监测试点工作启动，参照美国光化学污染评估监测网（PAMS）设点。目前，我国已有 338 个城市 1 436 个国控监测点位开展大气臭氧监测，另外还有 16 个背景站、96 个区域站相继开展大气臭氧监测。在大气臭氧监测中应通过监测机制对臭氧产生前体物进行追踪，并正确地判定出臭氧产生前体物的比例、源头的具体位置从而形成准确有效的监测数据，为大气臭氧污染实际控制提供数据。环境保护部已初步建立了臭氧量值溯源质控体系，为获得可靠的臭氧监测数据提供了有效保障。

建设大气臭氧污染的光化学监测网络。沈阳市在空气质量监测方面开展二毛等 11 个点位的 O_3 1 h、O_3 8 h 和 NO_x 的日常监测，也有 1 个位点开展了对非甲烷总烃和 VOCs 的监测。利用卫星遥感器可以获得臭氧的全球分布及其随时间的变化。卫星遥感观测技术相对于地基观察具有时效性和大面积同步观测优势，还可以节省人力、物力和财力。

20 世纪 20 年代国际上就开始对大气臭氧进行地基观测。20 世纪 50 年代国际气象组织对臭氧观测标准实行统一规范，并开始建立全球臭氧监测系统。目前全球大约有 477 个地面臭氧观测站。

由于我国目前臭氧监测点位数量较少，因此在空间代表性上有所不足。深入分析臭氧污染在城市尺度、区域尺度和全国尺度上时空分布的规律性对于在全国范围内开展臭氧污染监测评估和预警具有一定指导意义。

在大气臭氧污染防治上应提升监测和预报预警能力，建立重污染应急响应机制，将对 O_3 生成贡献较大的 VOCs 成分纳入常规监测指标，构建国家道路交通大气污染监测网，并实时监控机动车排污状况和监测光化学烟雾形成条件，同时应加强国家 O_3 污染预报预警和重污染应急响应体系建设，及时指导并实施科学的 NO_x 和 VOCs 减排工作，提示公众减少在 O_3 重污染空气中的暴露时间，缓解 O_3 污染所造成的危害。在京津冀地区、长江三角洲、珠江三角洲等重点区域地级及以上城市应加强 O_3 污染预报预警能力建设，加强与气象部门、研究机构合作，提高预报准确性。同时，借鉴日本、欧美等国经验，建立一套工业、交通、城建、农业等多方并举，各地区和部门间通力合作的应急联动响应机制。

（宋伟民）